U0220256

中国环境治理

理论与实践

陈醒——著

Environmental Governance in China

Theory and Practice

出版社

总序

公共管理学科是改革开放以来中国发展得最迅速的一门学科，因为它顺应了国家治理现代化的需要，学科自身因此也随着国家治理的进步而得以成长。复旦大学从1983年开始公共行政学的教学和研究，1988年设立行政管理本科专业，经过多年发展形成了包括本科生、硕士研究生、博士研究生和博士后流动站在内的完整的公共管理教育和人才培养体系。

2000年复旦大学建立了国际关系与公共事务学院，同时组建了公共行政系。公共行政系建立后不久，首任系主任竺乾威教授及同人就构想了出版三个不同系列的书籍。一是教材系列。在20世纪90年代出版了几本有影响的公共行政学的教材后，进入21世纪后出版了一套由20多本教材构成的MPA系列丛书。二是国外专著翻译系列。在20世纪80年代就开始了这项工作，比如林德布洛姆的《决策过程》等著作就是在那时翻译出版的，后来又陆续翻译出版了多本国外公共管理等方面的专著。三是专著系列，主要由公共行政系教师撰写，涉及国家治理和政府创新、城市治理、公共管理和公共政策等方面的内容。前两个系列是为专业教学和学科研究提供基础和资源的，而后一个系列则是研究的心得和成果。相比较之下，专著系列需要花更多的时间，因为它需要长期的积累。本系列，也即“复旦公共管理研究丛书”，是在前述基础上的继续推进。

自20世纪80年代中国重建公共管理学科以来，公共管理本身以及公共管理的研究都发生了巨大的变化。从西方国家实践来看，公共管理发生了一个从传统公共行政到新公共管理到治理的模式（尽管有争议）的转变，这一转变也产生了大量的研究成果。在这些成果中，有的引领了公共管理模式的转变，有的是对新模式的批判，有的是对未来模式的展望，这些林林总总的研究成果不仅助推了公共管理实践的进程，也促进了公共管理学科本身的成长。这种巨大的变化同样发生在中国。在过去的几十年里，中国公共管理的形态就发生了一个从原来的国家一统天下到国家社会市场协作模式的变化，这一变化从根本上影响了中国公共管理的各个方面的发展。一个突出的表现就是在理念上，从以政府为中心走向了以人民为中心；在实践上，从管理走向了治理。当然，更不必说随着信息技术的推广和运用，公共管理的手段也变得越来越现代化。与这一发展同步进行的是中国的公共管理研究，从最初的模仿、借鉴发展到今天的融合和创新。这些研究成果为中国公共管理实践以及公共管理改革提供了智力上的支持，同时也使公共管理学科获得了极大的发展。

回顾过去，展望未来。从公共管理研究的角度讲，我们还面临着巨大的挑战。首先是因为国家治理的现代化还没有完成，在走向国家治理现代化的征途中，还有一系列的问题需要解决，比如体制问题、组织问题、运作问题、价值问题，等等。所有这些问题都需要从理论上予以回答。其次是公共管理研究本身仍有诸多重大问题尚未解决，比如学术研究的环境问题、对重大体制的关注问题、对外来学说理论的借鉴问题、对新技术新方法的接受问题，等等。所有这些问题也都需要有新的探索。

公共管理研究与国家治理相关，而国家治理则影响着整个社会的进步。正是在这一意义上，国家治理体系和治理能力现代化何其重要，公共管理的研究也何其有价值。自公共管理学科建立以来，中国学者有关公共管理的研究成果众多、成绩突出，公共管理研究展现的舞台也不断增加，各具特色的研究风格正在形成。“复旦公共管理研究丛书”力图打造一个平台，聚集有复旦情缘的学者和研究人员，勠力同心贡献智慧，逐步形成有复旦风格的公共管理研究成果，为繁荣中国公共管理的研究贡献我们的微薄力量。

李瑞昌

2022 年 8 月

序言

陈醒的新书《中国环境治理：理论与实践》是一本既富有理论深度又具有实际操作指导意义的力作。环境问题是全球关注的焦点。作为世界第二大经济体，中国如何在经济发展的同时有效治理环境问题，这具有重要的研究意义。本书对中国环境治理的现状、问题及解决方案进行了比较全面的分析和探讨，是一本很好的学术著作。

陈醒在博士求学期间的专业方向是环境经济学，致力于研究中国环境政策。她的研究论文发表于《国际经济评论》以及 *Governance*、*Public Performance & Management Review*、*Asian Development Review*、*China Economic Journal* 等中英文核心期刊。她还参与了世界银行-国家发改委中国可再生能源规模化发展、必和必拓-北京大学碳捕集、封存和利用等科研项目。相关研究成果被《中国风电和光伏补贴政策研究》《中国低碳经济发展报告 2017》所收录。丰富的调研经历使得她对环境治理有较为独特的理解。

在本书中，陈醒以扎实的理论基础、丰富的实践经验和严谨的学术态度，深入剖析了中国环境治理的方方面面。本书不仅是环境治理领域的重要学术成果，也为政策制定者、企业家和公众提供了宝贵的参考。

和以往环境政策、管理相关的专著不同，本书有两大亮点。第一，本书基于环境经济学分析框架，辅助以大量数据分析，提供了丰富的环境政策评估结果。例如，对中国碳排放权交易试点减排效果的评估、利用大样本企业数据和影子价格法对最优环境税税率进行估算等。这些分析既有理论的深度，又有实践的可操作性，对于解决当前环境治理中的实际问题具有重要的指导意义。第二，本书中的典型案例分析，如“看不见的城市”和“煤改气”执行中断的政策学分析，深入揭示了环境政策实施中的复杂性和挑战。这些案例展示了环境政策如何影响企业行为和公众生活，如何在实践中应用以缓解环境压力。它们不仅丰富了本书的内容，也为读者提供了具体的、可借鉴的经验。

本书还展望了环境治理的未来，提出了许多前瞻性的观点。例如，未来的环境治理必须在政策工具的选择和应用上更加灵活和创新，必须更多地考虑公众的响应和参与，必须在经济发展和环境保护之间找到更加有效的平衡点。这些观点对于当前和未来的环境治理政策具有重要的启示意义。

作为陈醒的博士生导师，我见证了她在学术道路上的努力和成长。本书正是她多年学习、研究和实践经验的结晶，展现了她在环境经济学、环境政策领域的深厚积淀和独到见解。

希望本书的出版能为环境治理领域带来新的启示和力量。无论是政策制定者、学者、企业家，还是普通公众，都能从中获得有益的启发，共同为推动可持续发展和环境保护贡献自己的力量。相信在更多环境学者、实践者的共同努力下，中国的环境治理必将取得更大的进步，走出一条经济发展与环境保护和谐共生的道路。

徐晋涛

北京大学国家发展研究院教授

前言

环境问题是当今世界面临的重大挑战之一。环境污染不仅破坏了生态环境,也严重威胁了人类健康。近年来,随着人们环保意识的不断提高,环境问题也越来越受到关注。本书旨在全面、系统地阐述中国环境政策,汇总了中国在环境治理方面的重要经验。本书以环境经济学理论和环境治理实践为基础,对中国环境治理政策进行了深入的分析,具有较强的理论价值和现实意义。

在第一章,本书从环境问题的起源谈起,深入探讨了环境治理的复杂性和紧迫性,尤其是在全球气候变化和环境持续退化的背景下,本书首先介绍了人们对环境问题的觉醒过程,并分析了环境污染的成因和来源。这不仅提供了环境问题的基础知识,也为后续的深入分析奠定了基础。

在第二章,本书探讨了社会最优的污染排放量、企业的边际减排成本、排放权交易和环境税等理论基础。

第三至六章探讨了环境政策的多种治理策略,如排放权交易、环境税和末端治理等,展示了这些策略如何在实际中应用以缓解环境压力。通过对"煤改气"执行中断的政策学分析,本书揭示了环境政策实施中的复杂性和挑战,以及这些政策如何影响企业行为和公众生活。

第七章探讨了中国环境治理的未来展望,包括碳税与碳交易协同的可行性、公众响应在环境治理中的作用、经济发展和环境治理的权衡，以及环境税在实现低成本可持续治理机制中的作用。

本书还讨论了中国在环境治理方面的独特经验，包括碳交易和碳税的选择与实践，以及这些政策的社会经济影响。通过对碳税与碳交易协同可能性的探讨，本书旨在提供一个全面的视角，帮助读者理解在经济发展与环境保护之间寻找平衡的复杂过程。

最后，本书希望能启发读者对环境治理的深思，并探索如何在确保经济发展的同时，实现可持续的环境保护策略。这不仅是政策制定者的任务，也是每一个公民、企业和组织应当承担的责任。

目录

第 1 章　源起:中国的环境问题　/1

1.1　公众对环境问题的关注　/3

1.2　环境污染的成因　/5

1.3　环境污染的来源(以空气污染为例)　/11

1.4　治理历程　/15

1.5　典型案例:“看不见的城市”　/30

第 2 章　环境治理的理论基础　/35

2.1　社会最优的污染排放量　/38

2.2　企业的边际减排成本　/43

2.3　排放权交易　/74

2.4　环境税　/81

2.5　小结　/85

第 3 章　环境治理的行政基础　/87

3.1　环保行政管理部门的调整　/89

3.2　中央与地方　/93

3.3　公众参与　/96

3.4　典型案例:“煤改气”执行中断的政策学分析　/103

附录　/126

第 4 章　命令与控制手段　/129

4.1　末端治理　/133

4.2　“两控区”治理　/140

4.3　约束型指标　/147

4.4　中央环保督察　/153

第 5 章　市场化手段:环境税　/169

5.1　环境税在中国的现实实践　/172

5.2　测算工业企业的边际减排成本:影子价格法　/183

5.3　边际减排成本的影响因素分析　/210

5.4　各行业有效环境税税率的确定　/218

5.5　小结　/229

第 6 章　市场化手段:碳排放权交易　/233

6.1　中国对碳交易和碳税的选择　/235

6.2　碳交易在中国的现实实践　/246

6.3　碳交易试点的政策效果　/257

6.4　“碳税”的可能性?　/271

6.5　小结　/273

第 7 章　展望　/277

7.1　经济发展与环境治理的权衡　/280

7.2　碳税与碳交易协同的可行性　/283

主要参考文献　/287

第 1 章
源起：中国的环境问题

自改革开放以来，中国经济高速发展，工业化和城市化迅速推进。强大的工业生产体系成为国家经济发展的重要支柱。然而，由于当时科学技术尚不成熟，难以有效指导和支持工业生产，工业生产高产出往往以资源的巨大消耗为代价，许多以工业发展为导向的城市面临着严重的环境污染问题。

中国的环境问题主要体现在空气污染、水环境污染和土壤重金属污染等方面。此外，部分地区还面临土地荒漠化、水土流失和生物多样性破坏等生态问题。其中，表现最为突出、影响最为广泛的是大气污染问题和水污染问题，前者更是中国的第一大环境污染问题。

1.1　公众对环境问题的关注

中国的环境问题由来已久，进入 21 世纪以来，经济的快速增长始终伴随着环境问题的隐忧。在 2006 年召开的第六次全国环境保护会议上，时任国务院总理温家宝坦言："'十五'时期我国经济发展的各项指标大多超额完成，但环境保护的主要指标没有完成。"①

① 中共中央政治局常委、国务院总理温家宝出席第六次全国环境保护大会并作重要讲话[J]. 环境科学研究，2006(3)：151—152.

“十五”计划提出二氧化硫（SO_2）排放量要削减10%，然而根据原国家环保总局的数据，“十五”期间全国SO_2排放量反而增加了27%（如表1-1所示）。[①] 尽管在“十一五”时期，政府采取了一系列节能减排和污染防治措施，但是空气质量仍然没有好转的趋势。空气污染问题在2010年后才逐渐好转。尽管中国的细颗粒物（指粒径小于等于2.5 μm的空气污染物，以下简称$PM_{2.5}$）污染在20世纪末就引起了科学界的关注，但直到2008年北京奥运会时，绝大多数人仍然对空气污染的严重性缺乏足够的认识。

表1-1　中国五年规划中的污染物减排目标和完成情况

规划时期	目标空气污染物	目标性质	目标	实际完成
“十五”计划（2001—2005）	SO_2	建议性	−10%	27.3%
“十一五”规划（2006—2010）	SO_2	约束性	−10%	−14.3%
“十二五”规划（2011—2015）	SO_2	约束性	−9%	−18.0%
	NO_x	约束性	−10%	−18.6%

2008年北京奥运会“口罩门”事件，成为开启中国人雾霾记忆的一个标志性节点。在北京奥运会期间，美国奥运代表团自行车队的队员一抵达北京就戴上了特制的防雾霾口罩。这一举动很快引起了媒体和公众的注意，许多人认为这是对东道主国家的侮辱和不敬。最终“口罩门”事件以相关美国运动员的公开致歉收场。这一事件引起了中国政府与民众对空气质量的关注，也促使北京市采取治理雾霾的相关措施。“口罩门”事件后，美国驻华大使馆（位于北京）配置了一台细颗粒物（$PM_{2.5}$）在线监测仪器，并于2011年开始公布自行测得的$PM_{2.5}$数据。由于当时中国的空气质量标准只关注SO_2和可

① 国家环保总局. 环保总局通报“十五”环境质量状况和环保计划完成情况[EB/OL]. (2006-04-12)[2022-05-25]. https://www.mee.gov.cn/gkml/sthjbgw/qt/200910/t20091023_179984.htm.

吸入颗粒物（PM_{10}）两类污染物，而美国环境质量评价标准还包含了 $PM_{2.5}$ 这类空气污染物①，因此，美国驻华大使馆的数据与中国官方数据之间存在显著差异，这进一步引起了公众关注。

2011 年冬天，美国驻华大使馆监测的北京市空气质量多次出现“爆表”情况，然而北京市政府公布的数据还是“轻度污染”，且未公布 $PM_{2.5}$ 的浓度。一些民间组织、商界精英和意见领袖发起了“我为祖国测空气”行动，引发居民购买仪器自测 $PM_{2.5}$ 浓度的热潮。随着公众对环境监测数据的信度和效度要求越来越高，“$PM_{2.5}$”一词也迅速成为网络舆论的热点话题。

除北京外，中国大多数城市的大气环境质量同样令人担忧。2015 年，全国 366 座城市平均 $PM_{2.5}$ 年均浓度达到 50 微克/立方米，仍远高于世界卫生组织制定的 10 微克/立方米的健康安全标准。其中，只有一座城市的 $PM_{2.5}$ 年均浓度接近 10 微克/立方米，$PM_{2.5}$ 年均浓度低于 35 微克/立方米的城市仅占 20%。②

1.2　环境污染的成因

环境污染的客观成因在于经济迅速发展与产业结构的影响，主要体现在人口增加、经济增长的压力和经济结构转型的困难。

根据发达国家的经验，人口和经济的增长往往会对环境资源产生负面影响。而中国人口的快速增加以及经济的飞速发展对资源、环境带来了巨大压力，已经成为制约环境与经济协调发展的主要因

① PM 是指颗粒物。空气学动力直径小于等于 10 微米的颗粒物就是 PM_{10}，而小于等于 2.5 微米的颗粒物则称为 $PM_{2.5}$，$PM_{2.5}$ 又叫细颗粒物。$PM_{2.5}$ 特殊在它足够小从而可以进入肺泡中，所以对人体危害大。

② 绿色和平. 绿色和平发布 2015 年度中国 366 座城市 $PM_{2.5}$ 浓度排名[EB/OL].(2016-01-20)[2023-05-22]. https://www.greenpeace.org.cn/2016/01/20/pm25-city-ranking-2015/.

素。此外,中国作为发展中国家之一,产业结构长期均以第一、第二产业为主。农业和工业生产活动中都会排放大量废气和污水。因此,经济结构转型慢和转型难制约了中国对生态环境的保护。

中国的空气污染问题与改革开放后粗放式的经济发展方式有关。2000年,中国是世界第六大经济体,GDP大约为10万亿元①;而到了2012年,中国已经成为世界第二大经济体,GDP增长到50万亿元。② 中国经济腾飞的重要支柱是工业部门,它也是实体经济的重要支撑。根据《中国统计年鉴》的历年数据计算,到2015年,中国第二产业增加值占GDP的比例一直保持在40%以上。工业部门为改革开放40多年来的经济高速增长作出了卓越贡献。不仅如此,中国工业部门在全球工业供应链上也有着举足轻重的地位,工业总产出占世界工业总产出的28%,奠定了中国"世界工厂"的地位。中国的工业种类丰富,拥有39个工业大类、191个中类和525个小类,是唯一一个涵盖联合国产业分类中所有工业门类的国家。近年来,工业部门面临全球经济下行、"贸易战"等不利的外在宏观经济条件,在国内也承受着越来越大的环保压力。工业企业努力通过能源结构调整、产业升级等方式来扭转早期粗放式的发展方式。总体而言,在可预见的未来,工业部门仍将是中国经济的重要增长引擎。

尽管工业企业带来了经济增长,但也带来了严重的环境污染问题。中国工业部门的发展模式依赖于化石能源和原材料,形成了"高耗能、高污染"模式。根据国家统计局的数据,1991—2015年,化石燃料占中国能源消费总量的比重高达88%。这种能源消费模式造成了

---

① 张翼.三大指标透视波澜壮阔四十载[EB/OL].(2018-08-28)[2023-05-23].https://epaper.gmw.cn/gmrb/html/2018-08/28/nw.D110000gmrb_20180828_5-01.htm.

② 国家统计局.2012年国民经济发展稳中有进[EB/OL].(2013-01-18)[2023-05-23].http://www.stats.gov.cn/sj/zxfb/202302/t20230203_1898251.html.

大量污染物排放，而能源结构在短期内难以根本改变。因此，近期和未来中国的工业污染物排放，尤其是 SO_2、NO_x 和细颗粒物的排放仍将保持高位。根据 2016 年《中国环境统计年鉴》的数据，2015 年工业部门分别贡献了中国全部 SO_2、NO_x、烟尘、二氧化碳（CO_2）排放量的 83.7%、63.8%、80.1%和 70%（如图 1-1 和图 1-2 所示）。总体来说，结合近十年来的数据，工业企业所排放的各类主要空气污染物、CO_2 均占全国总排放量的 60%以上。

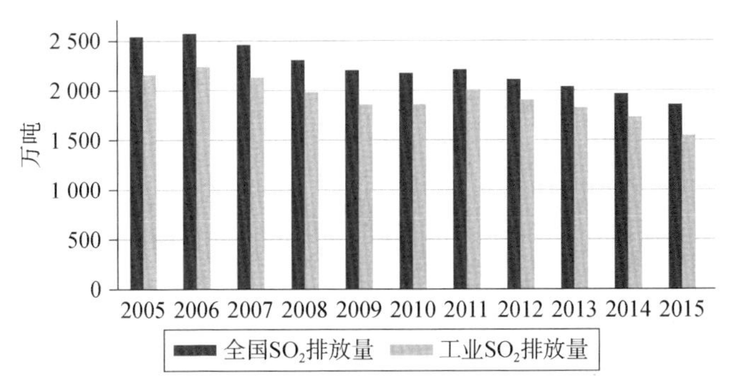

图 1-1　“十一五”和“十二五”期间 SO_2 的排放情况

（数据来源：2005—2015 年中国环境统计年鉴）

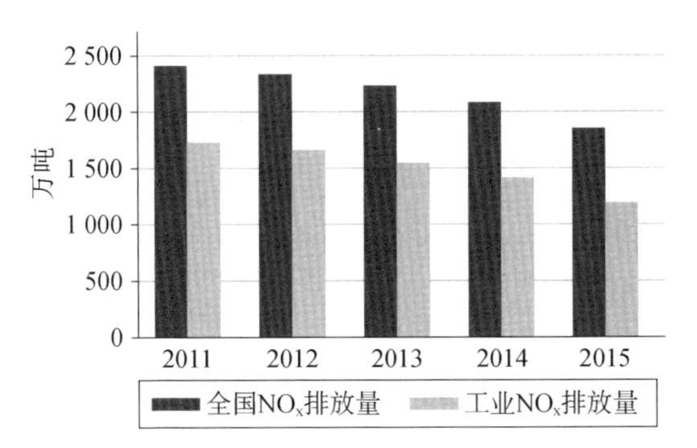

图 1-2　“十二五”期间 NO_x 的排放情况

（数据来源：2005—2015 年中国环境统计年鉴）

工业部门的排放导致了严重的空气污染，使大量人群长期暴露在严重的空气污染中，同时大量温室气体的释放也加剧了气候变化问题，进而造成巨大的社会福利损失。尽管2015年后经过近三年的集中整治，北京年均$PM_{2.5}$在2017年下降至58微克/立方米，完成国务院“大气十条”目标，但距离世界卫生组织的指导值10微克/立方米仍有很大差距。2023年，北京市细颗粒物（$PM_{2.5}$）年均浓度进一步降至32微克/立方米，与指导值仍有差距。和发达国家相比，印度等发展中国家的空气污染程度是其6—8倍。[①] 从人体健康损失的角度来看，空气污染会对人体的呼吸系统和心血管系统造成严重危害，进而影响人群健康。[②] 根据环境健康领域的研究，每年约有100万人因空气污染而过早死亡。[③] 经济学学者利用自然实验也做了相关评估。中国的空气污染呈现明显的季节性特征，冬季空气污染往往比其他季节更严重。冬季大量燃煤供暖使得淮河北岸空气中的总悬浮颗粒物比相邻的南岸跳跃性地高出200微克/立方米，利用这一自然实验，一些学者发现PM_{10}每上升10微克/立方米将导致预期寿命减少0.64年[④]，淮河南北的居民寿命平均相差5.5年[⑤]。气候

---

① Greenstone M, Hanna R. Environmental regulations, air and water pollution, and infant mortality in India[J]. American Economic Review, 2014, 104(10): 3038-3072.

② Xu P, Chen Y, Ye X. Haze, air pollution, and health in China[J]. The Lancet, 2013, 382(9910): 2067.

③ Hu J, Huang L, Chen M, et al. Premature mortality attributable to particulate matter in China: source contributions and responses to reductions [J]. Environmental Science & Technology, 2017, 51(17): 9950-9959.

④ Ebenstein A, Fan M, Greenstone M, et al. New evidence on the impact of sustained exposure to air pollution on life expectancy from China's Huai River Policy[J]. Proceedings of the National Academy of Sciences, 2017, 114(39): 10384-10389.

⑤ Chen Y, Ebenstein A, Greenstone M, et al. Evidence on the impact of sustained exposure to air pollution on life expectancy from China's Huai River policy[J]. Proceedings of the National Academy of Sciences, 2013, 110(32): 12936-12941.

变化也是中国面临的重大环境挑战。很多实证研究分析了气候变化对农业生产、工业生产效率的影响。气候变化对中国玉米和大豆种植业造成了大量经济损失。[①] 在气候变化的极端情境下，到 21 世纪末，大米、小麦、玉米的产量将分别减产 36.25%、18.26% 和 45.10%。[②] 此外，气候变化造成的极端气温频率提高，若以 2007 年的价格水平计算，预计到 2050 年，将导致中国工业企业总产值年均下降 12%，损失金额接近 395 亿美元。[③]

受资源禀赋约束，中国的能源消费长期高度依赖煤炭。2023 年，中国能源消费总量 57.2 亿吨标准煤，其中煤炭消费量虽逐年下降但仍占到 55.3%的比例，远高于全球 27%的平均水平。

中国在工业生产上以燃煤为主，这会产生大量对空气造成严重影响的颗粒物和气体。在中国经济粗放型发展时期，燃煤量剧增，巨量的煤炭消费贡献了中国 85%的 SO_2 排放量、67%的 NO_x 排放量、70%的烟尘排放量以及 80%的 CO_2 排放量，导致大气污染和气候变化问题日趋严重。[④] 2013 年一项研究表明，中国每年有 35 万—50 万

---

① Chen S, Chen X, Xu J. Impacts of climate change on agriculture: evidence from China[J]. Journal of Environmental Economics and Management, 2016, 76: 105-124.

② Zhang P, Zhang J, Chen M. Economic impacts of climate change on agriculture: the importance of additional climatic variables other than temperature and precipitation[J]. Journal of Environmental Economics and Management, 2017, 83: 8-31.

③ Zhang P, Deschenes O, Meng K, et al. Temperature effects on productivity and factor reallocation: evidence from a half million Chinese manufacturing plants[J]. Journal of Environmental Economics and Management, 2018, 88: 1-17.

④ 胡珺. 煤炭的低碳发展之路[EB/OL]. (2011-03-30)[2024-08-30]. https://www.cae.cn/cae/html/main/col35/2012-02/28/20120228101138855229845_1.html.

人因室外空气污染而过早死亡。[①] 因此，为保障中国经济社会长期发展，在提高煤炭清洁高效利用水平的同时，大幅减少煤炭在一次能源消费中的占比，已成为中国当前及未来较长一段时间内能源发展工作的重点。

此外，也有主观因素的影响，即长期以来地方政府以经济建设为中心，环境保护的意识淡薄、环境管理机制不足。

1）环境保护的意识淡薄

清洁的空气和水是人类生产生活中不可替代的自然资源和环境资源。中国人口基数大，人均水资源占有量少，属于全球人均水资源最贫乏的国家之一。尽管情况不容乐观，但人们过去对水资源保护和水污染治理的重要性缺乏足够的认识：一些企业肆无忌惮地向自然水体排污；一些地区在发展当地经济的过程中，只注重经济效益，忽略水资源的合理利用与保护，只考虑眼前和局部利益，不顾长远和全局利益；个别地区甚至损人利己，以污染邻近或下游地区的水资源与环境为代价，来发展本地经济。

2）环境管理机制不足

中国虽然较早出台了环境保护政策，但环境保护意识的觉醒较晚。在发展的早期阶段，存在重视经济增长而忽视环境保护的现象，且环境保护政策并不完善，相关执法与监督机构也有缺失。同时，环境和发展的综合决策机制尚未形成，常常出现牺牲环境和资源来追求经济增长的现象，如一个燃煤电厂污染一片天、一个造纸厂污染一条河。环保执法力量薄弱、监督管理机构不健全，不少县甚至没有独立的环保机构，难以对排污大户乡镇企业实施有效的监督管理。

---

① Chen Z, Wang J N, Ma G X, et al. China tackles the health effects of air pollution [J]. The Lancet, 2013, 382(9909): 1959-1960.

1.3　环境污染的来源(以空气污染为例)

在中国,空气污染具有区域复合性的特点,成因和污染物相较于工业化发达国家更为复杂。以空气污染为例,空气污染的形成主要有三大因素:污染排放、气象条件和区域传输。污染排放是主因和内因,其中又包括四大来源:工业、燃煤、机动车和扬尘。而控制产业企业的工业排污、控制燃煤、控制汽车尾气排放、控制建筑工地扬尘等也是人类防治雾霾天气的重要手段。这里的“雾霾”是雾和霾的组合词。雾与霾作为城市常见的灾害性天气现象,经常被中国各地区合并在一起进行预警预报,统称为“雾霾天气”。雾霾是特定气候条件与人类活动相互作用的结果。高密度人口聚集和社会经济活动,尤其是工业产业的聚集,必然会排放大量 $PM_{2.5}$。一旦排放超过大气循环能力和承载度,$PM_{2.5}$ 将持续积聚,此时如果受到天气因素影响,极易出现雾霾天气。

雾霾天气的污染源多种多样,主要是 SO_2、NO_x 和 $PM_{2.5}$ 这三种。这三种污染物与雾气结合在混合作用下形成了雾霾。而防治雾霾的关键在于防止 $PM_{2.5}$ 的大量产生,也就是控制各种产生 $PM_{2.5}$ 的污染源。

下文将分别讨论几种重要的污染来源,并举例说明中国采取的防治措施。由于长期以来,研究者对不同污染源的影响孰轻孰重存在争议,因此本书也将援引一些研究以探讨中国政府对雾霾成因认识的改变,以及不同针对性政策出台的原因。

1) 汽车尾气

汽车尾气在国际上被认为是大城市空气污染的主要原因之一。汽车尾气经过一系列化学反应可以在大气中产生 $PM_{2.5}$,因此,中国经常出台限制交通的政策以治理雾霾。例如,北京从 2011 年起提出

“限购令”，开始以摇号方式分配汽车指标，通过减少购车量来降低交通流量，从而减少尾气排放。这一系列控制交通的政策虽有一定治霾效果，但仍未能显著提高空气质量，重度雾霾仍时常侵袭。

此外，随着中国居民生活条件的提高，人均汽车拥有量不断上升。而早年相关油品标准较低和汽车质量良莠不齐，导致同样型号的车因为加了不同的油或是因为自身质量问题而产生更多污染物。以上种种原因导致汽车尾气成为空气污染的重要来源之一。

2013 年 12 月末，很多媒体报道了中国科学院大气污染研究所研究人员发表的一篇论文。这篇论文识别出北京 $PM_{2.5}$ 污染的 6 大主要污染源，分别是土壤尘、燃煤、生物质燃烧、汽车尾气、工业污染和二次无机气溶胶，这些污染源的年均贡献率分别为 15%、18%、12%、4%、25%和 26%。科研人员结合季节变化，针对北京地区 $PM_{2.5}$ 化学组成及源解析展开研究，对 2009—2010 年不同季节在北京城区采集的 121 对特氟龙和石英膜 $PM_{2.5}$ 样品进行分析，探讨了不同季节中影响北京 $PM_{2.5}$ 污染的主要因素。如果将燃煤、工业污染和二次无机气溶胶三个来源合并，化石燃料燃烧排放是北京 $PM_{2.5}$ 污染的主要来源。汽车尾气年均贡献率仅为 4%，这一结论对北京市政府的限购限行措施提出了挑战，也引发了对治霾策略的重新思考。[①]

实际上，$PM_{2.5}$ 的形成有两种方式：一次和二次。“一次”是指 $PM_{2.5}$ 直接从污染源排出；“二次”则指排出时是气体或其他物质，但这些物质在大气中经过化学反应，最终转化为 $PM_{2.5}$。虽然汽车尾气直接排放的 $PM_{2.5}$ 仅占 4%，但它还贡献了更多二次 $PM_{2.5}$，这一部分被归入二次无机气溶胶（占比 26%）中。也就是说，汽车尾气对于雾

---

① Zhang R, Jing J, Tao J, et al. Chemical characterization and source apportionment of $PM_{2.5}$ in Beijing: seasonal perspective[J]. Atmospheric Chemistry and Physics, 2013, 13(14): 7053-7074.

霾形成的贡献远远超过表面上的 4%。实际上,汽车尾气是城市大气污染的重要来源。根据生态环境部的数据,2017 年北京、天津、上海等 15 个城市 $PM_{2.5}$ 源解析工作结果显示,本地排放源中,移动源对 $PM_{2.5}$ 浓度的贡献率范围为 13.5%—52.1%。[①] 因此,虽然中国科学院的研究中"4%"的结论似乎表明了限购限行政策对治霾作用有限,但实际上,汽车尾气仍然是中国城市治霾的关键,相关政策也确实有一定的效果。

在研究被报道后,社会掀起了探讨雾霾成因与 $PM_{2.5}$ 来源的热潮。这提醒了公众与当地政府,治霾的重点不应仅仅集中在机动车上,还应该关注燃煤和工业污染等其他城市污染的重要来源,相关政策也应根据不同污染源进行调整。

2) 燃煤

2013 年中国科学院的六大污染源相关研究使得政府防治雾霾的目光从机动车上转移到燃煤与工业污染上,尤其是燃煤。同期研究也表明,大城市的雾霾元凶主要是交通与燃煤。例如,北京市 2013 年频发雾霾,机动车和燃煤对本地污染源的贡献率分别为 21.5%和 18.7%。[②]

传统的燃煤控制主要侧重于对燃煤电厂和锅炉房的清洁替代或环保升级改造,并辅以排放标准和监管措施。对于无法达标排放的化工企业,多地政府视之为问题企业,进行关停并转。例如,1983 年首次发布、2014 年修订的《锅炉大气污染物排放标准》(GB 13271—2014),分年限规定了锅炉烟气中烟尘、SO_2 和 NO_x 的最高允许排放

---

① 中华人民共和国生态环境部. 生态环境部发布《中国机动车环境管理年报(2018)》[EB/OL]. (2018-06-01)[2023-05-23]. https://www.mee.gov.cn/xxgk2018/xxgk/xxgk15/201806/t20180601_630215.html.

② 彭应登. 北京近期雾霾污染的成因及控制对策分析[J]. 工程研究-跨学科视野中的工程,2013,5(3):233—239.

浓度和烟气黑度的排放限值,增加了燃煤锅炉中 NO_x 和汞及其化合物的排放限值,规定了大气污染物特别排放限值,同时提高了各项污染物排放控制要求。

特别需要注意的是,由于中国北方居民冬天常需燃煤供暖,这种燃煤行为导致的空气污染和雾霾天气,已严重影响北方居民的生活质量。无论是居民单独燃烧散煤取暖,还是城市统一通过燃煤集中供暖,都会导致污染。随着人民生活水平的提高,煤炭逐渐在2000年前后成为北方农村取暖用能的主要能源。

早前的研究往往集中在集中供暖对大气污染的影响,例如陈强等人发现,2013年华北城市的集中燃煤供暖使空气污染加剧了约20%。[①] 然而,后续研究中,学者发现了一个之前未受到关注的污染源——居民取暖用的散煤燃烧。2015年,支国瑞等人统计发现,保定农村地区散煤燃烧产生的 $PM_{2.5}$ 和 SO_2 排放量均超过了保定的工业废气和城镇生活领域相应的排放量(甚至超过这两个领域排放量之和),因而提出,农村散煤燃烧的排放问题确应引起特别关注。[②] 2018年,霍沬霖等人识别出中国散煤燃烧的重点领域是工业小锅炉和农村生活取暖,并发现散煤的 $PM_{2.5}$ 排放量高于燃煤电厂。[③]

解决居民散煤燃烧带来的大气污染,关键在于加快清洁能源代替燃煤的步伐。自2018年以来,多地政府将清洁供热工作纳入最新的大气污染防治条例,推广使用洁净型煤、优质煤炭,限制销售、使用高灰分、高硫分散煤;推广使用民用清洁燃烧炉具,淘汰低效直燃式

---

① 陈强,孙丰凯,徐艳娴.冬季供暖导致雾霾?来自华北城市面板的证据[J].南开经济研究,2017(4):25—40.

② 支国瑞,杨俊超,张涛,等.中国北方农村生活燃煤情况调查、排放估算及政策启示[J].环境科学研究,2015,28(8):1179—1185.

③ 霍沬霖,赵佳,徐朝,等.中国散烧煤消费地图及影响因素研究[J].中国电力,2018,51(1):139—146.

高污染炉具；推广使用太阳能、风能、电能、燃气、沼气、地热能等清洁能源。这些措施有效抑制了散煤带来的污染物排放。

3）工业扬尘

虽然极端不利的气象条件是形成雾霾的直接诱因，但由燃煤、机动车、工业、扬尘等造成的空气污染源排放基数大也是导致空气严重污染过程的重要原因。除汽车尾气和燃煤会产生 $PM_{2.5}$ 以外，其他主要污染物来源于工业粉尘、交通道路扬尘、建筑工地扬尘、裸露地面扬尘等。

一方面，对于工业生产过程中产生的大气污染物，仍采取对化工企业、制造企业等进行控排减排的措施，以强制性行政命令和约束性指标为保障；另一方面，对于扬尘，较难在操作层面上实现有效管控与减排。

总体而言，在治理雾霾的过程中，随着相关科学研究的开展与对雾霾成因认识的深入，中国政府较为及时地颁布了具有针对性的治霾政策，对不同的污染源都制定了可行的控制措施。

1.4　治理历程

本小节将以多源流分析框架为理论模型，具体分析相关事件以及中国国情背景如何综合推动治理雾霾问题进入政策议程，并最终实现治霾政策的颁布。

基于组织决策理论中的垃圾桶理论，多源流框架将议程设置的最终产生看成是三种各自独立的源流（问题源流、政策源流、政治源流）汇合，并对政策形成进行干预的结果。这三种源流在某一时刻汇聚，并开启政策之窗，才使得政策问题获得被政策制定者高度重视的机会，由此被提上议事日程。

问题源流是指围绕引起决策者关注的问题所进行的活动过程，

包括指标改变、焦点事件、预算限制等诱发因素;政策源流是指政策形成的过程,即政策制定群体针对政策问题竞相提出设想和方案的阶段,包括技术可行性、价值观一致、公众接受等推动因素;政治源流是指政策制定过程中对一系列相关政治因素的考量过程,包括国民情绪、公众舆论、利益集团等考虑因素。

在该框架中,只有三种源流都适时汇聚到一起时,一个政策议题才能被决策者注意到,这便是开启了政策窗口。政策窗口是指提出公共问题及其解决办法,以吸引公众及政府决策者的重视的机会之窗,它与政策的推动者、溢出效应等都属于框架中的干预变量,是推动议程设置形成的直接因素。

1.4.1 原因分析:为什么治霾政策得以颁布?

在一系列偶然的焦点事件的发生与中国空气质量堪忧、政府亟须治理的现实背景综合作用下,防治雾霾的问题被提上了政策议程,最终成就了一系列政策的出台。

1.4.1.1 问题源流

运动员戴口罩与美国驻华大使馆监测北京空气质量,无疑是问题源流中的社会焦点事件,它使得北京市空气质量的现存问题(包括 $PM_{2.5}$ 超标、重度雾霾天气频繁等)受到强有力的推动,走进了公众与政府部门的视野,这也进一步促进了公众对 $PM_{2.5}$ 的认知与对政府治理空气污染作出行动的要求。

同时,在 21 世纪前十年,中国依靠强大的工业生产体系实现了经济上奇迹般的高强度发展,但中国以燃煤为主的粗放型经济发展方式的背后是高能耗与高污染。21 世纪以来的经济快速增长,时刻伴随着环境问题的隐忧。中国每年由于工业燃煤导致的空气污染以及由此诞生的社会成本非常高,相关数据作为问题源流中的指标改变因素,也在向政策决策者提供着一个信息——随着中国经济高速发展的脚步减缓,中国空气质量问题也逐渐严峻,雾霾天气严重的现存问题必须受到重视。

1.4.1.2　政策源流

在政策源流中,一系列防治雾霾的政策方案互相竞争碰撞。一个方案被选择的关键在于其与决策者和公众的价值观是否一致、技术上是否可行、公众是否认识与接受等。“口罩门”及后续事件发生后,公众对空气质量的关注与治理雾霾的呼声水涨船高。相关专家也纷纷发声,提出中国空气质量问题亟须关注与解决,并进行了一系列有关北京雾霾浓度与成因的实证研究。这些研究也为如何制定治霾政策提供了科学依据。根据科学研究制定的治霾政策方案不仅提高了公众对雾霾问题的认识与对治霾行动的接受程度,还证明了相关治霾政策在技术上的可行性。

此外,对于大气污染治理,决策者和公众的价值观一致:政府承受着来自公众在大气污染治理问题上的压力,政府承诺发布$PM_{2.5}$监测数据的同时,也意识到雾霾治理对中国经济可持续性发展与环境保护的重要意义;公众希望治理大气污染的诉求,也与更早之前中国在“十五”时期的空气质量迅速恶化背景下,所立下的空气污染治理目标达成一致。

1.4.1.3　政治源流

在治霾政策形成的过程中,决策者制定相关政策时考量的两个重要因素分别是国民情绪与公众舆论。自2008年“口罩门”等一系列事件发生后,公众舆论便呈现逐步升温的趋势。民众要求相关信息公开和政府积极治理的呼声越发高涨,政府也意识到环境问题的严重性,且环境政策领域的专家学者也不断呼吁治理环境问题。这三种动力共同驱动政府作出治理行动。

1.4.2 纲领性政策的颁布

在治霾问题被提上议程以后，中国迅速反应。2011—2013年，中国空气质量标准不断完善，开始向全社会发布污染信息并开始制定大气污染防治措施，连续出台了多部解决雾霾问题的纲领性政策文件。

1.4.2.1 修订《环境空气质量标准》

2011年9月22日，在第七届环境与发展论坛上，污染防治司司长赵华林宣布中国将把$PM_{2.5}$纳入环境监管。同年11月15日，温家宝在会见中国环境与发展国际合作委员会年会的外方委员和代表时，承诺要完善环境监测标准，提高检测水平，逐步与国际接轨，使“监测结果与人民群众感受更加接近”。一天后，原环境保护部就《环境空气质量标准》向全社会第二次公开征求意见，改变了第一次征求意见稿中“中国全面实施$PM_{2.5}$的标准还为时尚早”的认识，提出将$PM_{2.5}$纳入空气质量标准。①

2012年2月29日，原环境保护部修订的《环境空气质量标准》(GB 3095—2012)颁布，同年开始在京津冀、长三角、珠三角等重点区域以及直辖市和省会城市率先实施。该标准中增设了细颗粒物($PM_{2.5}$)浓度限值。这是中国第一次在正式文件中将$PM_{2.5}$纳入空气质量标准与环境监管范围，成为中国治理雾霾之路开篇。

1.4.2.2 实时公开空气污染数据

2012年3月5日，在十一届全国人大五次会议上，温家宝在政府工作报告中强调，$PM_{2.5}$等项目监测要在2015年覆盖所有地级以上

① 中华人民共和国生态环境部.《环境空气质量标准》二次公开征求意见 环境保护部拟制定$PM_{2.5}$标准[EB/OL].(2018-06-01)[2023-05-23]. https://www.mee.gov.cn/gkml/sthjbgw/qt/201111/t20111116_220068.htm.

城市。2012 年 10 月，北京市开始公布 $PM_{2.5}$ 监测数据。2012 年底国务院开始要求各城市安装空气污染监测站，监测站将实时提供本地空气质量状况并实时联网，形成一个自动化的全国空气质量监测网络。公众可以通过各种渠道方便地获取空气污染的实时信息，包括环境部网站、中国环境监测总站网站、各省市环保部门网站以及众多移动应用程序和第三方网站。空气污染信息公开显著扩大了公众获取污染信息的渠道。2013 年 1 月 1 日，“全国城市空气质量实时发布平台”正式启用，74 个全国主要城市开始发布包含 $PM_{2.5}$ 的大气实时监测数据，后续逐步扩大至全国 300 多个城市，公众由此可以了解到全国的空气污染状况。

实施空气污染数据公开是中国环境治理领域的一大创举。这不仅为中央政府评估各地环境治理绩效提供了可靠的数据保障，也为公众实时了解空气质量提供了可靠途径。来自环境经济学领域的研究发现，空气污染信息披露会提高公民的环境意识，从而影响公民与污染相关的规避行为，进而有效降低空气污染的社会成本。[①]

1.4.2.3　出台《重点区域大气污染防治“十二五”规划》和《大气污染防治行动计划》

2012 年 12 月，原环境保护部等三部委联合发布《重点区域大气污染防治“十二五”规划》(环发〔2012〕130 号)。作为中国第一部综合性大气污染防治的规划，它以改善环境而非污染物总量控制为目标，重点落在防治 $PM_{2.5}$ 与雾霾天气。控制 $PM_{2.5}$ 污染是一项复杂的系统工程，可以说，控制 $PM_{2.5}$ 污染本身，就是大气污染的综合防治工作的集中体现。该规划设置了 $PM_{2.5}$ 质量改善目标：到 2015 年，重

---

① Wang J, Wang Y, Sun C, et al. Does mandatory air quality information disclosure raise happiness? Evidence from China[J]. Energy Economics, 2021, 94: 105094.

点区域细颗粒物年均浓度下降5%。针对京津冀、长三角、珠三角等地区复合型污染严重的特点,规划目标提高了细颗粒物控制要求,要求细颗粒物年均浓度下降6%。

2013年9月,国务院发布《大气污染防治行动计划》(国发〔2013〕37号,简称空气"国十条",又称"大气十条")。这是中国出台的第二个大气污染防治规划。该计划指出,要"经过五年努力,全国空气质量总体改善,重污染天气较大幅度减少","京津冀、长三角、珠三角等区域细颗粒物浓度分别下降25%、20%、15%左右"。

"大气十条"对2017年前大气污染的治理制定了详细治理蓝图,并对各省市降低$PM_{2.5}$浓度提出具体要求,涉及燃煤、工业、机动车、重污染预警等十条措施。"大气十条"是首个经过中央政治局常委会会议和国务院常务会议审议通过的重要环境保护文件。该文件是中国近十几年来在环保治理领域最重要、最有影响、执行力度最大的一个文件。这个文件提出到2017年"北京市的细颗粒物年均浓度控制在60微克/立方米左右",这一目标也被称为"京60"。

2014年2月初,李克强主持召开国务院常务会议,研究部署进一步加强雾霾等大气污染治理工作,原则通过了落实《大气污染防治行动计划》22条配套政策措施。这两部规划不仅给出了防治大方向,也设置了约束性指标。而随着2018年1月1日起《环境保护税法》的施行,环境税正式开征。中国以治理雾霾为重点的一系列环保政策与方针,在法律层面与税收层面都有了更加强有力的保障与支撑。

1.4.3 治理结果

2008年,中国空气污染十分严重,其中重污染地区全年雾霾天数甚至占到全年的一半。根据当年全国519个城市报告的空气质量数据,空气质量达到一级标准的城市仅有21个,占4.0%,二级标准的城市有378个，占72.8%，三级标准[①]的城市有113个，占21.8%，劣于三级标准的城市有7个，占1.4%。全国地级及以上城市的达标比例为71.6%，县级城市的达标比例为85.6%。地级及以上城市空气质量达到国家一级标准的城市仅占2.2%，二级标准的占69.4%，三级标准的占26.9%，劣于三级标准的占1.5%。[②]

在2008年的城市污染物的统计中，PM_{10} 年均浓度达到二级标准及以上的城市占81.5%，劣于三级标准的占0.6%。其中值得注意的是，山东、陕西、新疆、内蒙古、湖北、江苏、甘肃、湖南八省区中参加统计的地级城市中，PM_{10} 未达到二级标准的比例超过了20%。SO_2 年均浓度达到二级标准及以上的城市占85.2%，劣于三级标准的占0.6%。其中，贵州、山东、山西、河北、内蒙古、四川、湖南七省区参加统计的地级城市中，SO_2 未达到二级标准的比例超过20%。城市二氧化氮年均浓度在所有地级及以上城市中均达到二级标准，有87.7%的城市达到一级标准。在城市酸雨频率统计中，监测的477个城市（县）中，出现酸雨的城市有252个，占比52.8%；酸雨发生频率在25%以上的城市有164个，占比34.4%；酸雨发生频率在75%以上的城市有55个，占比11.5%。酸雨分布城市主要集中在长江以南，四川、云南以东的区域，包括浙江、福建、江西、湖南、重庆的大部分地区以及长江、珠江三角洲地区。[③]

“大气十条”实施以来，全国空气质量总体改善，主要污染物

① 2008年施行的是《环境空气质量标准》（GB 3095—1996，已废止），污染物的浓度限值分有三级标准。但这一标准已被2016年1月1日实施的第三次修订代替，新标准号为GB 3095—2012。在新修订的标准中，污染物的浓度限制仅有两级。下文同，不再重复说明。

② 中华人民共和国生态环境部. 2008年中国环境状况公报[EB/OL]. (2009-06-05)[2023-05-23]. https://www.mee.gov.cn/gkml/sthjbgw/qt/200910/W020091031514285338571.pdf.

③ 同上。

$PM_{2.5}$、PM_{10}、NO_2、SO_2 和 CO 的年均浓度和超标率都呈现逐年下降的趋势,许多重污染城市的重污染天数大大减少。

2015 年,全国 74 个重点城市 $PM_{2.5}$ 的平均浓度为 55 微克/立方米,与 2013 年的 72 微克/立方米相比,下降了 23.6%;日均值超标天数显著下降,由 2013 年的 33.2%降到了 2015 年的 20.8%;全国 PM_{10} 平均浓度由 2013 年的 97 微克/立方米降到了 2015 的 87 微克/立方米,同比下降了 10.3%;日均值超标天数也在随之下降。74 个重点城市在 2015 年共发生 846 天次重度污染和 238 天次严重污染,这一数据与前两年相比也都是在不断下降。①

根据《环境空气质量标准》(GB 3095—2012),2015 年全国 338 个地级及以上城市中有 73 个城市空气质量满足标准,占比 21.6%;平均超标天数比例为 23.3%,重度及以上污染占 3.2%,其中 67.4%发生在冬季。在所有重度及以上污染的天次中,以 $PM_{2.5}$、PM_{10}、O_3 为首要污染物的天次分别占 83.4%、15.3%和 1.3%。京津冀及周边地区是全国重污染天气高发地区,占全国总天次的 44.1%。冬季重污染对全年 $PM_{2.5}$ 平均浓度有明显的助力作用。2013—2015 年,重污染天气对京津冀、长三角和成渝地区 $PM_{2.5}$ 年均值的贡献分别为 40%、10%和 20%。②

在完成“大气十条”中期目标方面,考核 $PM_{2.5}$ 的 10 个省和广东省珠三角地区 $PM_{2.5}$ 年均浓度下降幅度均已达到目标要求,甚至多数省份显现出提前实现终期目标的趋势。

到了 2018 年,空气质量进一步提升。根据 2018 年《中国生态环

① 中华人民共和国生态环境部. 2015 年中国环境状况公报[EB/OL]. (2016-06-02)[2023-05-23]. https://www.mee.gov.cn/gkml/sthjbgw/qt/201606/W020160602413860519309.pdf.

② 同上。

境状况公报》发布的数据显示：2018 年，全国 338 个地级及以上城市中，城市空气质量达标的为 121 个城市，而城市环境空气质量超标的城市达到 217 个，占全部监测城市总数的 64.2%，全国城市大气污染状况依然严峻。338 个城市中，平均超标天数占比 20.7%。338 个城市中，累计发生的重度污染为 1 899 天次，严重污染为 822 天次。以 $PM_{2.5}$、PM_{10}、O_3 为首要污染物的天数分别占重度及以上污染天数的 60.0%、37.2%、3.6%；与 2017 年度相比，O_3 浓度及超标天数的比例均呈现出上升趋势，其他五项指标（$PM_{2.5}$、PM_{10}、SO_2、NO_2、CO）浓度及超标天数比例均呈现下降态势。[①]

从区域城市环境质量来看，京津冀及周边的“2＋26”城市[②]，平均优良天数占比仅为 50.5%，大气污染治理形势依然较为严峻。超标天数中，O_3、$PM_{2.5}$ 为首要污染物的天数分别占总超标天数的 46.0%、40.7%。长三角地区的 41 个城市中，平均优良天数占比为 74.1%，明显要优于京津冀及周边城市。汾渭平原的 11 个城市中，空气质量中平均优良天数比例为 54.3%。

到了 2021 年，空气质量得到显著提升。根据 2021 年《中国生态环境状况公报》可以得知，2021 年，污染物排放量持续下降，生态环境质量明显改善。在大气环境方面，339 个地级及以上城市的平均优良天数比例为 87.5%，同比上升了 0.5%；$PM_{2.5}$ 浓度为 30 微克/立

① 中华人民共和国生态环境部. 2018 年全国生态环境状况公报[EB/OL]. (2021-08-27)[2024-05-23]. https://www.mee.gov.cn/hjzl/sthjzk/zghjzkgb/201905/P020190619587632630618.pdf.

② “2＋26”城市是指京津冀大气污染传输通道城市，包括北京市，天津市，河北省石家庄、唐山、廊坊、保定、沧州、衡水、邢台、邯郸市，山西省太原、阳泉、长治、晋城市，山东省济南、淄博、济宁、德州、聊城、滨州、菏泽市，河南省郑州、开封、安阳、鹤壁、新乡、焦作、濮阳市（含河北雄安新区、辛集市、定州市，河南巩义市、兰考县、滑县、长垣县、郑州航空港区）。2019 年，长垣县撤县设市。

方米,同比下降了 9.1%;O_3 平均浓度为 137 微克/平方米,同比下降了 0.7%。①

1.4.4 治理中的利益冲突与解决思路

虽然中国大气污染的治理取得了一定的成效,但不可否认的是,在中国大气污染治理的过程中,不同的主体与政策目标之间存在一定的利益冲突。这些冲突给中国对大气污染的治理带来一些挑战。因此,正视并设法调和甚至化解这些冲突,对于中国大气污染的治理有着深刻意义。这些冲突的来源就是:污染减排成本巨大,环境治理和经济发展的利益冲突始终存在。

中国政府从 20 世纪 70 年代就认识到环境污染的危害,并启动环境保护工作,自 20 世纪 90 年代以来出台了一系列环境规制措施。工业企业污染一般来说具有点源污染的特征,相对于其他污染源类型比较易于监督。中央政府针对工业部门的环境规制历经排污收费、行政命令、局部地区排放权交易等多种政策尝试。

在较长的一段时间内,中国政府对环境污染的治理以行政手段为主。对企业实施过的环境规制手段有限期治理、关停并转、“三同时”制度等政策;在行政体系上,通过实行环保约谈、“问责制”、环保督察等手段加强中央对地方环境治理的监督。行政命令式的环境规制不仅表现在全国范围内实行减排措施,还体现在重大节日或会议的特殊时期采取关闭工厂、限产等临时措施,如在 2008 年北京奥运会、2012 年 APEC 会议期间。这些短期措施虽然能立竿见影,但也只是短期的震慑作用,长期上并不能实现环境质量的本质好转,环保

① 中华人民共和国生态环境部. 2021 年全国生态环境状况公报[EB/OL]. (2023-01-18)[2024-05-23]. https://www.mee.gov.cn/hjzl/sthjzk/zghjzkgb/202205/P020220608338202870777.pdf.

的治理成果始终不够稳固。[1] 例如，在 2013 年，北京市出台了《北京市 2013—2017 年清洁空气行动计划》，试图在燃烧源、移动源和工业污染源等方面实施一系列严格的环境规制手段来改善空气质量。主要规制手段包括：优化产业结构、关停或转移部分重污染企业、统一实施机动车国五排放标准和油品质量标准、改造燃煤锅炉等。在实施计划的前三年，空气污染时有反复，并未取得明显效果。到了 2018 年，北京空气污染的治理才出现了明显好转，主要体现在重污染天数出现了下降。综上所述，在行政手段的减排策略下，工业企业减排路径比较单一。过分依赖末端治理的工程减排手段，虽然可以在短期内实现减排，但长期效果始终不够稳固，导致中国尚未真正建立起可持续的环境治理机制。

相较于环境经济手段，行政手段的最大问题是减排成本较高，对地方政府和企业的激励不足。这里的减排成本可以分为两部分。一部分是污染治理的直接投资，即直接成本，如给电厂安装脱硫脱硝设备、安装碳捕捉设备等措施。另一部分是环境规制力度的提高，使得企业生产成本上升，导致企业减产或搬迁，从而影响了企业整体竞争力，这些可归纳为间接成本。中国政府在环保领域的直接投资逐年增长，环境规制的间接成本则一直缺乏系统的核算。总体上，对污染治理成本相关的直接成本和间接成本，相关实证研究并不多。

首先，从直接成本来看，中国对工业污染治理的直接投资巨大。根据历年《中国环境统计年鉴》发布的工业污染治理投资额度可以发现，如图 1-3 所示，在中央打响“大气污染防治攻坚战”的 2014 年，全社会对工业污染治理投资的投入达到峰值，达到 997 亿元人民币。如果按照历年五年计划进行时间上的划分，在“十二五”期间，污染治

① Wang H, Zhao L, Xie Y, et al. “APEC blue”— the effects and implications of joint pollution prevention and control program[J]. Science of the Total Environment, 2016, 553: 429-438.

理投资增长迅猛，全国环境污染治理总额达 4.29 万亿元，比“十一五”期间总额增长了约 84%。“十三五”期间进一步增加至 4.66 万亿元，同比增长约 8.5%。这一方面显示了中央政府对环境治理的决心，但另一方面也显示着环境治理的巨大经济代价。环境治理的直接投资不仅仅包括对工业污染治理的直接投入，还涉及一些其他绿色产业的扶持补贴。如中国在 2010 年后陆续对风电、光伏进行了上网电价补贴，希望大力发展可再生能源促进绿色生产、逐步摆脱对煤炭资源的依赖。如果同时考虑这方面的资金投入，综合来看，中国对环境治理的资金投入占 GDP 的比重可能高于 3.5%。

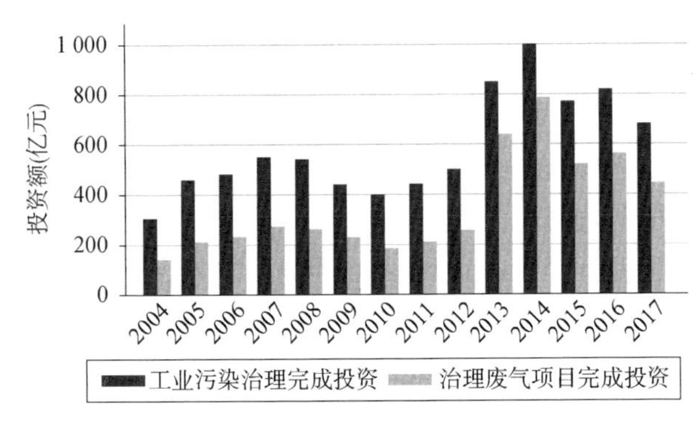

图 1-3　中国工业污染治理投资和治理废气投资

（数据来源：2004—2017 年中国环境统计年鉴）

除了直接成本以外，环境规制的间接成本也不容忽视。环境规制会直接导致企业成本上升，进而造成企业迁移、生产率降低、产值减少。近年来有不少前沿研究开始系统性分析环境规制造成的间接成本，主要研究对象是美国的《清洁空气法案》（*Clean Air Act*）和《清洁水法案》（*Clean Water Act*）。[①] 相关研究结果发现环境规制的间接

① Lyubich E, Shapiro J S, Walker R. Regulating mismeasured pollution: implications of firm heterogeneity for environmental policy [J]. Cowles Foundation Discussion Papers, 2018, 108: 136-142.

成本很高昂,如要使得 1 英里河流恢复可捕鱼 1 年的清洁状态平均需要 150 万美元投入。① 虽然中国的相关研究仍然不多,但不少学者从企业迁移、劳动需求损失、企业全要素生产率下降等角度一一做了尝试。如在“十一五”期间,在污染减排目标存在省际差异的情况下,东南沿海企业向中西部转移。② 通过利用河流水污染监测点上下游对企业环境规制力度的天然差异,研究人员发现河流上游的污染企业全要素生产率要比下游企业平均减少 27%,基于此计算得到全中国工业企业每年因环境规制损失 300 亿美元的收入。③ 虽然这类研究还不是非常丰富,但基本揭示了一个经验事实:环境规制势必会一定程度上削弱污染企业在市场上的竞争力,环境规制的间接成本不容忽视。

在污染减排成本巨大的背景下,环境治理出现了以下具体的利益冲突。

其一,地区的经济利益与保护环境诉求存在冲突。在政策目的与预期层面,各治理主体应该共同承担雾霾治理的经济成本与社会责任,最终实现雾霾治理效果共享。例如,自 2014 年以来,京津冀生态环保协同治理有效降低了三地的雾霾污染浓度。与此同时,中国的治理呈现中央统一领导、地方属地治理的特点。中国对于地方治理雾霾的权力分割,也在一定程度上给予地方因地制宜的自主权,可以根据当地环境污染状况,进行有针对性的、高效的治理。

① Keiser D A, Shapiro J S. Consequences of the Clean Water Act and the demand for water quality[J]. The Quarterly Journal of Economics, 2019, 134(1): 349-396.

② Wu H, Guo H, Zhang B, et al. Westward movement of new polluting firms in China: pollution reduction mandates and location choice[J]. Journal of Comparative Economics, 2017, 45(1): 119-138.

③ He G, Wang S, Zhang B. Watering down environmental regulation in China[J]. The Quarterly Journal of Economics, 2020, 135(4): 2135-2185.

但实际上,并非所有地市都能如京津冀一般实现高效的协同治理。在一些场合,这种地区之间多城市、多区域的治理效果量化与绩效评估,反而加剧了行政竞争,抑制了地方政府之间为了优化治理效果的自觉合作。在政策实际落实层面,地方政府可能会因片面追求GDP的增长而存在竞争、“搭便车”等行为,从而导致不利于污染治理的后果。

其二,区域利益和公共利益存在冲突。以京津冀雾霾治理府际合作为例,由于雾霾在整个华北地区的传播范围广、受害群众多,因此该地区必须联防联控,实现雾霾治理的全过程全社会参与。

在合作治理中,由于治理范围广、涉及利益主体多、治理内容细碎、后续政策评估标准不统一等问题,实际上的雾霾治理呈现重复性、碎片性、反复性等特征。在出台具体的法令规范裁定各部门、各单位、各层级具体权责之前,由于京津冀范围内各行政主体关于雾霾治理问题的目标不一、侧重不一,也出现了权责冲突、合作成本高昂、交流效率低等问题,导致治理低效。此外,由于各区域自身环境污染程度不同、治理雾霾的成本不一,一些地方政府不会将实现区域利益最大化放在首要位置,而更侧重于行政绩效和成本收益比,反而可能产生反公地悲剧现象。

那么,如何解决和处理这些利益冲突呢?前文分析了中国大气污染产生的原因:产业结构单一、工业化燃煤与粗放的排放方式。因此,参考京津冀协同治理雾霾的经验,必须转变曾经依靠焚烧资源、低端制造业与重工业的产业格局,建设资源节约型、环境友好型社会。为了达成此目标并化解在政策实施过程中的利益冲突,需要做到以下三点。

第一,要在充分科学调研的基础上,在顶层设计中体现治理策略。例如,市场化的环境规制手段可以有效督促产业结构向绿色化、清洁化升级。中国已经启用全国性的环境规制政策,例如排放权交易市场。在此基础上，政府应要逐步实现淘汰落后产能、推广使用清洁能源的目标。

第二，要体现雾霾治理的区域协同治理优越性，将赋权管理转化为赋能管理。中国目前的雾霾治理依然停留在赋权管理阶段，地方更多的是完成中央下达的行政命令，以各种方式完成量化指标并提高绩效，至于大气环境是否真的改善、产业结构是否真的优化，很少有地方政府会以此作为最终诉求。在上一部分关于利益冲突的论述中可以发现，地方政府若过分在意经济发展水平，则会产生竞次效应（race to the bottom）；若对经济发展的诉求减少，又因区域雾霾治理可能产生的治理范围划分不明、权责不统一、各地污染程度不同等问题而造成"搭便车"现象，严重影响地方政府治理雾霾的积极性。因此，要将赋权管理逐步转化为赋能管理，提高区域雾霾治理能力。借鉴企业管理的扁平化治理模式，消除政策不一致甚至相抵触、合作沟通障碍重重、行政流程审批困难等问题，展现雾霾治理的区域协同治理优越性，避免公地悲剧和反公地悲剧的现象发生。

第三，要正确划分治理区域，根据区域特点进行整体规划，同时兼顾内部小区域的灵活侧重。雾霾污染呈现空间集聚特征，具有污染关联性与治理成果溢出性。中国雾霾污染的区域大体可以按照空间特征、污染程度、治理模式、行政习惯分为三类区域：经济水平发达、产业集聚的京津冀与长三角地区；大气污染较严重的其他东部沿海地区；产业结构较为单一、以能源为工业燃料的中西部欠发达地区。这三类地区都有其区域特征与治理传统，要出台因地制宜的方案，防止雾霾污染外溢到其他空气质量良好的地区。同时规范环境规制行为，将行政化手段与市场化方法相结合，形成各自治理雾霾污染的区域合力。

1.5 典型案例:"看不见的城市"

兰州市是西北工业重镇,大气污染问题一直是该城最大的"城市病"。因大气污染严重,兰州曾被称为"卫星上看不到的城市",《洛杉矶时报》曾于1999年报道说:"兰州的200万市民天天忍受着恶劣的环境,吸口气如同抽了一包烟,连洛杉矶当年污染最严重时都没这么厉害,因为大气里含有太多的煤灰、汽车废气和尘土。"世界资源研究所(World Resources Institute)当时的最新调查显示,兰州市是全球空气污染程度最严重的城市之一。[①]《洛杉矶时报》的报道虽然描述夸张,但兰州市曾经的大气污染问题确实十分突出,并且严重影响到当地市民的身体健康。身为从小在兰州市生活的孩子,毫不夸张地说,笔者在初中之前的记忆中看见蓝天的次数屈指可数。

跟中国绝大部分有雾霾的城市相似,兰州市大气污染呈工业、煤烟、扬尘及汽车尾气混合型污染特征,其中工业污染源所占比重最大,其次为生活污染源和交通污染源,而且点源分布广、面源范围大、流动源增长快。就10年前的情况而言,仅工业废气这一项占到污染物排放总量的近一半,扬尘约占20%,汽车尾气约占17%,低空生活污染源约占13%。[②] 兰州大气污染季节性明显,春季受到吹进城市的沙尘暴影响,大气污染以沙尘浮尘为主;夏秋季以泥尘污染为主;

---

① Maggie Farley. The city with the grittiest air on earth[N/OL]. Los Angeles Times. (1999-06-15)[2023-05-23]. https://www.latimes.com/archives/la-xpm-1999-jun-15-mn-46669-story.html.

② 袁占亭.关于兰州市大气污染防治工作情况的报告——2012年8月8日在省十一届人大常委会第二十八次会议上[EB/OL].(2013-12-27)[2024-04-26]. http://rdgb.gsrdw.gov.cn/2013/185_1227/912.html.

冬季，即 11 月至次年 3 月的供暖期，以煤烟等低空面源污染为主，也是重度污染最集中的时期。

兰州特殊的城市地貌、不利的气象因素、脆弱的区域生态环境，以及“一五”“二五”和“三线”时期发展形成的、不尽合理的产业和能源结构，是在 21 世纪 10 年代“蓝天保卫战”打响时，这座城市面临的四大不利客观条件。从地貌上来看，兰州地形呈现半封闭的巨大哑铃形，不利于污染物向外流动；从气象上来看，兰州年均静风率为 62.7%、冬季静风率达 80%以上，大气层结构稳定，形成逆温层，不利于大气污染物的扩散；从区域生态环境来看，兰州处于典型的大陆性气候带上，常年干旱少雨、蒸发量大，生态植被覆盖率低，这就为沙尘暴和浮尘天气的形成创造了条件；从产业和能源结构看，兰州的工业结构以能源、石油化工、有色冶金等原材料工业为主，重化工业占整个工业的近 80%，企业工艺装备总体水平不高，“三高一低”型企业占一半以上。此外，兰州能源结构单一，年煤耗量巨大且增长快速，2015 年，80%的能耗以煤为主，年煤耗量达到 1 300 万吨以上。

而社会经济的持续快速发展带来的二次扬尘、汽车尾气污染和生活燃煤污染，则是“卫星上看不到的城市”形成的另一重原因。二次扬尘指的是随着城市化步伐加快和城市建设力度加大，建筑施工、房屋拆迁、环卫清扫、道路开挖、拉运遗撒等形成的扬尘污染。二次扬尘防控和管理难度较大，且随着城市化的发展日益严重。从汽车尾气来看，这座城市日益增加的汽车保有量和过境的汽车，加上交通堵塞导致的机动车低速、怠速行驶，共同造成了巨大的尾气排放量。这种污染明显集中于主要交通干道，且导致空气中 NO_x 比重增加。从生活燃煤污染来看，长期以来，兰州市区分布着 800 余台、5 000 多蒸吨的燃煤供暖锅炉，城区周边有近 10 万户城乡居民小火炉和 200 余台供热立式小锅炉，还有相当数量的沿街烧烤摊点，使得冬季采暖期燃煤结构性污染尤为突出。[1]

兰州市面临的环境压力越来越大，尤其是城区大气污染问题日益突出。大气污染防治工作形势严峻，制约了社会经济可持续发展，严重影响人民群众身体健康。

2011 年，兰州市发出“打赢大气环境治理的整体战和攻坚战”的号召，举全市人民之力向大气污染宣战，开创了大气污染治理“兰州模式”。2012 年，甘肃省第十一届人大常委会第二十八次会议表决通过了《甘肃省人民代表大会常务委员会关于进一步加强兰州大气污染防治的决定》。该决定从提高思想认识、加强统筹协调、突出防治重点、保证资金投入、加大宣传力度、强化法制监督六个方面提出了对兰州大气污染防治的切实可行的方案。2018 年，甘肃省发布了《甘肃省打赢蓝天保卫战三年行动作战方案（2018—2020 年）》（甘政发〔2018〕68 号），提出到 2020 年底，大气颗粒物浓度明显降低，主要污染物排放总量大幅减少，各地空气质量实现稳中向好，环境风险得到有效管控，人民的蓝天幸福感明显增强，大气环境保护水平同生态文明建设目标相适应的总体目标。这份文件从优化产业结构，推动绿色产业发展、调整能源结构，构建高效清洁能源体系、调整运输结构，发展绿色交通体系、优化用地结构，推进面源污染治理、推进工业污染源综合治理，降低污染物排放、实施重大专项行动，提升大气环境管控水平、强调区域联合防治，有效应对重污染天气、完善法规体系建设，落实环保工作制度、加强基础能力建设，严格环境执法监督、明确落实各方责任，动员全社会广泛参与十个方面，对 2018—2020 年持续实施的大气污染防治行动进行指导。

---

① 甘肃人大网. 我们的蓝天保卫战——省人大常委会高度关注兰州市大气污染防治纪实[EB/OL]. (2015-01-20)[2024-04-26]. http://www.gsrdw.gov.cn/html/2015/rdxw_0120/1798.html.

自兰州市打响“蓝天保卫战”以来，公众对大气污染的严重程度有了全新的认识，兰州市也通过深入开展大气污染防治工作，提高城市管理水平，提升了市民的环保意识。根据相关数据统计，2012 年以来，兰州的空气质量不断改善。在 2013 年，雾霾问题成为热点话题时，兰州市当年的优良天数达到 299 天，与其他遭受雾霾之苦的地区相比可谓切切实实打赢了“蓝天守卫战”；2020 年，兰州市空气质量优良天数首次突破 300 天，达到 312 天，优良天数比例达到 85.2%，比“十二五”末提升 16.2 个百分点；2022 年，兰州市全年优良天数比例达到 82%（不剔除沙尘天气影响优良天数达到 300 天）以上，大气治理成果得到巩固。“兰州蓝”从“浅蓝”走向“深蓝”，来自产业、能源、交通、用地等方面的结构调整。通过发展生态产业、提高清洁能源占比、治理机动车污染、大面积开展国土绿化等措施，兰州打赢了大气污染治理的阶段性战役。

第 2 章
环境治理的理论基础

对于政策制定者来说，有很多种环境政策可以选择：基于价格控制的庇古税（Pigouvian tax）、基于数量控制的排放权交易（tradable emission permits）、减排补贴，等等。当政策制定者要在这些政策中进行选择时，需要考虑不同的评价标准，如是否成本有效、对不同人群是否公平、对不确定性的稳健程度、政治上的可行性、行政上的执行成本等。经济学家一般倡导将污染的环境成本引入经济分析，对污染主体施加价格上的压力促使污染主体减排。基于科斯定理的排放权交易和基于庇古税的环境税，是经济学家眼里最具经济效率的两大政策。对环境污染物征收一定的税费是价格手段的一种。通过“做对价格”，使得环境税费的额度最大可能地接近污染的边际社会损害成本（marginal social costs）。早在1938年，庇古就在对税收可通过外部性内部化来提高社会总体福利进行了论证，之后该理论成为了环境经济学领域的一个核心理论。[①]

① Pigou A. The economics of welfare[M]. Abingdon: Routledge, 2017.

2.1 社会最优的污染排放量

在解释庇古税和排放权交易前，需要解释社会最优的资源配置。从全社会福利最大化的角度出发，污染不是越少越好，因为社会生产活动无法避免产生环境污染，污染也存在一个最优污染量。因此，环境政策的目标不是将污染物数量降至零，而是实现一个社会最优的排污量水平。在这个排污量下，全社会总私人净收益和总成本之差最大，如图 2-1 所示，横轴即为污染物排放量，纵轴代表在不同排放量情况下的社会成本或收益。由于环境污染对人体健康、经济生产活动产生了负面影响，因此污染的边际损害成本（marginal damage cost, MDC）是一条向右上方倾斜的曲线。在边际私人净收益和边际损害成本曲线相交处，即为全社会最优的污染物排放水平。

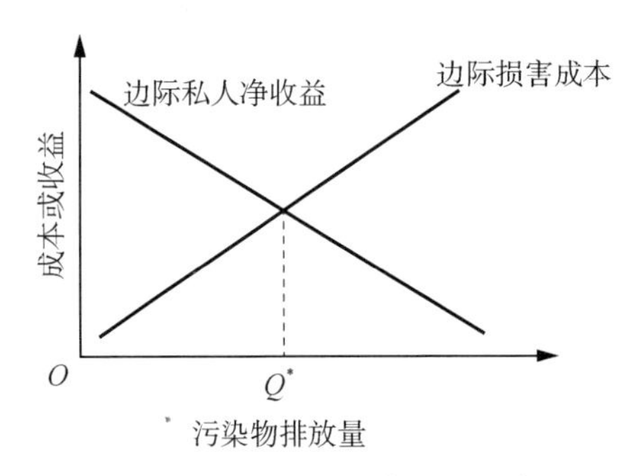

图 2-1 社会最优污染水平示意图

庇古认为，市场配置资源失败的原因在于经济主体的私人成本与社会成本不一致，私人最优导致了社会的非最优。这两项费用之间的差额可能非常大。因此在现实中，没有政府的力量，光靠市场本身无法实现资源的有效配置。只有政府通过税收或补贴进行调整，才能纠正由于私人成本与社会成本的偏离导致的市场失灵。

图 2-2 用一个简单的框架展示这个原理。横轴是污染物排放量

Q,纵轴是企业为了能够排放污染物所愿意支付的价格。企业对污染的“需求”就反映了污染的边际收益,这一条边际收益曲线(marginal benefit, MB)从左上方向右下方倾斜,遵循边际效益递减的规律。如果没有任何环境政策,企业的污染物排放量是 Q,即污染的边际收益曲线和边际私人成本曲线(private marginal cost, PMC)相交的点。这里私人成本反映的是与污染排放对应的企业的生产成本。然而,污染的社会成本是高于私人成本的。污染物的边际社会成本(social marginal cost, SMC)是 P',是边际私人成本和边际环境损害的加总。因此最优污染物排放量变成 Q',此时政府的目标就是让污染物排放量从 Q 减少为 Q'。

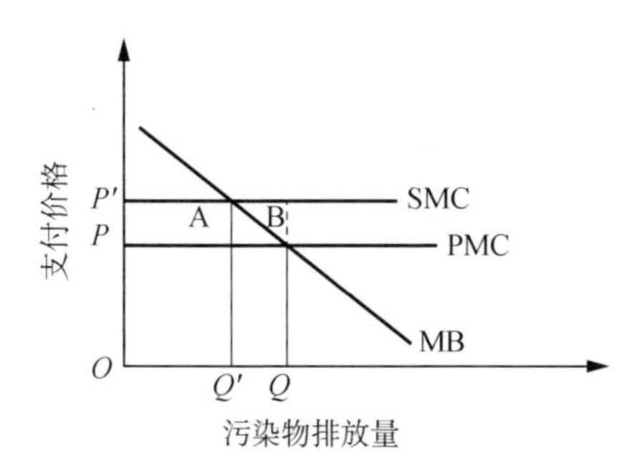

图 2-2　污染需求曲线和庇古税的来源

根据庇古税的理论,此时需要对 1 单位污染物施加一种环境税,税额为 t,正好等于边际社会成本和边际私人成本的差,即减排 1 单位污染物的社会成本,即边际减排成本(marginal abatement costs, MAC)。同时,在这一均衡点处,恰好等于污染减排所带来的边际社会收益。对于政府来说,税收收入等于税率乘以污染物的排放量,即长方形 A 的面积,社会福利提高的量为三角形 B 的大小。B 代表对于每 1 单位从 Q' 到 Q 的污染物,边际社会成本超过边际收益的程度。简单来说,根据庇古税的理论,最优环境税是基于污染的社会损害这一视角来计算的,从而可以将污染造成的外部性内部化。

如果从企业的角度出发，各种环境规制对企业的影响是通过影响企业行为来传导的。无论是哪种形式的环境规制，一般都会增加企业生产成本，进而改变企业的生产行为。基于庇古税的原理，如果把污染看成是一种外部性，就可以对污染征收合理的排污税或排污费，以期倒逼企业改进生产技术、引进减排设备、开发清洁生产技术、淘汰落后产能，最终达到环境治理的目的。通过停产来实现减排是以行政措施为主体的环保体系的常用措施，作为一种惩戒性措施，产生的社会成本也最大。在征收环境税的情况下，减排成本低于环境税率的企业就会多减排，而减排成本高于环境税的企业则不需要进一步减排。最终全社会的减排总目标是由减排成本最低的企业完成，这就是环境税下减排的社会总成本最低的基本原因。

现实中，确定环境税税率一般有两种视角：污染的边际损害法和边际治理成本法。显然，庇古税实际上是从污染的边际损害角度出发，也因此被称为"最优税率"。但是，量化污染的边际损害是一项极具挑战的课题，往往很难直接对污染的社会损害进行评估，只能从医疗消费、企业产出、农业产出等角度进行实证量化。因此，政策制定者往往会从边际治理成本的角度来确定环境税。

和其他环境政策相比，环境税受到经济学家推崇的另一个重要原因在于环境税能带来生态和经济双重红利(double dividend)。一重红利是指通过对排污企业征收环境税，调节排污企业的行为，可以降低污染物、弥补市场失灵和减少相应的社会福利损失；另一重红利是指在政府财政收入不变的前提下，环境税收入可以用来冲抵其他导致要素市场扭曲的税种(如所得税)，提高要素市场效率和社会福利水平。[①]

① Fullerton D, Metcalf G E. Environmental taxes and the double-dividend hypothesis: did you really expect something for nothing? [J]. Chicago-Kent Law Review, 1998, 73(1): 221-256.

其中,第二重红利往往不好理解。传统的收入型税收往往会降低市场经济的效率,额外 1 美元的收入型税收收入会给私营部门增加 1.35 美元的负担。其中这 35 美分就是企业要承受的额外负担。

政府往往会借助税收机制来增加财政收入。因此,在现实中确定最优环境税税率时,往往需要考虑环境税与其他税种的影响机制。在这种次优情境下,环境税除了具有生态效益和增加财政收入的经济效益之外,往往会被赋予其他的任务:充分发挥正的循环效应,修正之前扭曲的税收体系的低效率。①

从理论上讲,最优收费水平应该是污染物边际减排成本与边际损失成本相等之处。但在现实中,获取企业边际治理成本或者社会边际损失成本的信息都存在一定难度。当了解污染造成的社会边际损失成本(或治理污染的社会边际效益)难度更大,而获取企业或行业污染治理边际成本的难度相对较小时,社会决策可以转为寻求给定减排目标下的减排总成本(或称为减排的社会成本)最小化。判别减排的社会成本是否最小化的原则被称为"等边际原则"(equimarginal principle),即给定总减排量目标,不同企业减排的边际成本相等时实现此减排量的社会总成本是最小的。笔者在第五章也基于等边际原则分析了影子价格的估计量。下面从减排模型出发解释等边际原则。

如果有 J 个企业,每个企业一共生产 X 种商品,生产成本为 C,生产过程中产生的污染物数量为 e,企业减排的污染物数量为 a,企业因为排污造成的总外部性为 $\phi \sum_{j=1}^{J}[e_j(x_j)-a_j]$,企业为减排所付出的成本为 g,则对于社会决策者(social planner)来说,需要解决以

① Bovenberg A L, De Mooij R A. Environmental levies and distortionary taxation [J]. The American Economic Review, 1994, 84(4): 1085-1089.

下问题来实现社会福利最大化：

$$\max_{a_j, x_j} SWF = U(X) - \sum_{j=1}^{J}[c_j(x_j) + g_j(a_j)] - \phi\sum_{j=1}^{J}[e_j(x_j) - a_j] \tag{2.1}$$

根据一阶求导，可以得到：

$$U' = c'_j + \phi e'_j \tag{2.2}$$

$$\phi = g'_j \tag{2.3}$$

这里代表，所有企业的边际减排成本 g'_j 是一样的，即等边际原则。如果此时对企业施加了环境税 τ，则此时企业面临的利润最大化问题是：

$$\max_{a_j, x_j} \pi = P_{x_j} - [c_j(x_j) + g_j(a_j)] - \tau[e_j(x_j) - a_j] \tag{2.4}$$

此时的一阶条件为：

$$P = c'_j + \tau e'_j \tag{2.5}$$

$$\tau = g'_j \tag{2.6}$$

这说明税收给企业提供明确的价格信号，企业据此信号决定将减排水平加以调整，使边际减排成本与既定税率相等。所以环境税如果与特定的减排目标相对应，环境税的征收既可以实现此减排目标，又可以满足等边际原则，达成污染物减排社会成本的最小化。

因此，对于政策制定者来说，制定合理的环境税额度非常重要，这直接影响政策的实行效果。根据上述理论分析，社会最优的排污费征收额度应当是边际减排成本和边际损害成本相交时对应的价格。一般来说，边际损害成本随着污染物排放量的增加而增加，即当污染量很小时，因为环境本身的自净能力或排放量很小，对人体健康的影响就不会很大；但当排放量很大的时候，其损害就很大。边际减排成本则相反，边际减排成本会随着污染排放量的增加而减少，即排污水平越低，进一步降低排放的成本就越高。对于当前的减排政策来说，政策制定者应努力的方向是使得所有排污者边际减排成本收敛，因为只有当所有排污者边际减排成本相等时，污染控制政策的总成本才会最小。

2.2　企业的边际减排成本

准确分析污染物的边际减排成本是制定环境税、排放权交易机制的重要基础。目前，一般有两种研究视角来制定最优环境税：一是估算污染物的边际损害成本；二是边际减排成本。

边际损害成本的研究视角聚焦于探究污染物造成的个人效用的损失，并用货币形式表征这样的损失。损失一般体现在污染对自然环境、人体健康造成的损害，如气候变化造成农业减产①、空气污染造成人体健康受损导致医疗支出增加、空气污染导致人们购买口罩等防护用品而增加的额外支出②。这些损害可以被进一步细分为直接

① Chen S, Chen X, Xu J. Impacts of climate change on agriculture: evidence from China[J]. Journal of Environmental Economics and Management, 2016, 76: 105-124; Zhang P, Zhang J, Chen M. Economic impacts of climate change on agriculture: the importance of additional climatic variables other than temperature and precipitation [J]. Journal of Environmental Economics and Management, 2017, 83: 8-31.

② Zhang J, Mu Q. Air pollution and defensive expenditures: evidence from particulate-filtering facemasks [J]. Journal of Environmental Economics and Management, 2018, 92: 517-536; Ito K, Zhang S. Willingness to pay for clean air: evidence from air purifier markets in China[J]. Journal of Political Economy, 2020, 128(5): 1627-1672.

损害和间接损害等。[①] 该领域的研究突破点聚焦在选取合适的贴现率(discount rate)和处理公平加权(equity weighting)问题。前者是指未来收益和成本如何根据人们的时间偏好和现有利率贴现;后者是指处理分配问题的方法。由于这两个因素的存在,MDC 研究视角的成果总会存在不确定性和不完备性的问题。实际政策决定过程中,采用MDC 方法的仍不多。针对空气污染的研究,也有很多学者从统计寿命价值(value of a statistical life, VSL)概念出发,来探究死亡风险和财富的替代弹性。

MAC 的研究视角在于首先假定政府制定的减排目标是合理的,再在此基础上测算,为实现这一减排目标所需的环境税税率。对于政策制定者来说,从边际减排成本的角度可以分析实现某一污染控制目标的成本效益。[②] 减排目标是在社会达成共识的基础上制定的,如中国五年规划中的减排目标、国际社会达成的《巴黎协定》。在既定减排目标下,MAC 方法可以为企业或整个经济体绘制减排成本曲线,从而得到符合政策目标的有效税率,为政策制定者制定合理的减排政策提供了重要的价格信息。[③] 这一价格信息对市级及以下政府、行业层面的政策制定显得尤其重要。MAC 视角的研究被认为是次优方法,在

---

① Bachmann T M. Considering environmental costs of greenhouse gas emissions for setting a CO_2 tax: a review[J]. Science of the Total Environment, 2020, 720: 137524.

② Färe R, Grosskopf S, Noh D W, et al. Characteristics of a polluting technology: theory and practice[J]. Journal of Econometrics, 2005, 126(2): 469-492; Färe R, Grosskopf S, Weber W L. Shadow prices and pollution costs in US agriculture[J]. Ecological Economics, 2006, 56(1): 89-103; Tang K, Hailu A, Kragt M E, et al. Marginal abatement costs of greenhouse gas emissions: broadacre farming in the Great Southern Region of Western Australia[J]. Australian Journal of Agricultural and Resource Economics, 2016, 60(3): 459-475.

③ Zhou X, Fan L W, Zhou P. Marginal CO_2 abatement costs: findings from alternative shadow price estimates for Shanghai industrial sectors[J]. Energy Policy, 2015, 77: 109-117.

现实中经常使用。

经过近 30 年的发展，基于 MAC 的模型分析方法已被广泛应用在各种实证分析中。[①] 其中，自下而上模型、自上而下模型、混合模型和影子价格模型是比较主流的研究方法（如图 2-3 所示）。这四种模型根据其模型假设、数据质量的要求，各有优缺点。如自下而上（bottom-up model）的代表模型是工程经济学模型、动态优化模型，依赖于相关减排技术领域的专家对不同行业的减排成本的推算。自上而下（top-down model）的模型包括可计算一般均衡模型（computational general equilibrium, CGE）、宏观经济模型和投入产出模型。虽然这两种方法多被政策制定机构使用，但是其“黑匣子”属性，即具体参数选择的模糊性，存在一定争议。影子价格法是基于生产理论的方法，通过定义生产可能性集合（一般用距离函数来表示）推导 MAC 的表达式。这一方法的优势在于只需要历史的投入产出数据，无须对未来技术进步水平做太多假设，而且反映 MAC 的年际变化，从而得到了最为广泛的应用。因为从实际应用研究的情况来看，自下而上的工程经济学模型一般用来测算某项目层面投入导向减排手段的 MAC，如测算利用投资减排设备、开发绿色生产技术的减排工程项目的成本。自上而下的 CGE 模型一般用于短期分析，适用于分析宏观层面（如地区、行业）整体的 MAC。影子价格模型基于生产理论，可以细致地研究企业层面，其结果不仅能提供企业层面的信息，外推到行业、地区层面也非常可靠。这些优点使得影子价格法非常适合设计环境税税率、排放权交易定价等环境经济政策。[②]

---

① Kesicki F, Strachan N. Marginal abatement cost (MAC) curves: confronting theory and practice[J]. Environmental Science & Policy, 2011, 14(8): 1195-1204.

② Du L, Hanley A, Wei C. Estimating the marginal abatement cost curve of CO_2 emissions in China: provincial panel data analysis[J]. Energy Economics, 2015, 48: 217-229; Xiao B, Niu D, Wu H, et al. Marginal abatement cost of CO_2 in China based on directional distance function: an industry perspective[J]. Sustainability, 2017, 9(1): 138.

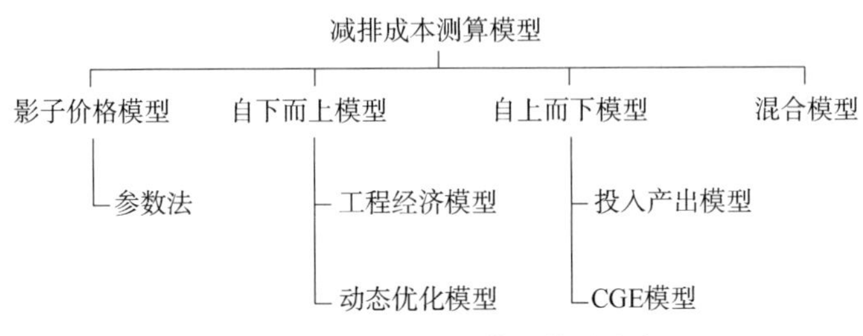

图 2-3　减排成本测算的模型分类

影子价格的概念是由简·丁伯根(Jan Tinbergen)在 20 世纪 30 年代首次提出，其实质是线性规划理论为了解决最优化问题而提出的一种理论价格，最早被应用于资源经济学领域，用以评估资源在生产活动中的边际利用价值。影子价格是指在固定的生产消费、产品价格和其他已知条件下，1 单位资源增加所能带来的边际收益。[①] 在解决线性规划的最优化问题时，当限制条件(如资源总储量)放宽 1 单位后，最优解真实价值的变动就是影子价格。准确地说，影子价格是拉格朗日乘子在最优化时的值。如某企业使用煤炭作为资源进行工业生产，当煤炭的约束条件是 $x \leqslant 20$ 时收益是 100，但约束条件放宽至 $x \leqslant 21$ 时收益为 105，那么煤炭在这里的影子价格就是 5。这个价格也可以理解为多使用 1 单位的资源所带来的边际收益。影子价格可以用于衡量资源的价值，来表示这种资源的稀缺程度。

当影子价格被应用于环境污染物时，污染物的影子价格表示减少 1 单位污染物的排放，排放主体总收益的减少值。总收益的减少是排放主体采取多种减排手段造成的综合结果。要想求解污染物影子价格，首先要将污染物看作正常产出时的副产品，即企业本不想要

① 周迅. 二氧化碳边际减排成本测算：效率分析视角[D]. 南京：南京航空航天大学，2015.

的产出，又称为非合意产出(undesirable output)。结合环境污染物的本身性质，一般认为污染物是工业生产过程中的副产物，即不会被拿到市场上交易进而获取收益的非合意产品。由于这些污染物会对自然环境、人体健康造成负面影响，各国政府纷纷采取不同的环境规制手段试图降低污染物的排放。

企业为了减少非合意产出主要通过三种方式：一是增加污染处理设备或投资清洁生产设备，对污染进行末端治理；二是在生产过程中采用清洁生产技术从源头就降低污染排放强度，如改变原材料和能源投入结构、改进生产工艺等；三是既不进行末端治理，也不进行清洁生产，而是直接降低生产活动规模，通过减少合意产出来减少非合意产出。这几种方式具有一定的可转换性或等价性。企业如果需要减少非合意产出，投资末端治理能力意味着，本可以用于增产的资源被转用于污染治理；采用清洁生产技术意味着，企业改用更为清洁(一般来说也更为昂贵)的原材料和能源，以及改进生产工艺，将传统技术下可用于合意产出生产的资源转变用途。在每个企业的污染物减排投资和技术的具体信息不可获得的情形下，通过计算非合意产出与合意产出的替代率，可以对污染物(即非合意产出)与合意产出之间的经济替代关系加以了解，这也是估计污染物减排机会成本的一种较为科学的途径。这种估计的结果可以理解为企业层面污染物减排的综合边际成本，也将其称为污染物排放的影子价格。这个影子价格是企业在特定污染治理政策下重新优化资源配置的结果，而不必然代表这个企业一定是通过直接减产来实现减排。

计算影子价格的理论框架建立在环境技术效率和距离函数的基础上。对企业进行全要素生产率分析时，传统做法往往只考虑将资本、劳动力作为投入要素，忽视了自然资源对于产出的贡献。从产出的角度，类似地，对企业生产率的分析往往只考虑正常的经济产出，而忽视了环境污染这一副产物。环境技术效率则要求在对企业进行效率和生产率分析时，将环境污染物作为重要产出指标，纳入效率分析框架[①]，这是绿色全要素生产率相关研究的由来。做环境技术效率分析时需要借助距离函数的理论，即通过构建生产前沿面，测算每个企业距离行业内效率最优的企业的距离，作为该企业的无效率值，从而可以比较不同企业的技术效率。

计算污染物的影子价格所需要的数据包括生产过程中合意产出和非合意产出之间的数量关系，以及合意产出的市场价格。Shephard距离函数法和方向性距离函数是目前常用的影子价格函数模型。如前所述，影子价格的实际意义是：为了减少额外1单位污染物所需要减少的合意产出，等同于生产者的MAC。污染物的影子价格提供了治理环境所需机会成本的度量，为排放权交易初始定价提供了依据[②]，也可以为制定环境税税率提供依据，更可以评估污染控制政策的执行效果，传达了十分重要的价格信号。

总体来说，影子价格法是估算MAC的重要方法之一。非合意产出的影子价格通常被定义为减少额外1单位非合意产出所需要放弃的合意产出的机会成本。[③] 因此，污染物的影子价格往往是环境政策制定者重点关注的价格信息，因为它为污染排放权交易、环境税提供了重要参考信息。求解污染物的影子价格一般通过距离函数和对偶原理，基于合意产出的市场价值，利用参数或非参数效率模

---

① Pittman R W. Issue in pollution control: interplant cost differences and economies of scale[J]. Land Economics, 1981, 57(1): 1-17; Pittman R W. Multilateral productivity comparisons with undesirable outputs[J]. The Economic Journal, 1983, 93(372): 883-891.

② 陈诗一.工业二氧化碳的影子价格：参数化和非参数化方法[J].世界经济，2010(8)：93—111.

③ Hailu A, Chambers R G. A Luenberger soil-quality indicator[J]. Journal of Productivity Analysis, 2012, 38(2): 145-154.

型求得。[①]

以下将介绍求解影子价格的一般做法，包括环境生产技术的基本理论框架、距离函数的选取、参数和非参数的求解方法。

2.2.1　影子价格模型

2.2.1.1　影子价格的理论模型

1）环境技术效率

在经济学中，技术效率是一个广为应用的概念。一般定义为：在既定的投入下，产出可增加的能力，或在既定的产出下，投入可减少的能力。进而通过比较实际投入与最优投入之间的差距，反映企业的实际效率。这一分析框架同样可以从产出导向来进行。常用于度量技术效率的方法是生产前沿分析方法，这也是绩效分析领域最为典型的方法。

技术效率的生产前沿分析方法早在 1957 年就被提出，之后得到了理论界的广泛认同，成为效率测度的基础。[②] 生产前沿通常需要用具体的生产函数来表示，这种函数被称为前沿生产函数（frontier production function），它反映了企业在特定的技术条件和给定的生产要素组合下，各投入组合与最大产出之间的函数关系。根据生产函数是否已知，生产前沿分析方法可分为参数法和非参数法。前者采用随机前沿分析（stochastic frontier analysis, SFA），后者采用数据包络分析（data envelope analysis, DEA）。两类方法各有利弊。

参数法首先需要确定或构造特定的函数形式，然后根据函数形

---

① Zhou P, Zhou X, Fan L W. On estimating shadow prices of undesirable outputs with efficiency models: a literature review[J]. Applied Energy, 2014, 130: 799-806.

② Farrell M J. The measurement of productive efficiency[J]. Journal of the Royal Statistical Society: Series A (General), 1957, 120(3): 253-281.

式计算出函数中的参数，主要采用最小二乘法、修正最小二乘法或最大似然估计法。围绕误差项的确立，又分为随机性和确定性两种方法。

非参数方法不需要参数假设、不需要生产函数的具体形式。[①] 非参数方法根据投入产出数据，直接构造一组包含所有生产方式的最小生产可能性。非参数方法的有效性是在一定的输入下产生最大的输出，或者在一定的输出下产生最小的输入。非参数方法采用DEA进行计算。DEA方法的特点是将有效的生产单元连接起来，采用分段超平面的组合，即生产前沿紧密地包围所有观测点。它是一种不考虑随机因素对生产率和效率的影响的确定性前沿分析方法。然而，非参数方法最大的局限性在于，它主要采用线性规划方法进行计算，而参数方法以统计检验数作为样本拟合和统计性质的参考；另外，非参数方法对观测数有一定的限制，有时不得不舍弃一些样本值，这样就影响了观测结果的稳定性。

DEA方法在近似生产集边界的构造过程是分段的，这将导致由于斜率不唯一而在某些点上无法得到影子价格的情况。因此，非参数法更多地直接用于效率分析。[②] 由于方向性距离函数是径向的，如果投入或产出松弛，径向测量方法就会高估被评价对象的技术效率。在DEA框架下实现非径向的效率估计模型是目前许多学者拓展的方向。

传统的效率分析往往只关注一种产出，即企业的总产值，但随

① Charnes A, Cooper W W, Rhodes E. Measuring the efficiency of decision making units[J]. European Journal of Operational Research, 1978, 2(6): 429-444.

② 李俊，徐晋涛. 省际绿色全要素生产率增长趋势的分析——一种非参数方法的应用[J]. 北京林业大学学报(社会科学版)，2009，8(4)：139—146；冯杰，张世秋. 基于DEA方法的我国省际绿色全要素生产率评估——不同模型选择的差异性探析[J]. 北京大学学报(自然科学版)，2017，53(1)：151—159.

着环境问题日益严重，考虑了污染物排放的环境生产技术效率正式进入人们视野。环境生产技术效率和传统生产技术效率的不同就在于前者考虑了污染物排放。下面简要介绍环境技术效率的理论模型。

假设在企业生产过程中需要使用 N 种投入：$x=(x_1, \cdots, x_n) \in R_N^+$，共生产出 M 种合意产出：$y=(y_1, \cdots, y_m) \in R_M^+$，和 J 种非合意产出：$b=(b_1, \cdots, b_J) \in R_J^+$，那么用环境技术生产可行性集来表示企业所使用的生产技术，就可以定义为：

$$P(x)=\{(y, b): x \text{ 可以生产}(y, b)\}, \ x \in R_N^+ \tag{2.7}$$

环境生产技术可行性集需要满足四种假设。其中，投入和产出需要满足自由处置性。

(1) 投入自由处置性：如果投入发生改变，只要这种改变是非递减的，那么新的产出集必然包含旧的产出集，若 $x'>x$，则 $P(x')\supseteq P(x)$。

(2) 产出自由处置性：若 $(y, b)\in P(x)$ 且 $y'\leqslant y$，则 $(y', b)\in P(x)$。这意味着在投入给定的条件下，如果某一合意产出的量是可以实现的，那么任何比该产出量更少的合意产出和原来的其他产出量组成的产出组合都可以实现。

对于非合意产出，却不可能具有自由处置性。结合现实考虑，企业需要付出一定成本才能减少污染物的排放。此外，除非生产过程被终止，非合意产出将无可避免地会被生产出来。这两种假设被称为弱自由处置性(weakly disposable)和零点关联性(null-jointness)。

(1) 弱自由处置性：若 $(y, b)\in P(x)$ 且 $0\leqslant\theta\leqslant 1$，则 $(\theta y, \theta b)\in P(x)$。这意味着如果能够实现某合意产出和非合意产出的产出组合，那么通过组合的任何比例减少而产生的新的产出组合也能够实现。

(2) 零点关联性:若$(y, b) \in P(x)$且$b=0$,则$y=0$。这一公理表明,合意产出和非合意产出是共同产生的,即当合意产出产生时,必然存在非合意产出。非合意产出为零,合意产出为正的情况并不存在,即现实中不存在"零排放"企业,任何产出都会带来一定污染物的排放。

通过这四个假设可以看出,非合意产出(环境污染物)的减少是有代价的,即在给定的投入水平下,非合意产出的减少必然会相应地减少合意产出的数量,因此企业必须放弃合意产出的潜在收益。

2) 距离函数

距离函数是描述环境技术生产可能性集合的一种工具。早在1970年,罗纳德·谢泼德(Ronald Shephard)就采用距离函数来测算生产主体的效率,为之后效率分析领域奠定了研究基础。① 后来,学者称之为Shephard距离函数。之后陆续有学者将非合意产出纳入Shephard距离函数的框架下并提出了估计污染物影子价格的框架。②

根据几篇代表性文章研究③,总结包含非合意产出的Shephard

① Shepherd R W. Theory of cost and production functions [M]. Princeton: Princeton University Press, 1970.

② Färe R, Grosskopf S, Lovell C A K, et al. Derivation of shadow prices for undesirable outputs: a distance function approach[J]. The Review of Economics and Statistics, 1993, 75(2): 374-380.

③ Shepherd R W. Theory of cost and production functions [M]. Princeton: Princeton University Press, 1970; Färe R, Grosskopf S, Lovell C A K, et al. Derivation of shadow prices for undesirable outputs: a distance function approach [J]. The Review of Economics and Statistics, 1993, 75(2): 374-380; Coggins J S, Swinton J R. The price of pollution: a dual approach to valuing SO_2 allowances [J]. Journal of Environmental Economics and Management, 1996, 30(1): 58-72.

产出距离函数如下：

$$D(x, y, b)=\inf\left\{\theta:\left(\frac{y}{\theta}, \frac{b}{\theta}\right) \in P(x)\right\} \tag{2.8}$$

该方程表示，在给定投入 x 的情况下，用 θ 表示产出最大限度扩张到生产前沿面上的扩张倍数。θ 取值范围是[0, 1]，当 $\theta=1$ 时，企业处于前沿面上。

Shephard 距离函数让合意产出和非合意产出同方向同比例变动，这和政策制定者的目的有所违背。一般来说，全社会希望的是合意产出增加同时非合意产出减少。Shephard 距离函数在 20 世纪 90 年代时，更多地用于计算环境生产率、环境技术效率，但近年来在污染物影子价格的实证研究中应用不多。随着 Shephard 距离函数的缺点显露，方向性距离函数（directional distance function）由于能够允许非合意产出的减少，将企业投影在前沿面时，企业合意产出和非合意产出可以往不同方向变化，更符合实际情况，成为效率测算的全新分析框架。根据代表性研究①，方向性产出距离函数表述如下：

$$\vec{D}_0(x, y, b; g_y, -g_b)=\sup\{\beta:(y+\beta g_y, b-\beta g_b) \in P(x)\} \tag{2.9}$$

其中，$g=(g_y, -g_b)$ 这一方向向量，代表合意产出和非合意产出在生产可行性集合内进行扩张和收缩的方向。这样就赋予了合意产出和非合意产出不同的变化方向，使得在理论上，方向性距离函数比 Shephard 距离函数更真实地反映现实情况：企业合意产出的增加和

① Chung Y H, Färe R, Grosskopf S. Productivity and undesirable outputs: a directional distance function approach[J]. Journal of Environmental Management, 1997, 51(3): 229-240; Färe R, Grosskopf S, Noh D W, et al. Characteristics of a polluting technology: theory and practice[J]. Journal of Econometrics, 2005, 126(2): 469-492; Chambers R G, Chung Y, Färe R. Profit, directional distance functions, and Nerlovian efficiency [J]. Journal of Optimization Theory and Applications, 1998, 98: 351-364.

非合意产出的减少是更有效率的表现。实际上，Shephard 距离函数可以看作方向性距离函数的特例。

求解得到的 $\beta^* = D(x, y, b; g_y, -g_b)$ 代表产出组合 $(y, b) \in P(x)$ 在可行性集中产出扩张或收缩的最大程度，是方向性距离函数的值。如果 $\beta^* = 0$，则该企业处于生产前沿面上；否则，如果企业不在生产前沿面上就代表企业存在技术无效率。β^* 越大代表企业离生产前沿的距离越远，企业效率越低。

方向性距离函数解决了不同产出可以向不同方向变动的问题，但实际上方向性向量的选择对估计结果影响较大。① 因为方向性距离函数中合意产出和非合意产出扩张的方向相反，为了求解方便，方向向量一般取为(1，－1)。② 方向向量的选取对影子价格的求解结果也会有很大影响。有学者在研究污水处理厂 CO_2 的影子价格时，发现选取不同的方向向量，其求解结果的确有一定差异。③ 因此，针对方向性距离函数选取方向性向量导致结果差异的问题，很多学者试图采用计量方法去解决。④ 或者利用数据包络法内生化映射向量⑤，

---

① Vardanyan M, Noh D W. Approximating pollution abatement costs via alternative specifications of a multi-output production technology: a case of the US electric utility industry[J]. Journal of Environmental Management, 2006, 80(2): 177-190.

② Färe R, Grosskopf S, Noh D W, et al. Characteristics of a polluting technology: theory and practice[J]. Journal of Econometrics, 2005, 126(2): 469-492.

③ Molinos-Senante M, Hanley N, Sala-Garrido R. Measuring the CO_2 shadow price for wastewater treatment: a directional distance function approach[J]. Applied Energy, 2015, 144: 241-249.

④ Aparicio J, Pastor J T, Zofio J L. On the inconsistency of the Malmquist-Luenberger index[J]. European Journal of Operational Research, 2013, 229(3): 738-742.

⑤ Hampf B, Krüger J J. Optimal directions for directional distance functions: an exploration of potential reductions of greenhouse gases[J]. American Journal of Agricultural Economics, 2015, 97(3): 920-938.

或者直接利用线性规划法来选取最优向量[①]，或者利用广义矩估计(generalized method of moments, GMM)来解决[②]。这类研究一般运用美国电力企业的数据做验证。

以图 2-4 为例解释两种距离函数。对于生产可行集 $P(x)$中的企业 A，根据 Shepard 产出距离函数定义，合意产出和非合意产出是同向扩张的，企业 A 在前沿面上的对应点是 P。而方向性距离函数遵循着不同的方向性向量，即合意产出扩张，非合意产出缩减，A 对应的前沿面上的点是 R、T、S。选择不同的方向向量，也就选择了研究对象企业在前沿面上的参照点。确定参照点后，根据测算参照点的斜率给出影子价格。所以方向向量的选择对影子价格影响较大。在实际研究中，可以根据研究目的的不同选择不同的方向向量：当社会更侧重于经济发展、对环境保护较为忽略时，可以选择合意产出扩张比率高于非合意产出缩减比例的方向向量，如(2, −1)；当社会对环境保护的要求更高时，就可以选择非合意产出缩减比率高于合意产出扩张比率的方向向量，如(1, −2)。而根据图 2-5，对于企业 B 来说，减少非合意产出 b 的影子价格就等于为了在边际上减少 1 单位的 b 所需要减少的合意产出 y 所能获得的潜在收益。即 B 投影在 A 上的斜率。而具体应该投影在凸包上的哪一点则取决于方向向量的选取。现在实证研究中广泛使用的方向向量是 $g=(1, -1)$。这种方向性向量将合意产出和非合意产出的变动方向设定为等比例但反方向，是比较政策中性的方向性向量。此外，这样也有利于节约参数、降低模型求解难度。

---

① Färe R, Pasurka C, Vardanyan M. On endogenizing direction vectors in parametric directional distance function-based models[J]. European Journal of Operational Research, 2017, 262(1): 361-369.

② Atkinson S E, Tsionas M G. Shadow directional distance functions with bads: GMM estimation of optimal directions and efficiencies[J]. Empirical Economics, 2018, 54: 207-230.

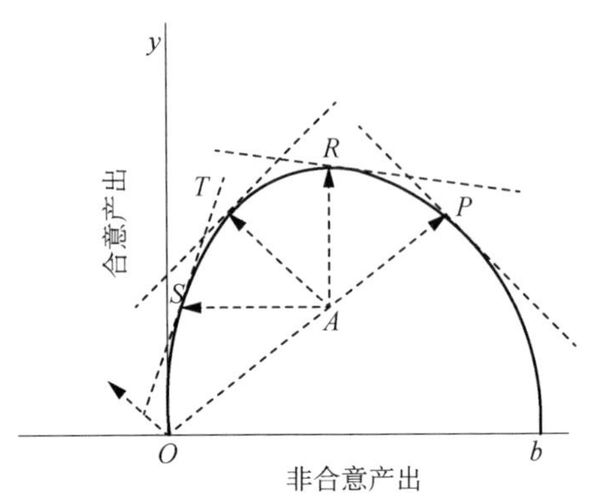

图 2-4 Shephard 和方向性距离函数示意图

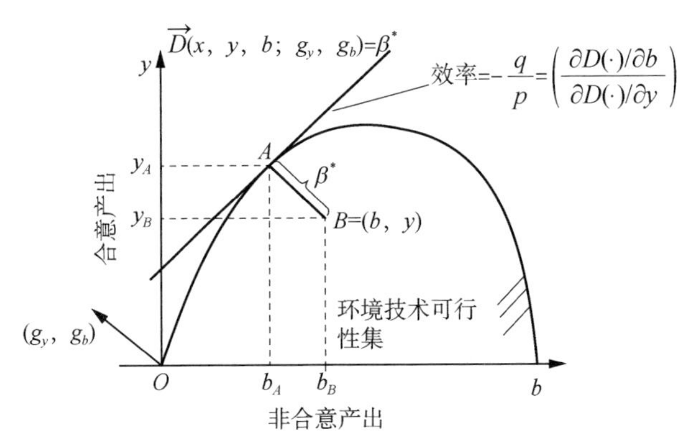

图 2-5 方向性距离函数和影子价格求解示意图

3）影子价格参数化模型设定和求解方法

距离函数和收益函数的对偶性是使用影子价格模型的基础。产出距离函数的对偶形式是收益函数（投入导向的距离函数则是成本函数）。求解收益函数可以通过最大化收益来实现。这里令 $p=(p_1, \cdots, p_M)$ 和 $q=(q_1, \cdots, q_J)$ 分别代表合意产出和非合意产出的价格向量，w 代表投入要素的价格。基于环境技术生产可行性集和方向性距离函数的表达式，收益函数可以表示为：

$$R(w, p, q) = \max_{y, b}\{py - qb : \overrightarrow{D_0}(x, y, b; g_y, -g_b) \geqslant 0\} \tag{2.10}$$

如果有两种非合意产出,那么收益函数就可以写成:

$$R(x, p, q) = \max_{y, b_1, b_2}\{py - q_1 b_1 - q_2 b_2 : \overrightarrow{D_0}(x, y, b; g) \geqslant 0\} \tag{2.11}$$

这里 $q = (q_1, q_2)$ 代表污染物的影子价格,p 代表产出品的价格。而拉格朗日乘子(最大化收益函数)为 $\lambda = pg_y + q_1 g_{b_1} + q_2 g_{b_2}$。因此收益函数可以写成:

$$R(x, p, q) = \max_{y, b_1, b_2}\{py - q_1 b_1 - q_2 b_2 + (pg_y + q_1 g_{b_1} + q_2 g_{b_2})\overrightarrow{D_0}(x, y, b; g)\} \tag{2.12}$$

对于成本函数来说,即要解决一个最小化问题:

$$C(y, b, w) = \min_{x}\{wx : \overrightarrow{D_0}(x, y, b; g_y, -g_b) \geqslant 0\} \tag{2.13}$$

根据方向性距离函数的定义,合意产出、非合意产出的产出组合在环境技术前沿面内,则有:

$$(y + \beta g_y, b - \beta g_b) = [y + \overrightarrow{D_0}(x, y, b; g) \cdot g_y, b - \overrightarrow{D_0}(x, y, b; g) \cdot g_b] \in P(x) \tag{2.14}$$

这时对于企业来说,其收益代表生产可能性集合里所能取得的最大收益。可以表示为:

$$R(w, p, q) \geqslant p[y + \overrightarrow{D_0}(x, y, b; g) \cdot g_y] - q[b - \overrightarrow{D_0}(x, y, b; g) \cdot g_b] \tag{2.15}$$

企业的收益是实际收益,加上通过增加合意产出和减少非合意产出来提高效率所取得的收益。上式可以写成:

$$R(w, p, q) \geqslant (py - qb) + p\overrightarrow{D_0}(x, y, b; g) \cdot g_y + q\overrightarrow{D_0}(x, y, b; g) \cdot g_b \tag{2.16}$$

通过将上式改为最小化问题,这时方向性距离函数就变成了:

$$\overrightarrow{D_0}(x, y, b; g) = \min_{p, q}\left\{\frac{R(w, p, q) - (py - qb)}{pg_y + qg_b}\right\} \tag{2.17}$$

分别对合意产出、非合意产出求导得到:

$$\frac{\partial \overrightarrow{D_0}(x, y, b; g)}{\partial y} = \frac{-p}{pg_y + qg_b} \leqslant 0 \tag{2.18}$$

$$\frac{\partial \overrightarrow{D_0}(x, y, b; g)}{\partial b} = \frac{q}{pg_y + qg_b} \geqslant 0 \tag{2.19}$$

根据拉格朗日定理、包络定理,方向性距离函数的影子价格求解为:

$$q_i = -p_m\left(\frac{\dfrac{\partial \overrightarrow{D_0}(x, y, b; g)}{\partial b_i}}{\dfrac{\partial \overrightarrow{D_0}(x, y, b; g)}{\partial y_m}}\right), i = 1, \cdots, I; m = 1, \cdots, M \tag{2.20}$$

这里合意产出的影子价格,其实就等于市场价格 P。从上式可以看出,每减少额外 1 单位的非合意产出的机会成本即为合意产出的收益损失,这就是污染物影子价格定义的由来。

2.2.1.2　影子价格求解法

下面将分别介绍参数求解法和非参数求解法,其中参数求解法中根据不同函数的设定和求解形式,将分别介绍基于线性规划求解的二次型函数、超越对数函数和随机前沿法。

1) 参数化的二次型函数求解法

参数法即用提前定义好的方程形式来刻画距离函数,从而进一步估计污染物的影子价格。最常被采用的函数形式为超越对数函数形式①和二次型函数形式②。超越对数形式其实被广为应用于表征产出距离函数,然而它不满足转移性质(translation property)。有研究表明通过蒙特卡罗模拟发现二次型比超越对数函数形式更好。③ 因此,笔者参考之前研究④,将方向性距离函数具体设置成二次型函数,即参数化的二次型方向性距离函数,这样可以保证其前沿面是二阶可微分的方程。其一般形式为:

$$\begin{aligned}\vec{D}(x, y, b; g_y, -g_b) = \alpha_0 &+ \sum_n \alpha_n x_n + \sum_m \alpha_m y_m + \sum_j \alpha_j b_j \\ &+ \frac{1}{2}\sum_n \sum_{n'} \gamma_{nn'} x_n x_{n'} + \frac{1}{2}\sum_m \sum_{m'} \gamma_{mm'} y_m y_{m'} \\ &+ \frac{1}{2}\sum_j \sum_{j'} \gamma_{jj'} b_j b_{j'} + \sum_m \sum_j \gamma_{mj} y_m b_j \\ &+ \sum_n \sum_m \beta_{nm} x_n y_m + \sum_n \sum_j \beta_{nj} x_n b_j \\ \gamma_{n'n} = \gamma_{nn'},\ n \neq n';\ \gamma_{mm'} &= \gamma_{m'm},\ m \neq m',\ \gamma_{jj'} = \gamma_{j'j},\ j \neq j'\end{aligned} \tag{2.21}$$

其中,x 表示投入品,y 代表合意产出,b 代表非合意产出;n、m、j

---

① Färe R, Grosskopf S, Lovell C A K, et al. Derivation of shadow prices for undesirable outputs: a distance function approach[J]. The Review of Economics and Statistics, 1993, 75(2): 374-380; Pittman R W. Issue in pollution control: Interplant cost differences and economies of scale[J]. Land Economics, 1981, 57(1): 1-17.

② Färe R, Grosskopf S, Noh D W, et al. Characteristics of a polluting technology: theory and practice[J]. Journal of Econometrics, 2005, 126(2): 469-492.

③ Färe R, Grosskopf S. Directional distance functions and slacks-based measures of efficiency[J]. European Journal of Operational Research, 2010, 200(1): 320-322.

④ Hailu A, Chambers R G. A Luenberger soil-quality indicator[J]. Journal of Productivity Analysis, 2012, 38(2): 145-154; Färe R, Grosskopf S. Directional distance functions and slacks-based measures of efficiency[J]. European Journal of Operational Research, 2010, 200(1): 320-322.

分别代表 x、y、b 的个数,其余为待估计的参数。

在处理面板数据时,若是根据相关研究加入时间固定效应或个体(企业)固定效应,[①]则第 k 个企业的二次型方向性距离函数形式变为:

$$
\begin{aligned}
\overrightarrow{D}'(x_k^t, y_k^t, b_k^t; g_y, -g_b) = {} & \alpha_0 + \sum_{n=1}^{N} \alpha_n x_{nk}^t + \sum_{m=1}^{M} \beta_m y_{mk}^t + \sum_{i=1}^{I} \gamma_j b_{jk}^t \\
& + \frac{1}{2} \sum_{n=1}^{N} \sum_{n=1}^{N} \alpha_{nn} x_{nk}^t x_{n'k}^t + \frac{1}{2} \sum_{m=1}^{M} \sum_{m=1}^{M} \beta_{mm'} y_{mk}^t y_{m'k}^t \\
& + \frac{1}{2} \sum_{j=1}^{J} \sum_{j'=1}^{J} \gamma_{jj'} b_{jk}^t b_{j'k}^t + \sum_{n=1}^{N} \sum_{m=1}^{M} \delta_{nm} x_{nk}^t y_{mk}^t \\
& + \sum_{n=1}^{N} \sum_{j=1}^{J} \eta_{ni} x_{nk}^t b_{jk}^t + \sum_{m=1}^{M} \sum_{j=1}^{J} \mu_{mi} y_{mk}^t b_{jk}^t \\
& + v_t t + \frac{1}{2} v_{tt} t^2 + \sum_{n=1}^{N} \alpha_{nt} t x_{nk}^t + \sum_{m=1}^{M} \beta_{mt} t y_{mk}^t \\
& + \sum_{j=1}^{J} \gamma_{jt} t b_{ik}^t + \sum_{k=1}^{K} \tau_k DI_k
\end{aligned}
\tag{2.22}
$$

其中 DI 是根据企业数目设置的虚拟变量,一般为企业总数量-1,以突出企业的个体差异。固体效应也可以简单设置成 $\tau_t + \zeta_f$。参数的求解可以通过线性规划方法来实现。而二次型方向性距离函数的各个参数则采用线性规划法求解。

目标函数如下:

$$
\min \sum_{k=1}^{K} [\overrightarrow{D}_0(x_k, y_k, b_k; g_y, g_b) - 0]
\tag{2.23}
$$

① 王兵,朱晓磊,杜敏哲.造纸企业污染物排放影子价格的估计[J].环境经济研究,2017,2(3):79-100;Bonilla J, Coria J, Sterner T. Technical synergies and trade-offs between abatement of global and local air pollution[J]. Environmental and Resource Economics, 2018, 70(1): 191-221.

s. t.

1. $\overrightarrow{D_0}(x_k, y_k, b_k; g_y, g_b) \geqslant 0, k=1, \cdots, K$

2. $\dfrac{\partial \overrightarrow{D_0}(x_k, y_k, b_k; g_y, g_b)}{\partial y_m} \leqslant 0, m=1, \cdots, M, k=1, \cdots, K$

3. $\dfrac{\partial \overrightarrow{D_0}(x_k, y_k, b_k; g_y, g_b)}{\partial b_i} \geqslant 0, j=1, \cdots, J, k=1, \cdots, K$

4. $\dfrac{\partial \overrightarrow{D_0}(\bar{x}, \bar{y}, \bar{b}; g_y, g_b)}{\partial x_n} \geqslant 0, n=1, \cdots, N$

5. $\sum_{m=1}^{M}\beta_m - \sum_{j=1}^{J}\gamma_j = -1; \sum_{m'=1}^{M}\beta_{mm'} - \sum_{j=1}^{J}\mu_{mj} = 0, m=1, \cdots, M$

6. $\sum_{j'=1}^{J}\gamma_{jj'} - \sum_{m=1}^{M}\mu_{mj} = 0, j=1, \cdots, J; \sum_{m=1}^{M}\delta_{nm} - \sum_{j=1}^{J}\eta_{nj} = 0, n=1, \cdots, N$

7. $\alpha_{nn'} = \alpha_{n'n}$ with $n \neq n'$. $\beta_{mm'} = \beta_{m'm}$ with $m \neq m'$. $\gamma_{jj'} = \gamma_{j'j}$ with $j \neq j'$

其中,1 式要求所有生产单元的生产行为都必须在生产可行性集中。2 式要求了合意产出的自由处置性,3 式要求了非合意产出的弱可处置性,4 式要求了投入的弱可处置性,其中对投入的约束使用的是数据平均值的约束,都是单调性约束。2 式和 3 式保障期望产出和非合意产出的影子价格分别为非负和非正。5 式保证对所有产出变量的一阶齐次性假定,即产出变量的弱可处置性。7 式则代表距离函数的对称性。在以往相关研究中,为了保证线性规划的收敛性,在参数估计之前,都要对所有的投入产出变量进行标准化处理,即每个观测值要分别除以其平均值。[①] 方向向量选取 $g=(1, -1)$,这一方向向量代表合意产出每增加 1 单位,非合意产出同时削减 1 单位,即合意产出和非合意产出扩张或收缩的比率一致。但方向向量的选

① Färe R, Grosskopf S, Noh D W, et al. Characteristics of a polluting technology: theory and practice[J]. Journal of Econometrics, 2005, 126(2): 469-492.

取取决于研究目的，可以将两种产出对称性地扩张或收缩，也可以使之非对称地扩张或收缩。

2）参数化的超越对数函数求解法

对于超越对数形式的方向性距离函数，其方向性距离函数的一般形式为：

$$
\begin{aligned}
\ln D(x, y, b) = \alpha_0 &+ \sum_i \alpha_i \ln x_i + \sum_j \alpha_j \ln y_j + \sum_k \alpha_k \ln b_k \\
&+ \frac{1}{2}\sum_i \sum_i \gamma_{it} \ln x_i \ln x_{i'} + \frac{1}{2}\sum_j \sum_{j'} \gamma_{ij'} \ln y_j \ln y_{j'} \\
&+ \frac{1}{2}\sum_k \sum_{k'} \gamma_{kk'} \ln b_k \ln b_{k'} + \sum_j \sum_k \gamma_{jk} \ln y_j \ln b_k \\
&+ \sum_i \sum_j \beta_{ij} \ln x_i \ln y_j + \sum_i \sum_k \beta_{ik} \ln x_i \ln b_k, \\
\gamma_{ii'} = \gamma_{ii},\ i \neq i';\ \gamma_{ij} &= \gamma_{jj},\ j \neq j';\ \gamma_{kk'} = \gamma_{kk},\ k \neq k'
\end{aligned}
\tag{2.24}
$$

对于只有一种合意产出、一种非合意产出、第 k 个企业的方向性距离函数表达式为：

$$
\begin{aligned}
\ln D(x_k, y_k, b_k; g_y, -g_b) = \alpha_0 &+ \sum_{n=1}^{N} \alpha_n \ln x_n^k + \beta_1 \ln y^k + \gamma_1 \ln b^k \\
&+ \frac{1}{2}\sum_{n=1} \sum_{n=1} \alpha_{nn} (\ln x_n^k)(\ln x_{n'}^k) + \frac{1}{2}\beta_2 \ln^2 y^k \\
&+ \frac{1}{2}\gamma_2 \ln^2 b^k + \sum_{n=1}^{N} \delta_n \ln x_n^k \ln y^k \\
&+ \sum_{n=1}^{N} \eta_n \ln x_n^k \ln b^k + \mu \ln y^k \ln b^k
\end{aligned}
\tag{2.25}
$$

则非合意产出相对于经济产出的相对影子价格可以写成：

$$p_b^k = p_y^k \cdot \frac{\dfrac{\partial \overrightarrow{D}(x^k, y^k, b^k; g)}{\partial b^k}}{\dfrac{\partial \overrightarrow{D}(x^k, y^k, b^k; g)}{\partial y^k}} = p_y^k \cdot \frac{\dfrac{\partial \ln \overrightarrow{D}(x^k, y^k, b^k; g)}{\partial \ln b^k}}{\dfrac{\partial \ln \overrightarrow{D}(x^k, y^k, b^k; g)}{\partial \ln y^k}} \cdot \frac{y^k}{b^k} \tag{2.26}$$

3）参数化的随机前沿法

方向性距离函数的参数除了用线性规划法也可以用计量方法求解。这一做法相较于线性规划最大的优点就是有统计性质。[①] 根据之前相关研究[②]，随机前沿法的模型是：

$$0 = \overrightarrow{D}_0(x, y, b; 1, -1) + \varepsilon \tag{2.27}$$

这里的 $\varepsilon = v - \mu$，$v \sim N(0, \sigma_v^2)$，μ 是无效率项，呈指数分布。若假定单边指数分布，不仅和半正态分布模型具有相同的性质，同时也具有额外的弹性可以增加估计的准确性。

这里进一步利用方向性距离函数的转移性质，结合设定的方向向量，上式可以写成：

$$\overrightarrow{D}_0(x, y + \alpha, b - \alpha; 1, -1) + \alpha = \overrightarrow{D}_0(x, y, b; 1, -1) \tag{2.28}$$

带回到上式可得：

$$0 = \overrightarrow{D}_0(x, y + \alpha, b - \alpha; 1, -1) + \alpha + \varepsilon \tag{2.29}$$

$$-\alpha = \overrightarrow{D}_0(x, y + \alpha, b - \alpha; 1, -1) + v - \mu \tag{2.30}$$

这里 $\overrightarrow{D}_0(x, y+\alpha, b-\alpha; 1, -1)$ 就是二次型函数的形式。为了得

① Murty M N, Kumar S, Dhavala K K. Measuring environmental efficiency of industry: a case study of thermal power generation in India[J]. Environmental and Resource Economics, 2007, 38: 31-50.

② Kumbhakar S C, Lovell C A K. Stochastic frontier analysis[M]. Cambridge: Cambridge University Press, 2003.

到上式左边的变动，可以对每个观测值选择对应的 α。在这里，通过设定 $\alpha=b$，再带入二次型方向性距离函数的具体形式，由此可得：

$$
\begin{aligned}
-b_k = {} & \alpha_0+\sum_{n=1}^{3}\alpha_n x_{n,k}+\beta_1 y_k+\gamma_1 b_k \\
& +\frac{1}{2}\sum_{n=1}^{3}\sum_{n'=1}^{3}\alpha_{nn'}x_{n,k}x_{n',k}+\frac{1}{2}\beta_2 y_k^2+\frac{1}{2}\gamma_2 b_k^2 \\
& +\sum_{n=1}^{3}\delta_n x_{n,k}y_k+\sum_{n=1}^{3}\eta_n x_{n,k}b_k \\
& +\mu y_k b_k+v-\mu \qquad (2.31)
\end{aligned}
$$

这里不仅可以用传统的修正式最小二乘法，也可以用最大似然法。最大似然法有大样本性质，比传统方法渐近更有效。①

4）非参数法求解

影子价格同时可以利用 DEA 来求解，这是一种主要用于绩效评估的非参数方法，适用于能源和环境研究，代表性研究多为估计能源和碳排放绩效。② 之后涌现的相关研究利用 DEA 来评估方向性距离函数。③ 运用 DEA 计算影子价格的模型要解决下面这样的线性规划问题：

---

① Battese G E, Coelli T J. A model for technical inefficiency effects in a stochastic frontier production function for panel data[J]. Empirical Economics, 1995, 20: 325-332.

② Wang K, Wei Y M, Zhang X. Energy and emissions efficiency patterns of Chinese regions: a multi-directional efficiency analysis[J]. Applied Energy, 2013, 104: 105-116; Chung W. Review of building energy-use performance benchmarking methodologies[J]. Applied Energy, 2011, 88(5): 1470-1479.

③ Boyd G, Molburg J, Prince R. Alternative methods of marginal abatement cost estimation: non-parametric distance functions[R]. Argonne National Lab., IL (United States). Decision and Information Sciences Div., 1996; Hailu A, Veeman T S. Non-parametric productivity analysis with undesirable outputs: an application to the Canadian pulp and paper industry[J]. American Journal of Agricultural Economics, 2001, 83(3): 605-616; Lee J D, Park J B, Kim T Y. Estimation of the shadow prices of pollutants with production/environment inefficiency taken into account: a nonparametric directional distance function approach[J]. Journal of Environmental Management, 2002, 64(4): 365-375.

$$\overrightarrow{D_0}(x, y, b; g_y, g_b) = \max_{\lambda\beta}\beta \tag{2.32}$$

$$\begin{aligned} \text{s.t. } & Y\lambda \geqslant (1+\beta g_y)y^n \\ & B\lambda = (1-\beta g_b)b^n \\ & X\lambda \leqslant \chi^n \\ & \beta, \lambda \geqslant 0 \end{aligned}$$

但在非参数法、线性规划的框架下求得的影子价格存在一定争议，有人认为该模型违反了非期望产出的弱可处置性。①

总体来看，有关污染物影子价格的求解研究，大约有 30% 聚焦于求解影子价格方法上的改进，70% 为实证应用的文章。② 从研究对象上看，对非合意产出的关注范围正逐渐扩大，不仅关注工业生产产生的各类空气污染物，也会关注农业和渔业生产中产生的非合意产出。③ 早期相关文献研究对象主要是各类空气和水体污染物，如 SO_2、NO_x、COD 等。之后由于气候变化的议题愈发引起关注，以 CO_2 为代表的温室气体成为研究重点对象。在 2000 年之前，只有一篇文章研究过 CO_2 的影子价格。④ 但自 2005 年以后，研究

---

① Färe R, Grosskopf S. Nonparametric productivity analysis with undesirable outputs: comment[J]. American journal of Agricultural Economics, 2003, 85(4): 1070-1074.

② Zhou P, Zhou X, Fan L W. On estimating shadow prices of undesirable outputs with efficiency models: a literature review[J]. Applied Energy, 2014, 130: 799-806.

③ Färe R, Grosskopf S, Weber W L. Shadow prices and pollution costs in US agriculture[J]. Ecological Economics, 2006, 56(1): 89-103; Huang H, Leung P S. Modeling protected species as an undesirable output: the case of sea turtle interactions in Hawaii's longline fishery [J]. Journal of Environmental Management, 2007, 84(4): 523-533.

④ Kwon O S, Yun W C. Estimation of the marginal abatement costs of airborne pollutants in Korea's power generation sector[J]. Energy Economics, 1999, 21(6): 547-560.

CO_2 影子价格的研究开始迅速增长。从使用方法上看,总体来说基于参数法的研究框架[①]最为流行。在这种分析框架下,求解所得的影子价格对数据的要求不算太高,只需要投入和产出的数量信息。这些优点使得该方法受到后来学者的欢迎。但是不管选择哪种模型、哪种求解方法,至今都并没有一个权威的选择标准,仍然要结合实证问题和数据质量来考察。

2.2.2 影子价格测算的边际减排成本

求解影子价格通常利用合意产出的市场价值,并通过距离函数和对偶定理来计算。这一套成熟的分析框架经历了较长时间的演化和升级。从方法拓展上,目前主要创新集中在如何解决方向向量选取对结果造成较大偏差的问题;从研究议题的角度,除了传统上根据影子价格的变动分析污染治理政策的效率,不少研究增加了对污染物之间替代弹性的测算,即根据污染物之间的替代或互补关系,来探究污染治理政策是否有协同效应。

早在 1981 年,就有研究者基于造纸厂数据来测算污染物的影子价格。其基于美国威斯康星和密歇根两个州共 30 家造纸厂的投入产出数据,构建在环境规制的影响下厂商解决利润最大化的生产决策优化问题,将水体污染物生化需氧量(BOD)作为投入品纳入生产规划方程。当其浓度刚好满足政府要求时,求解厂商利润最大化问题,进而得到 BOD 的影子价格,即 BOD 的边际治理成本。研究发现,不同厂商的 BOD 影子价格差异很大,说明政府的污染控制政策

---

① Färe R, Grosskopf S, Noh D W, et al. Characteristics of a polluting technology: theory and practice[J]. Journal of Econometrics, 2005, 126(2): 469-492; Färe R, Grosskopf S, Lovell C A K, et al. Derivation of shadow prices for undesirable outputs: a distance function approach [J]. The Review of Economics and Statistics, 1993, 75(2): 374-380.

并未能实现边际减排成本的趋同，这代表了行政命令的低效。[①] 这项研究具有开创性，虽然存在将污染物作为投入品纳入生产规划方程、模型假设较强等缺陷，但的确开创了求解污染物影子价格的新思路。

之后学者进一步改进了污染物影子价格的求解方法。罗尔夫·法勒(Rolf Färe)等人同样运用拉塞尔·皮特曼(Russell Pittman)的数据，构建了超越对数形式的 Shephard 距离函数并用线性规划法求解造纸厂四种污染物的影子价格。[②] 该研究将污染物作为非合意产出，而非生产过程中的投入品，并利用 Shephard 距离函数和收入函数之间的对偶关系来求得影子价格的表达式。这样做法的优点是大大放松了皮特曼当年的模型假设：污染物的排放量刚好等于政府的限值。这一假设不仅在现实中很难满足，而且也不符合常理。因为企业一般应对环境规制时大都希望排放量越少越好。除此以外，该方法不再需要投入产品的价格信息，只需要产出的价格和投入品的数量。影子价格也就有了一个明确的含义，即企业为了减少单位污染物需要放弃的产值。这篇文章研究结果和之前研究[③]结果类似，同样发现不同厂商的污染物影子价格差异较大，说明了环境规制没有实现资源的有效配置。

法勒等学者在奠定了新的研究框架后，大量类似的文章涌现，大都使用 Shephard 距离函数模型推导 SO_2 的影子价格。[④] 其中，

---

① Pittman R W. Issue in pollution control: Interplant cost differences and economies of scale[J]. Land Economics, 1981, 57(1): 1-17.

② Färe R, Grosskopf S, Lovell C A K, et al. Derivation of shadow prices for undesirable outputs: a distance function approach[J]. The Review of Economics and Statistics, 1993, 75(2): 374-380.

③ Pittman R W. Issue in pollution control: Interplant cost differences and economies of scale[J]. Land Economics, 1981, 57(1): 1-17.

④ Coggins J S, Swinton J R. The price of pollution: a dual approach to valuing SO_2 allowances[J]. Journal of Environmental Economics and Management, 1996, 30(1): 58-72; Swinton J R. The potential for cost savings in the sulfur dioxide allowance market: empirical evidence from Florida[J]. Land Economics, 2002, 78(3): 390-404.

杰伊·科金斯(Jay Coggins)等人的研究指出,如果同一行业的内部污染物的影子价格差异很大,这就代表着,环境规制造成该行业资源配置存在效率损失。只有在所有企业的边际减排成本相同的情况下,成本有效性的目标才算达到。

但是,Shephard 距离函数也存在缺陷。因为需要将生产可行性范围内的所有企业投影到技术有效点(即生产前沿),而距离函数法的投影路径是径向的,在这一过程中,合意产出和非合意产出没有区别对待。基于产出的距离函数可以在投入固定的情况下同时扩张所有输出,从而达到技术效率。这其实不符合现实中企业进行生产决策的真实情况。当面临环境规制的约束时,企业在抑制污染物增加的同时,往往希望不损害自身的经济利益,即不影响本身的生产收益。因此,定义距离函数求解污染物影子价格的技术有效性与实际要求相违背。同时,由合意产出和非合意产出扩张引起的社会福利变化也具有不确定性。合意产出带来的经济收益,非合意产出造成的社会负外部性,两者的大小无法得知,从而也很难判断最后的净收益是多少。鉴于 Shephard 距离函数的缺点,方向性产出距离函数成为替代模型。在方向性距离函数的框架下,合意产出和非合意产出的数量可以在不同方向上变化,因此可以在计算影子价格时,允许合意产出扩张同时也允许非合意产出的减少。[①] 这种模型十分贴近现实情况,也成为目前计算污染物影子价格的公认方法,被越来越多的学者采用。

针对国内企业污染物影子价格的研究在 2005 年后陆续出现。早期代表性研究一般通过构建面板数据的方向性环境生产前沿函

---

① Färe R, Grosskopf S, Noh D W, et al. Characteristics of a polluting technology: theory and practice[J]. Journal of Econometrics, 2005, 126(2): 469-492.

数模型，从而计算一定年限内各省 SO_2 的影子价格。① 也有研究汇总了已有参数法和非参数法的求解方法，并计算了各省 CO_2 的影子价格。② 虽然这两篇研究是基于行业和省级层面，数据质量和结果外推到企业层面意义有限，但从方法和思路上对后来国内的研究提供了参考价值。后续研究逐步拓展至市级层面。③

从实证研究和应用的角度来说，目前已有的大多数研究集中在行业层面和省级、市级层面。④ 关注的污染物多为 CO_2，也有一些研究关注水体污染物、SO_2 等污染物的影子价格，近几年还有文章开始利用市级数据测算 $PM_{2.5}$ 的影子价格。⑤ 但总体上看，企业层面的研究仍然很少，且关注的污染物都较为单一。

基于企业层面的研究最早聚焦于造纸企业。徐晋涛等人利用福建和云南 34 个造纸厂在 1986—1992 年的投入产出数据，估算主要水体污染物的影子价格，同时根据影子价格的收敛性质发现中国在

---

① 涂正革. 工业二氧化硫排放的影子价格：一个新的分析框架[J]. 经济学(季刊)，2009(4)：259—282.

② 陈诗一. 工业二氧化碳的影子价格：参数化和非参数化方法[J]. 世界经济，2010(8)：93—111.

③ 魏楚. 中国城市 CO_2 边际减排成本及其影响因素[J]. 世界经济，2014(7)：115—141.

④ Ke T Y, Hu J L, Li Y, et al. Shadow prices of SO_2 abatements for regions in China[J]. Agricultural and Resources Economics, 2008, 5(2): 59-78；黄文若，魏楚. 中国各省份二氧化碳影子价格研究[J]. 鄱阳湖学刊，2012(2)：70—78；陈诗一，武英涛. 环保税制改革与雾霾协同治理——基于治理边际成本的视角[J]. 学术月刊，2018，50(10)：39—57；Lee M, Zhang N. Technical efficiency, shadow price of carbon dioxide emissions, and substitutability for energy in the Chinese manufacturing industries[J]. Energy Economics, 2012, 34(5): 1492-1497；秦少俊，张文奎，尹海涛. 上海市火电企业二氧化碳减排成本估算——基于产出距离函数方法[J]. 工程管理学报，2011，25(6)：704—708.

⑤ Cheng S, Lu K, Liu W, et al. Efficiency and marginal abatement cost of $PM_{2.5}$ in China: A parametric approach[J]. Journal of Cleaner Production, 2019, 235: 57-68.

该阶段进行的排污收费制度未能实现成本有效的减排目标。[①] 万伦来及其合作者关注排污量巨大的煤炭企业，估算了安徽38家煤炭开采企业"三废"（废水、废气、固体废物）的影子价格。[②] 陈晓兰根据2001—2005年96家火电厂的投入产出数据估算了SO_2、工业废水的影子价格，[③]且根据这期间影子价格的核密度分布图发现2001—2004年影子价格逐渐升高且企业间差异变大，但2005年再次放松。这说明在此期间环境规制严格程度在提高，但环境规制造成火电行业在资源配置上存在效率损失。之后又有文献将研究视角聚焦于钢铁行业。基于2009—2012年中国39家重点钢铁企业的投入产出数据，戴淑芬等人运用二次型方向性距离函数测算了废气、废水、SO_2和烟尘的影子价格，发现行业内部不同企业影子价格的异质性很大，并探究企业规模和企业污染物排放量对影子价格的影响。[④]

从研究对象上看，大多数对污染物影子价格的研究集中在电力行业，特别是火电厂。[⑤] 过去研究大多集中在单一行业，如电力、造纸

---

① Xu J, Hyde W F, Ji Y. Effective pollution control policy for China[J]. Journal of Productivity Analysis, 2010, 33: 47-66.

② 万伦来，陶建国. 煤炭资源开采环境污染物影子价格的估计——基于安徽煤炭企业的调查数据[J]. 中国人口·资源与环境，2012，22(8)：71—75.

③ 陈晓兰. 中国工业企业绩效与环境政策——基于工业企业微观数据的经验分析[D]. 北京：北京大学，2013.

④ 戴淑芬，郝雅琦，张超. 我国钢铁企业污染物影子价格估算研究[J]. 价格理论与实践，2014(10)：48—50.

⑤ Coggins J S, Swinton J R. The price of pollution: a dual approach to valuing SO_2 allowances[J]. Journal of Environmental Economics and Management, 1996, 30(1): 58-72; Kwon O S, Yun W C. Estimation of the marginal abatement costs of airborne pollutants in Korea's power generation sector[J]. Energy Economics, 1999, 21(6): 547-560；陈晓兰. 中国工业企业绩效与环境政策——基于工业企业微观数据的经验分析[D]. 北京：北京大学，2013; Wei C, Löschel A, Liu B. Energy-saving and emission-abatement potential of Chinese coal-fired power enterprise: a non-parametric analysis[J]. Energy Economics, 2015, 49: 33-43.

等传统重污染行业。但现在越来越多的研究开始关注多行业、多地区。

从测算污染物的对象角度，可能受到早期大量国外研究的影响，大多数研究都关注 SO_2。近年来因为气候变化的严峻趋势，研究者也纷纷开始关注 CO_2 的影子价格。这也是近十年来国内学者研究污染物影子价格的重点。随着近年来中国复合型空气污染的问题引起越来越多的关注，也逐渐有研究测算细颗粒物（$PM_{2.5}$）、NO_x 等大气污染物的影子价格。只是总体看来，这类研究仍然比较单薄。

从研究方法上看，过去很多研究主要面临着 Shephard 距离函数还是方向性距离函数的选择。在 2005 年之前大部分研究选择前者，但 2005 年之后很多研究采用了方向性距离函数，目前已经成为求解污染物影子价格的主流方法。方法的更新和改进也基本基于参数化的方向性距离函数分析框架。在求解方法上，线性规划法和随机前沿法都是主流的求解方法。线性规划法完全满足单调性，使得研究者可以对距离函数施加先验的不对称约束，而随机前沿法因为允许假设检验且充分考虑随机扰动项的影响，这也是不容忽略的优点。

此外，也有学者质疑该研究框架。在传统研究框架下，影子价格的意义似乎是为了减少非合意产出，企业通过减少总产出所放弃的机会成本。这一假设与现实情况中拥有多种减排可能性的企业行为是否一致呢？如果假定企业在既定环境规制下作出了最优选择，用方向性距离函数求得的影子价格代表了企业此最优选择的结果，不同企业可能采用完全不同的技术路线，因此可以理解为一种综合性边际减排成本的度量。[①] 其唯一缺陷是没有展示企业采用

① Rødseth K L. Capturing the least costly way of reducing pollution: a shadow price approach[J]. Ecological Economics, 2013, 92: 16-24.

的具体减排措施。

从研究目的和政策应用的角度来看,多数研究主要讨论影子价格在环境税、污染物排放权交易机制等现实政策的应用。在2010年前后对实施碳税的讨论比较多,因此有大量研究测算CO_2的影子价格进而探讨碳排放权交易机制和碳税实施的可能性。此外,中国在局部地区进行过排放权交易试点,特别是水污染物的排放权交易,因此,不少研究集中探讨水体污染物的影子价格,来为排放权定价提供一定参考。除此之外,很少甚至几乎没有文献探讨在单一污染物控制的政策背景下,利用影子价格法来提供政策协同治理效应的实证研究。

目前针对空气污染物和CO_2的相关研究,其研究的方法、所用数据汇总如表2-1所示。总体上看,大部分能发表在高水平期刊上的研究论文仍以企业层面的研究为主。少部分行业、省级层面的研究多见于中文期刊。数据上逐渐开始从省级、行业层面拓展到企业层面。

表2-1 关于企业影子价格求解的文献汇总

文章	非合意产出	决策个体	时间区间	方法
Fare et al., 1993	BOD, TSS, TSP, SO_x	美国30个造纸厂	1976	TSDF/P
Coggins et al., 1996	SO_2	美国14个火电厂	1990—1992	TSDF/P
Kwon et al., 1999	SO_2, NO_x, TSP, CO_2	韩国火电企业	1990—1995	TSDF/P
Lee, 2005	SO_2	美国51个火电企业	1977—1986	TSDF/P
Fare et al., 2005	SO_2	美国209个发电企业	1993—1997	QDDF/P
Gupta, 2006	CO_2	印度76个火电厂	1990—2000	TSDF/P

（续表）

文章	非合意产出	决策个体	时间区间	方法
Vardanyan and Noh, 2006	SO_2	美国 188 个火电厂	1997—1999	QDDF/P
Ke et al., 2008	SO_2	中国 30 个省	1996—2003	TSDF/P
Park and Lim, 2009	SO_2	韩国 20 个发电厂	2001	TDF/P
Lee, 2011	CO_2	韩国 52 家火电厂	2007	TSDF/P
Fare et al., 2012	SO_2, NO_x	美国 76 家火电厂	1985—1998	QDDF/P
Lee and Zhang, 2012	CO_2	中国 30 个工业行业	2009	TDDF/P
Matsushita and Yamane	CO_2	日本 9 个发电企业	2000—2009	QDDF/P
Wei et al., 2013	CO_2	中国 124 个火电企业	2004	QDDF/P
Peng et al., 2018	CO_2	中国 30 个省火电行业	2004—2012	QDDF/P

注：TSDF, translog shephard，距离函数；QDDF, quadratic directional distance function，二次型方向性距离函数；P, parametric，参数法。

而目前国内研究最大的问题是绝大多数相关研究集中在省级或行业层面，对企业层面的研究仍很少。同时，关注的污染物较为单一，要么关注一系列空气污染物或水体污染物，要么关注 CO_2，但很少同时考虑空气污染物和 CO_2。

目前国内的研究数据似乎是最大的约束条件。一般来说，中国环境污染指数数据有两个来源。一是城市污染物浓度监测数据，如原环境保护部公布的 113 个重点城市大气污染物浓度监测数据（包括 SO_2、总悬浮颗粒物、NO_x），时间在 2003 年以后。二是工业污染物排放量数据，如各省、各市的工业三废（废水、废气、固体废物）。由于数据的可得性，以往研究大部分使用工业三废的省级或城市面板数据分析。虽然监测数据一般来说比较客观，但覆盖城市仅限于省会城市和经济大市，很难观测到空气污染的整体状况。

从研究议题上看，近来有学者开始涉足污染物的替代关系的研究。单一污染物控制政策是否导致未受规制的污染物增加，进而导致整体环境质量未得到明显提升？或者说气候政策是否也带动了 SO_2 等传统空气污染物的削减？目前鲜少有中文文章在影子价格的框架下探讨污染物之间是否存在替代关系，而这一议题对评估环境政策的成本效益非常关键。

通过梳理求解污染物影子价格的相关文献，目前主要特点和趋势如下：

(1) 从研究方法上看，目前求解污染物影子价格的方法已基本统一，都是在方向性距离函数的框架下，进行参数法或非参数法的求解。根据不同方向性距离函数的形式，不同的方向向量，结果存在一定差异。影子价格求解方法上的理论文章，目前的研究热点是通过各种计量方法寻求最优方向向量，进而提高求解结果的准确性。

(2) 从研究对象上看，以往研究大多集中在单一污染物，同时将多种污染物纳入分析框架的研究仍不多；对发展中国家，特别是中国的研究也较少；从行业、省级的数据研究较多，但从企业层面的研究很少，已有的仅限于局部地区或局部行业（如火电、造纸企业），其结果外推到全国的意义有限。

2.3 排放权交易

2.3.1 理论基础

排放权交易，也被称为限额与交易制度(cap and trade, CAT)或排放交易计划(emissions trading scheme, ETS)，是指在政府规定的总排放量控制目标下，政府机构分配或出售有限数量的排放权，允许在设定的时间段内排放特定数量的特定污染物。在该约束下，市场上的污染者必须持有与其排放量相等的排放配额。如果污染者想要增加排放量，必须从愿意出售排放配额的其他污染者那里购买。因此，就形成了排放权交易市场，即排放者可以相互买卖排放配额的一种市场化机制。排放配额是指在一定时期内排放污染物的许可证。排放者需要持有足够的排放配额才能合法排放污染物。

结合上节介绍，各个国家的削减 1 单位污染物的成本各不相同：同样是减少 1 吨 CO_2 排放，挪威的成本可能比中国的成本更高。因此国际排放权交易市场的建立正是为了利用不同的 MAC 来使效益最大化。举例来说：以美国和中国为例，两者可以分别自行实施规定的减排数量，也可在国际市场上买卖减排数量。

如图 2－6 所示，假设中国能够以比美国低得多的成本减少 CO_2 排放，即 $MAC_U > MAC_C$，美国的 MAC 曲线斜率大于中国的，R_{Req} 为一国需要减排的数量。图像左侧是中国的 MAC 曲线。R_{Req} 为中国需要减排的数量，但 MAC_C 曲线在 R_{Req} 处尚未和 CO_2 排放许可的市场价格(P)相交。因此，考虑到 CO_2 排放许可的市场价格，如果中国的减排量超过了要求数量，它就有可能从中获利。图像右侧

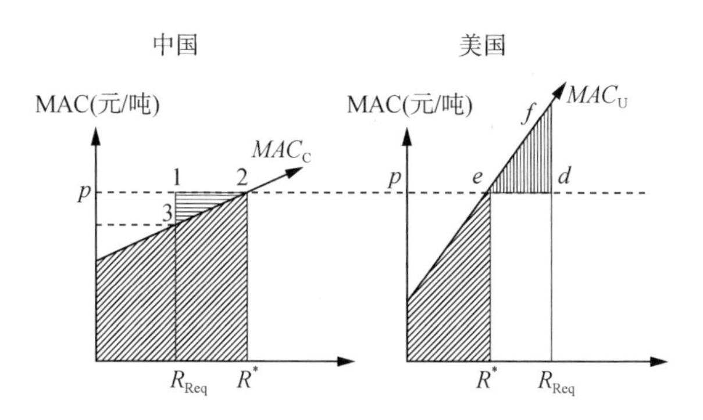

图 2－6　排放权交易示意图

是美国的 MAC 曲线。R_{Req} 为美国需要减排的数量,但是 MAC_U 曲线在 R_{Req} 处已超过 CO_2 排放许可的市场价格(P)。因此,考虑到 CO_2 排放许可的市场价格,如果美国的国内减排量少于要求数量,而将减排数量的缺口转移至国外实现,它就有可能节约成本。

在上述案例中,美国将减少排放,直到其 MAC_U 与 P(在 R^* 处)相交,但这还不能达到美国需要减排的总量。之后,它可以以 P(每单位)的价格从中国购买排放额度。在美国自身减排的内部成本,加上它从中国市场上购买的许可的成本的基础上,美国就能达成所需的减排总量(R_{Req})。因此,美国可以通过在市场上购买许可节省开支(Δdef)。这就是其中的贸易所得,即美国在不参与交易的情况下自行减排所需的额外费用。中国也能从其超额的减排中获利:它不仅完成了所有要求的减排量(R_{Req}),还能将其剩余的许可额度以每单位 P 的价格出售给美国,而中国自身减排的成本小于 P。因此,它的总收入是图形 R_{Req}-1-2-R^* 的面积,其减排总成本是 R_{Req}-3-2-R^* 的面积,所以其出售排放许可的净收益是 Δ123 的面积,这就是中国从中获得的贸易利得。

图 2-6 的两个 R^* 代表交易产生的有效配置点:中国向美国以 P 的价格出售 R^*-R_{Req} 个排放许可单位;美国从中国以 P 的价格购买 R^*-R_{Req} 个排放许可单位。如果将以命令与控制模式实现一定的减排数量的总成本记为 X;在达到同样的减排量的前提下,中国和美国能通过排放权交易实现更低的总成本,节省的成本为 $X-\Delta 123-\Delta def$。

上面的例子不仅适用于国家层面,也适用于不同国家的两个公司之间,或同一公司内的两个子公司之间。结合现实中的排放权交易制度,目前仍然集中在各国国内。如 2003 年,美国环境保护署局开始根据"NO_x 分州实施计划"(NO_x State Implementation Plan,又称“NO_x SIP Call”)管理 NO_x 预算交易计划(NO_x Budget Trading Program, NBP)。NBP 是一项基于市场的限额与交易计划,旨在减少美国东部发电厂和其他大型燃烧源排放 NO_x。欧盟排放权交易体系(European Union Emission Trading Scheme, EU ETS)是最大的跨国温室气体排放交易计划,是欧盟为实现《京都议定书》而设立的核心政策工具。

想要实施有效的排放权交易制度,需要满足以下几个条件:第一,政府设定一个总排放量控制目标,并将其分解为具体的排放配额;第二,排放者需要根据其排放量购买排放配额;第三,排放配额可以在市场上自由买卖;第四,排放量超过配额的排放者将被处以罚款,且这种处罚是可信的,有法律约束力和制度保障;第五,实施有效的排放权交易制度,需要额外的核查机构和交易所,核查机构需要是核查排放者排放量的独立机构,而交易所是负责排放配额交易的平台。

相较于行政手段,排放权交易的主要优点是可以帮助政府以更低的成本实现减排目标。同时,可以鼓励企业采用清洁技术,减少排放,甚至可以促进绿色金融的发展。与此同时,排放权交易的主要缺点是:排放配额价格可能过高,增加企业的负担。此外,排放权交易需要较好的制度支持,排放配额可能存在造假等问题。

2.3.2　碳交易

减缓气候变化的核心在于有效限制人类活动产生的碳排放量。目前而言,各国用于减排的经济政策手段主要有两种:一是基于价格控制的税收手段——碳税(carbon tax);二是基于总量控制的市场手段——碳排放权交易机制(carbon emissions trading)。

制定气候政策的根本目的在于应对一种外部不经济现象:私人

经济活动产生了大量的 CO_2，加速了气候变化，而排放主体不需为此支付任何成本，其后果需要由社会其他主体共同承担。为纠正这一负外部性问题，碳税和碳排放权交易（以下简称碳交易）是目前最为主流的两种减排政策手段。

碳税针对的是生产商品和服务所产生的 CO_2 排放量[①]，通常指依据化石燃料的含碳比例或碳排放量，对其征收的一种环境税[②]。其主要思路是通过税收，将外部性成本纳入排放主体的生产成本中，从而通过价格机制调控碳排放（见图 2-7）。

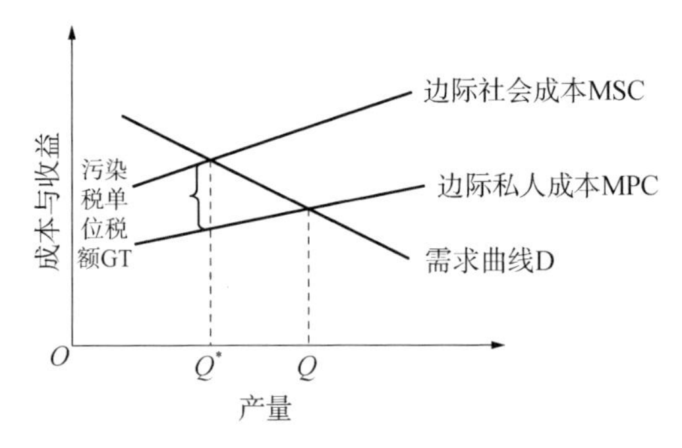

注：在完全竞争的市场上，当存在外部不经济时，为实现社会净收益最大化，物品或服务的市场价格应当等于最优经济活动水平 Q^* 时的边际私人生产成本和边际外部成本之和，最优产出 Q^* 在边际私人净效益等于边际外部成本时获得。这时的边际外部成本即为庇古税或最优排污费。即，只要对污染者征收相当于最优经济活动水平 Q^* 时的边际外部成本或庇古税，即可实现社会资源的最优配置。故如果政府采取课税的方式来治理污染，则课税的单价为 GT。

图 2-7 碳税理论来源示意图

这一思路最早可以追溯到 1920 年，由阿瑟·庇古（Arthur Pigou）在其所著《福利经济学》中提出的“庇古税”思想：政府应该根据污染

① The World Bank. Pricing Carbon[EB/OL]. (2020)[2024-05-06]. https://www.worldbank.org/en/programs/pricing-carbon.

② OECD. Glossary of Statistical Terms[EB/OL]. (2008)[2024-05-06]. https://stats.oecd.org/glossary/detail.asp?ID=287.

所造成的危害，将排污成本加入到产品价格中，以税收的方式弥补私人成本与社会成本之间的差距。[①] 在庇古税的基础上，污染者付费原则进一步明确了排污者的责任，即应当由污染者来支付其污染行为造成的损失费用。该原则在 1972 年被经济合作与发展组织委员会采纳，并很快受到了国际社会的广泛认同。碳税可以看作是庇古税和污染者付费原则在碳排放领域的应用。

虽然庇古税在理论上能够完美解决外部性问题，但是在实际施行中却有诸多不足。最大的问题在于监管者无法充分掌握所有市场信息，尤其是衡量外部性的社会成本。[②] 因此，相关部门难以估计最优经济活动水平，即边际私人净效益与边际外部成本相等时的情况，也就无法制定与其对应的庇古税。[③] 同时，实际征收碳税过程中，需要精确评估每个企业的碳排放水平、提前制定税收额度，并根据市场情况及时对税额做出调整等，信息负担相当之大。

碳交易理论正是面对碳税的诸多不足所提出来的另一种解决思路，最早可以追溯到科斯定理。科斯认为，只要商品的产权界定足够清晰、产权能够交换转让，且市场交易成本足够低，那么市场交易本身就能够达成最优的资源配置。[④] 同理，温室气体排放权的交易也可以通过限额与交易（cap and trade）的方式，达到最优配置（见图 2-8）。

---

① Pigou A. The economics of welfare[M]. Abingdon: Routledge, 2017: 60-65.

② Baumol W J. On taxation and the control of externalities[J]. The American Economic Review, 1972, 62(3): 307-322.

③ Vaughn K I. Does it matter that costs are subjective? [J]. Southern Economic Journal, 1980: 702-715.

④ Coase R H. The problem of social cost[J]. The Journal of Law and Economics, 2013, 56(4): 837-877.

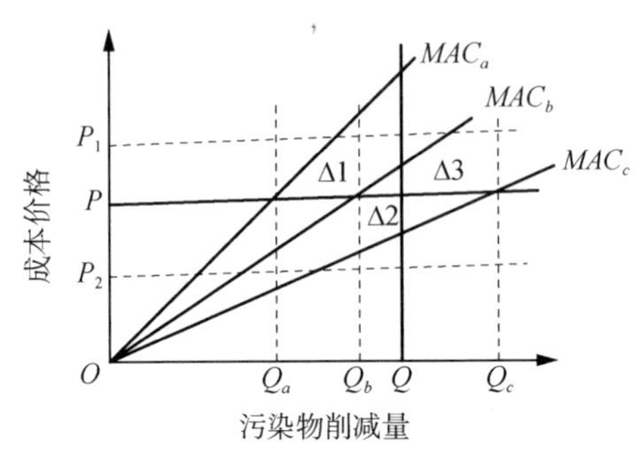

注:假设排放权交易市场由 a、b、c 三个排污者构成,其边际治理成本曲线分别为 MAC_a、MAC_b、MAC_c;其次假设环境质量要求这三个排污者共需削减的排污量为 $3Q$,即每个排污者均在各自原来污染物排放量的基础上减少 Q。其中,Q_a 与 Q 的差值为 Δ1、Q_b 与 Q 的差值为 Δ2、Q_c 与 Q 的差值为 Δ3,且 Δ1+Δ2=Δ3。当排放权的市场价格为 P 时,由于排放权价格低于 a、b 两排污者将污染物削减 Δ1 和 Δ2 的边际治理成本,因此这两个理性的排污者要获取利益最大化,正确的做法是维持各自原来的排污量,而购买 Δ1 和 Δ2 大小的排放权;对于排污者 C 而言,P 相当于将污染物排放量削减 Q_c 时的边际治理成本,因而基于利益最大化理论,c 愿意出售 Δ3 数量的排放权。此时排放权需求量为 Δ1+Δ2,而排放权供给量为 Δ3,可知排放权供求平衡,交易得以进行。

图 2-8　碳排放权交易理论来源示意图

监管部门首先需要设定排放总量,并根据特定规则,将对应配额发放给规定的企业、行业等主体①;然后建设排放权交易市场,允许碳排放权作为商品在市场流通;最后让市场主体围绕排放权进行交易,形成一个均衡的市场成交价格②。若减排边际成本高于此均衡价格,企业将倾向于购买更多排放权,以保持或增加碳排放;反之则倾向于通过技术投入,加大减排力度。碳排放权交易市场的限额与交易机制促成了碳排放资源的最优机制,极大地降低了减排成本。

① Weitzman M L. GHG targets as insurance against catastrophic climate damages [J]. Journal of Public Economic Theory, 2012, 14(2): 221-244.

② Spence A M, Weitzman M L. Regulatory strategies for pollution control[M]// Friedlaender A F. Approaches to Controlling Air Pollution. Vol. April. Cambridge, MA: M.I.T. Press, 1978.

2.4 环境税

由于环境税一直是环境经济学界比较关注的政策，关于环境税的理论研究和实证研究数量都非常多，研究议题也十分广泛。例如，比较环境税和其他环境政策的优缺点，求解最优环境税税率，再到分析实施环境税后对环境、经济、社会的影响。综合来看，目前针对环境税的研究主要集中在三大研究议题。

第一大议题在早期较为流行，偏向理论研究，即分析在不确定性框架下，环境税相比于其他环境政策的优越性。① 马丁·韦茨曼(Martin Weitzman)分析了价格手段和数量手段的效率差别，并指出效率损失由边际收益曲线和边际减排成本曲线决定。如果边际收益曲线斜率绝对值小于边际成本曲线斜率的绝对值(即边际收益曲线更加平缓)，则政策制定者应该选择价格手段，社会净损失最小。近年来比较多的文章集中论证环境税的实施是否真的可以实现“双重红利”，对碳税的讨论居多。

第二大议题是试图计算出污染物的最优环境税，即对某一国家而言污染物的最优税率应该是多少。环境税税率的确定一直是环境经济学领域最有挑战性的研究议题。因为理论上的庇古税需要是社会中唯一的税种，而这种情况是不可能实现的。因此，研究的重点就

① Weitzman M L. Prices vs. quantities[J]. The Review of Economic Studies, 1974, 41(4): 477-491; Pizer W A. Combining price and quantity controls to mitigate global climate change[J]. Journal of Public Economics, 2002, 85(3): 409-434; Nordhaus W D. After Kyoto: alternative mechanisms to control global warming [J]. American Economic Review, 2006, 96(2): 31-34; Dasgupta P S, Heal G M. Economic theory and exhaustible resources [M]. Cambridge: Cambridge University Press, 1981; Slemrod J. Optimal taxation and optimal tax systems [J]. Journal of Economic Perspectives, 1990, 4(1): 157-178.

放在当有其他扭曲性税收存在时，环境税的最优税率应当如何确立。[1] 这些研究由于所采用的模型、数据、研究国别（美国、南非、中国）差异较大，导致最优税率的结果差距较大。[2] 如有研究发现南非需要实施约 30 美元/吨 CO_2 的碳税才能实现 2025 年的减排目标，这将导致南非整体福利下降 1.2%，就业下降 0.6%。[3]

第三个议题是分析实施环境税后，对全球、国家或局部地区污染物排放、经济、社会的影响。其中经济影响主要包括居民收入、企业产出，以及影响的分配效应。从论文数量上看，这类研究目前是最多的。比较有影响力的文章以美国实施碳税为研究对象，主要采用局部均衡模型，分析对居民家庭收入、消费行为的影响。例如，在对欧洲的研究中，有学者通过建立包括了劳动者、不完善的劳动力市场、污染外部性的一般均衡模型，研究发现在累退的环境税改革下，环境税的双重红利可以实现帕累托最优。[4]

对中国的研究，目前也集中在分析实施不同额度的环境税对社

---

① Bovenberg A L, Goulder L H. Optimal environmental taxation in the presence of other taxes: general-equilibrium analyses[J]. The American Economic Review, 1996, 86(4): 985-1000.

② Van der Zwaan B C C, Gerlagh R, Schrattenholzer L. Endogenous technological change in climate change modelling[J]. Energy Economics, 2002, 24(1): 1-19; Bosetti V, Carraro C, Duval R, et al. What should we expect from innovation? A model-based assessment of the environmental and mitigation cost implications of climate-related R&D[J]. Energy Economics, 2011, 33(6): 1313-1320; Alton T, Arndt C, Davies R, et al. Introducing carbon taxes in South Africa[J]. Applied Energy, 2014, 116: 344-354; Duan H B, Zhu L, Fan Y. Optimal carbon taxes in carbon-constrained China: a logistic-induced energy economic hybrid model[J]. Energy, 2014, 69: 345-356.

③ Alton T, Arndt C, Davies R, et al. Introducing carbon taxes in South Africa[J]. Applied Energy, 2014, 116: 344-354.

④ Aubert D, Chiroleu-Assouline M. Environmental tax reform and income distribution with imperfect heterogeneous labour markets[J]. European Economic Review, 2019, 116: 60-82.

会福利的潜在影响。① 研究者一般通过构建包含了不同变量的能源经济与环境模型，以可计算的 CGE 为主来确定最优碳税。中国的最优碳税税率表现出递增的单调函数的性质。② 而利用 TIMES 模型对中国水泥需求的研究指出：从短期来看，碳税的实施并不影响企业的技术选择；但从长期来看，高碳税似乎会增加企业加大碳捕捉技术的应用。③ 而基于最优福利模型的研究发现，碳税从生产的角度提高了中国社会福利，但从消费和再分配的角度则降低了中国社会福利。④ 若从全球视角计算包括中国在内的最优环境税，碳税平均降低了近 50%的全社会环境损害成本。⑤

在研究议题上，针对环境税的研究也在进一步关注环境税影响的公平性问题，如实施环境税的省际公平性。例如，考虑到大气污染传输和省份之间跨省贸易的影响，基于大气迁移和综合空

---

① Fang G, Tian L, Fu M, et al. The impacts of carbon tax on energy intensity and economic growth—a dynamic evolution analysis on the case of China[J]. Applied Energy, 2013, 110: 17-28; Chen Z M, Liu Y, Qin P, et al. Environmental externality of coal use in China: welfare effect and tax regulation[J]. Applied Energy, 2015, 156: 16-31; Liu Y, Lu Y. The economic impact of different carbon tax revenue recycling schemes in China: a model-based scenario analysis [J]. Applied Energy, 2015, 141: 96-105; Dissou Y, Siddiqui M S. Can carbon taxes be progressive? [J]. Energy Economics, 2014, 42: 88-100; Liang Q M, Wei Y M. Distributional impacts of taxing carbon in China: results from the CEEPA model[J]. Applied Energy, 2012, 92: 545-551.

② Duan H B, Zhu L, Fan Y. Optimal carbon taxes in carbon-constrained China: a logistic-induced energy economic hybrid model[J]. Energy, 2014, 69: 345-356.

③ Li W, Lu C. The research on setting a unified interval of carbon price benchmark in the national carbon trading market of China[J]. Applied Energy, 2015, 155: 728-739.

④ Chen Z, Nie P. Effects of carbon tax on social welfare: a case study of China[J]. Applied Energy, 2016, 183: 1607-1615.

⑤ Wesseh Jr P K, Lin B. Modeling environmental policy with and without abatement substitution: a tradeoff between economics and environment? [J]. Applied Energy, 2016, 167: 34-43.

气质量模型(WRF/CAMx)模型的分析显示,各省目前环境责任分配和环境税税率的合理性存疑。北方大多数省份排放的污染物通过大气污染传输影响了其他省份,但产生这些污染物的原因是为生产产品供其他南方省份消费,即区域间消费者责任抵消了区域间生产者责任。对此,目前的分省环境税额度应当有所调整,北方和南方沿海发达省份的理论环境税均明显高于中西部省份。[①]

总体上,对环境税的研究仍然集中于分析实施环境税对宏观经济、劳动力供给等的影响,对环境税额度制定多少的研究并不多。

从研究对象上看,对环境税的讨论较少集中在空气、水体污染物,反而因为近年来气候变化问题是环境领域讨论的重点,环境税的相关研究也较多集中在对碳税的测算、碳税的影响等方面,对一般环境污染物征收环境税的政策讨论偏少。

从研究视角上看,对环境税额度的研究,较多集中在估算各类环境污染的MDC。基于边际外部损害和边际减排成本的两种方法各有优缺点,MDC研究视角的优点主要体现在考虑了受到环境污染影响群体的效用损失,这一结果可以直接用来进行成本效益分析。而MAC研究视角并不具备这样的优点。MAC角度的分析往往更符合政策制定者、生产者的需求。

从研究区域上看,对广大发展中国家的研究较为空白。目前大多数研究集中在欧洲部分国家和美国,对中国的指导意义十分有限。中国相关研究集中在局部地区、局部行业或研究者利用调查数据进行测算,对政策的指导意义十分有限。

---

① Lu Y, Wang Y, Zhang W, et al. Provincial air pollution responsibility and environmental tax of China based on interregional linkage indicators[J]. Journal of Cleaner Production, 2019, 235: 337-347.

2.5 小结

环境税是使用价格手段控制污染物排放的一种政策工具,目的是使污染物排放量调整到社会最优水平。相应地,社会最优的环境税(庇古税)税率水平由边际减排成本和边际外部成本两条曲线的交点决定。这对政府获取信息提出了较高的要求。当污染排放的边际外部成本(等同于减排的边际社会效益)未知时,政府可以转而遵循既定减排目标下的成本有效性原则。等边际原则是减排目标给定情形下减排总成本最小化的条件。征收统一的环境税是实现边际减排成本同一化的一种方式,也是确保给定减排目标下总减排成本最小化的一种有效工具。

从研究话题来看,有关环境税的研究更偏向分析制定环境税对环境、经济、社会的影响;研究最优或有效环境税税率的文章不多。

从研究方法上看,绝大多数研究最优税率且集中在利用边际社会损害的视角,方法上集中于一般均衡模型或对 VSL 的测算。

从研究对象上看,环境税主要集中在对碳税的讨论,对一般空气污染物的研究相对缺乏。这可能因为欧美发达国家对环境税政策的讨论主要对象是 CO_2。中国实施了对一般空气、水体污染物的环境税政策,以往研究对中国的政策指导意义相对有限。

第 3 章
环境治理的行政基础

本章主要介绍中国环境治理的行政基础，包括环保部门的起源与权责分配，中央与地方政府在环境治理中的行政逻辑，以及公众参与对环境治理的推动等内容。

3.1　环保行政管理部门的调整

中国环保管理部门从设立到形成完整的部门，经历了较长时间的调整。1974 年 10 月，国务院环境保护领导小组正式成立，主要职责是“负责制定环境保护的方针、政策和规定，审定全国环境保护规划，组织协调和督促检查各地区、各部门的环境保护工作”。1982 年 5 月，第五届全国人大常委会第二十三次会议决定，将国家建委部分机构、国家城市建设总局、国家建筑工程总局、国家测绘总局、国务院环境保护领导小组办公室合并组建城乡建设环境保护部，部内设环境保护局。1988 年 4 月，第七届全国人大常务委员会第一次会议决定，国家环境保护局改为国务院直属机构（副部级）。1998 年 6 月，国家环境保护局升级为国家环境保护总局（正部级），内设办公室（宣传教育司）、规划与财务司、政策法规司、行政体制与人事司、科技标准司、污染控制司、自然生态保护司、核安全与辐射环境管理司（国家核安全局)、监督管理司、国际合作司和机关党委,拥有200人左右的行政编制。2008年3月15日,第十一届全国人民代表大会第一次会议通过《第十一届全国人民代表大会第一次会议关于国务院机构改革方案的决定》,规定"组建环境保护部。不再保留国家环境保护总局"。由此,环境保护部正式成立。

2012年后,随着中国政府、社会对环保事业日益重视,关于环境保护部的机构改革呼之欲出。2018年3月17日,第十三届全国人民代表大会第一次会议通过《第十三届全国人民代表大会第一次会议关于国务院机构改革方案的决定》,规定:"组建生态环境部。将环境保护部的职责,国家发展和改革委员会的应对气候变化和减排职责,国土资源部的监督防止地下水污染职责,水利部的编制水功能区划、排污口设置管理、流域水环境保护职责,农业部的监督指导农业面源污染治理职责,国家海洋局的海洋环境保护职责,国务院南水北调工程建设委员会办公室的南水北调工程项目区环境保护职责整合,组建生态环境部,作为国务院组成部门。生态环境部对外保留国家核安全局牌子。不再保留环境保护部。"

值得注意的是,在每一次政府部门改革中,环保部门的行政地位都得到了提升和加强,从一个较不起眼的局级单位一步一步攀升为如今担负多种职责的主要部级单位。环保行政部门的历年调整,其背后逻辑是中国政府对于环保事业认识的不断深入、对环保行政工作重心的不断调整。

3.1.1 对环保工作认识的不断深入

环保行政部门调整的重要原因是党中央对环保事业的重视程度不断提高。在中国,严格意义上对于环保事业的重视起步于20世纪70年代。此前,受各类政治运动影响,时兴观点多为"社会主义没有污染""说社会主义有污染是对社会主义的污蔑"。但在周恩来总理的强调与坚持下，中国依旧派代表团参与了联合国于1972年召开的首届国际环境保护大会，而《联合国人类环境宣言》正是在本次会议通过。1983年第二次全国环境保护会议，把保护环境确立为基本国策。1984年5月，国务院作出《关于环境保护工作的决定》，环境保护开始纳入国民经济和社会发展计划。

而自20世纪90年代开始，中国对于环保事业的认识再次上了一个台阶。1994年3月，中国政府率先制定实施《中国21世纪议程》。1996年，国务院召开第四次全国环境保护会议，发布《国务院关于环境保护若干问题的决定》(国发〔1996〕31号)，大力推进"一控双达标"(控制主要污染物排放总量、工业污染源达标和重点城市的环境质量按功能区达标)工作，启动了退耕还林、退耕还草、保护天然林等一系列生态保护重大工程。2002年、2006年和2011年国务院先后召开第五次全国环境保护会议、第六次全国环境大会和第七次全国环境大会，作出一系列新的重大决策部署：把主要污染物减排作为经济社会发展的约束性指标，完善环境法制和经济政策，强化重点流域区域污染防治，提高环境执法监管能力，积极开展国际环境交流与合作。

而自党的十八大以来，中国提出"生态文明"的理念，并将其提升到与经济、政治、文化和社会建设同等重要的地位。党的十八大将生态文明建设纳入"五位一体"，党的十九大提出构建政府为主导、企业为主体、社会组织和公众共同参与的环境治理体系。党的二十大提出尊重自然、顺应自然、保护自然，是全面建设社会主义现代化国家的内在要求。环保事业逐步成长为中国社会治理的核心领域。

3.1.2　环保行政工作重心的调整

原先中国环保行政部门的工作体系较为混乱，存在"九龙治水"

的现象。在2013年7月的“中国特色社会主义和中国梦宣传教育系列报告会”上,时任环保部部长周生贤就无奈且坦诚地披露了环保部门的体制难题:“职能出现交叉重叠……水里和陆地的不是一个部门管,一氧化碳和二氧化碳不是一个部门管。”此前,中国环保部门并没有有效的执法权,对企业最多只能处以20万元以内的罚款,处罚力度极为有限。对于许多企业来讲,它们宁愿交罚款“用钱消灾”,也不愿“斥巨资”展开耗时耗力的环保工作。环保部门对这一现象无能为力,因为它无权扣押企业生产设备、责令企业停止生产。此外,当时地方政府、地方官员的“GDP锦标赛”也使得他们无心全力配合环保部门的执法,而是“睁一只眼闭一只眼”。早在2006年,原国家环保总局副局长潘岳讨论甘肃徽县水阳乡血铅超标、湖南岳阳饮用水源砷超标这两起当时舆论影响重大的环境保护事件时,就相当直白地指出事件原因:“看似责任在于企业,实则根源在当地政府,在地方保护主义,‘政府不作为’是导致污染事件发生的根本原因。”[①]

随着中国经济发展模式逐步转型,环保行政部门体系需要适时调整,方能助力实现可持续发展目标。此外,在党的十八大前后,雾霾问题引发了全国广大群众的高度关注,在“环保与经济发展并重”与“唯GDP发展论”这两大观点的碰撞中,社会舆论已经悄然偏向了前者,并获得了许多中高层干部的共鸣。2013年5月,习近平总书记在十八届中央政治局第六次集体学习时指出:“要完善经济社会发展考核评价体系”,“彻底转变观念,就是再也不能以国内生产总值增长率来论英雄了……如果生态环境指标很差,一个地方一个部门的表面成绩再好看也不行,不说一票否决,但这一票一定要占很大的权重”。

---

① 中华人民共和国生态环境部. 潘岳:甘肃、湖南两起重大环境事件源于“行政不作为” 政府有关责任人应受到严厉查处[EB/OL]. (2006-09-14)[2024-04-26]. https://www.mee.gov.cn/gkml/sthjbgw/qt/200910/t20091023_180024.htm.

在党中央的精神指示下，环保部门敢于“放开手脚”展开环保工作，矛头直指各地方政府顽固的保护主义。2015 年以来，原环保部多次对地方政府展开环保督政，推动地方政府改变陈旧的发展思维、治理思维。2015 年 7 月，原中央全面深化改革领导小组发布《环境保护督察方案》，首次提出环境保护“党政同责”，推出了类似中央反腐纪检督察巡视的中央生态环境保护督察巡视制度，将环保考核系统化纳入党政干部的考核督察工作。2015 年 9 月，党中央发布《生态文明体制改革总体方案》，呼吁重视顶层设计，尽快对现有环保机构进行改革。2016 年初，第一轮中央生态环境保护督察在河北正式拉开序幕，时任河北省委书记赵克志和河北省省长张庆伟亲自参加了迎接中央环保督察组的工作动员会。第一轮督察历时两年。中央生态环境保护督察组在这段时间内对 31 个省（区、市）党委和政府开展环保督察巡视，并在 2018 年开展“回头看”再度督促环保成果，完成了第一轮的中央生态环境保护督察巡视。而在 2018 年国务院机构改革后，原先归属于各部门、各机关的环境保护工作进一步打通，环保事业交予一个大部门统筹规划。首任生态环境部部长李干杰也在当时全国两会上由衷表示，生态环境部的组建将实现“五个打通”：“打通了地上和地下；打通了岸上和水里；打通了陆地和海洋；打通了城市和农村；打通了一氧化碳和二氧化碳，也就是统一了大气污染防治和气候变化应对。”由此，中国环保事业迈上了新台阶。

3.2　中央与地方

改革开放以来，中国地方政府权力相较过往大幅度增强。为了鼓励地方政府加强创新、大力发展经济，中央政府在改革开放中逐步向地方政府下放权力。改革开放早期，环境问题尚未成为中国重大经济社会问题，中央政府自然也将环境管理的权力大幅度下移给地方,地方政府拥有了实质的“拍板”决策权。其实理论上说,地方环保部门在执行地方政策的同时,也应执行中央政策,贯彻中央精神。但由于地方环保部门的财政预算和人事安排都由地方政府负责,其“身家性命”实际上与地方政府息息相关,很难“忤逆”地方政府的相关政策。于是,各地形成了“各具特色”、以块为主的地方环保管理体制,使得地方环保部门难以落实对当地政府的监督监管职责。

中国环境管理制度在2002—2012年呈现出“九龙治水”的特点:环保部门管污染物排放,但不管碳减排,碳减排是发改委的职责;环保部门管点源污染但不管面源污染,农业面源污染要农业部门负责;环保部门管水污染但不管地下水污染治理,防止地下水污染是国土部门的工作。曾经有一个著名的例子调侃道:青蛙生活在湖泊、湿地、农田、山林之中。林业和渔业部门有职责保护青蛙,但大型湖泊和水库同时归水利部门管理,农田、山林则归国土部门。所以青蛙在水里游就归渔业部门管,到岸上就归林业或者国土部门管,被人抓了,就归工商部门管。客观地说,产业型管理部门既负责相应的产业发展,又负责对应类目的自然资源管理,这种模式有其优势:集中力量办大事,专业性强,行政效率高。也正是因为如此,此前国务院各部门虽已有过多次调整,但不同部门分别管理不同类别自然资源的惯例,还是保留了很长时间。这一“分权”模式的管理体系还有利于地方政府招商引资,以相对宽松的规定与相对低廉的成本吸引外界资本入驻设厂发展经济。但在党的十八大以后,随着中国日渐重视可持续发展目标,环境保护管理体制改革成为政界、学界、民间大众的共识。

党的十八届五中全会上,中共中央提出“实行省以下环保机构监测监察执法垂直管理制度”,环境保护由“分权”行政模式走向“直属管理”行政模式的改革路线呼之欲出。按照这一安排,环境监测监察执法权力要集中,而对企业的监管执法权则继续保留在地方政府手里。这样的制度设计旨在一方面加强对地方政府的监督作用，另一方面则继续要求地方政府对其管辖范围内的环境质量负有最终责任。改革以后，地方环境监测机构和人员将被上收，由省级环保部门直接管理，独立开展驻地环境监测监察工作，避免地方利益相关者的干扰。各地区的环境执法则更加聚焦于企业监察。根据《关于省以下环保机构监测监察执法垂直管理制度改革试点工作的指导意见》（中办发〔2016〕63 号），各省市要在“十三五”时期全面完成环保机构监测监察执法垂直管理制度改革任务，到 2020 年全国省以下环保部门要按照新制度高效运行。

2018 年 3 月 17 日，第十三届全国人大一次会议通过《第十三届全国人民代表大会第一次会议关于国务院机构改革方案的决定》，宣布组建生态环境部，合并原先分散于多个部门的环境保护职责。除此之外，如图 3-1 所示，新的自然资源部将承担起国有自然资源的

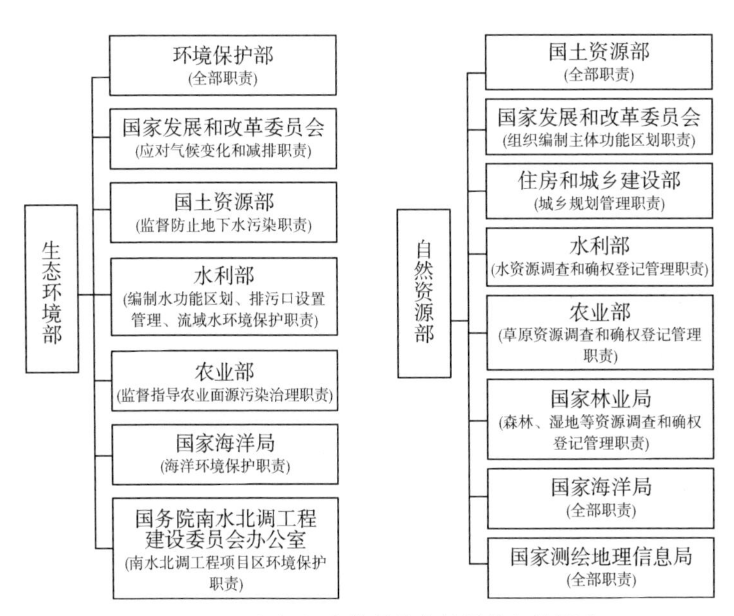

图 3-1　环保部门改革所整合的具体机构职责

“所有人”角色,负责对土地、森林、草原、湿地和水资源等自然资源的权属划分和管理,并将管理同样是新组建的国家林业和草原局。自此,中国环境管理的行政模式大踏步地向“直属管理”迈进,并很快取得了显著成效。

3.3 公众参与

除了政府部门的直接治理,在环境保护问题上,居住在环境中、生活与环境息息相关的普通公众是最大的利益相关人,拥有保护环境的最大动机,是环境治理的重要主体。随着社会经济的迅猛发展,中国社会环境污染问题日渐突出,产生了一系列负面影响,也使得中国政府及民众越来越重视环保问题。总体来说,中国公众环保意识不断提高,环境参与意愿增强,环境参与行为拓展,在环保领域逐步发挥着日益重要的作用。2017 年,党的十九大报告中也提出了构建政府为主导、企业为主体、社会组织和公众共同参与的环境治理体系。而这一多元共治模式必然会进一步促进公众参与。

3.3.1 公众环境参与的历史发展

自 18 世纪末工业革命以来,全球社会生产力大幅提高,社会发展日新月异。同时,人类社会也排放了史上前所未有的大量污染物,给我们赖以生存的环境造成了巨大的破坏。在 20 世纪,发达国家相继发生了洛杉矶光化学污染、伦敦日本水俣病等八大公害环境污染事件,给当地民众生命健康带来了极大威胁,促使了许多民众觉醒环境保护意识,从而开始反思经济发展与自然环境的关系。随后,许多发达国家的公众开始相继参与各类环保运动,并促使政府制定相关政策以回应公众环境保护诉求。1962 年,美国科普作家蕾切尔·卡森(Rachel Carson)创作发表《寂静的春天》,这一生态保护著作详细分析了当时农业生产普遍使用的化学杀虫剂对生态系统带来的危害，掀起了美国环境保护的浪潮。1969 年，美国《国家环境政策法》第一次明确提出了公众参与环境事务的权利，拉开了世界各国环境法律、环境公约确立公众参与制度的序幕。在付出了极为沉痛的代价后，国际社会、各国民众对环境问题的认识发生了历史性转变[①]，越来越注重环境保护及经济发展的可持续性。

中国的公众环境参与大致可分为四个阶段：萌芽阶段、成长阶段、深化阶段以及常态化阶段。

3.3.1.1　萌芽阶段(20 世纪 70 年代—1992 年)

在中国，现代意义上的公众环境参与起步于 20 世纪 70 年代。1973 年，中国召开第一次全国环境保护会议，制定了关于环保工作"全面规划、合理布局，综合利用、化害为利，依靠群众、大家动手，保护环境、造福人民"的三十二字方针，其中"依靠群众、大家动手"这八个字极富有公众参与色彩。1979 年，中国颁布《环境保护法(试行)》，为公众环境参与提供了基础法律依据。之后陆续出台的《海洋环境保护法》《水污染防治法》等法律也都为公众环境参与提供了进一步依据。

与此同时，随着中国改革开放事业的推进，中国对外开放程度的提高，中国社会组织开始蓬勃发展，环保社会组织在中国也开始萌芽。但当时的主流环保社会组织实质上都具有浓重的官方色彩。1978 年，中国环境科学学会成立。在 20 世纪 80 年代，中国环境保护工业协会、中国水土保持学会等社会组织相继成立。这些社会组织实际上都下属于中国科学技术协会，这一协会又是国家科教工作领导小组、中央精神文明建设指导委员会和中央人才工作协调小组成员单位，其官方色彩不言而喻。因此，笔者将这段时期称为"萌芽时

---

① 周生贤.我国环境保护的发展历程与成效[J].环境保护，2013，41(14)：10—13.

期”,正符合中国当时环保社会组织、公众环保参与的特点:主体构成以受教育程度较高的城市精英群体为主,参与层次低、渠道少、规模小,仅限于环境宣传与教育,缺乏环境监督等较高等级的参与。环保社会组织绝大多数具有官方色彩,尚未形成科学完整的制度体系,发挥作用有限。

3.3.1.2　成长阶段(1992—2002年)

自20世纪90年代开始,中国公众环境参与进入了约十年的成长阶段。1992年6月3日至12日,联合国环境与发展会议在巴西里约热内卢召开。会议提出了儿童、青年、妇女、工人、农民、非政府组织等不同主体参与环保的具体行动策略,将公众环保参与置于更高的地位。在本次会议的精神影响下,中国环保事业产生了巨大嬗变。党中央、国务院提出了《中国关于环境与发展问题的十大对策》,明确指出走可持续发展道路是当代中国的必然选择。1994年3月,中国政府率先制定实施《中国21世纪议程》。

在党和国家各项政策的“春风”下,中国的环保社会组织快速成长。在官办社会组织日益专业化、体系化的同时,中国民间环保组织也相继出现,针对不同的环保领域进行宣传,举办环保活动,动员更多民众参与到环保事业中。

这一阶段,公众环境参与的规模扩大、主体扩展且组织化程度提高,参与途径也由原来的环境宣传教育扩展到保护自然资源、环境监督和诉讼领域。但公众环境参与仍呈现出动员式参与的特征,体制尚未成熟,绝大多数公民环保意识仍然较差,且对环境问题的严峻性认识不足。

3.3.1.3　深化阶段(2002—2012年)

党的十六大以来,党中央、国务院提出树立和落实科学发展观、构建社会主义和谐社会、建设资源节约型环境友好型社会、让江河湖泊休养生息、推进环境保护历史性转变、环境保护是重大民生问题、探索环境保护新路等。进入 21 世纪，中国经济进一步蓬勃发展，国际合作增多，公民权利意识逐步觉醒，公众环境参与在这一时期也进入深化阶段。中国政府也愈发意识到公众参与在环境治理中的重要性，开始积极推动公众参与环境保护。2002 年，《环境影响评价法》颁布。之后，中国政府又逐步建立了环境信息公开制度以及相关部门规章，保障了公众对环境的知情权、参与权和监督权：2004 年《国务院关于落实科学发展观加强环境保护的决定》（国发〔2005〕39 号）颁布，提出要完善政府、企业、社会多元化环保投融资机制；发布污染信息，为公众参与创造条件；发挥社会团体的作用、推动环境公益诉讼、强化社会监督等，持续推动公众参与环境保护。《国家环境保护"十一五"规划》（国发〔2007〕37 号）、《关于加强农村环境保护工作的意见》（环发〔2007〕77 号）以及各项环保立法也都对公众参与提出规定，促进公众参与的制度化、程序化，为公众环境参与提供更多便利。

这一阶段，中国公众环境参与在主体、渠道、组织等不同维度都得以深化，中国公众通过多种方式争取自己的环境权益，例如日常生活中的环境监督、投诉、诉讼和决策以及参与环境听证会等。政府、社会组织和公众也在这一时期共同发挥作用，让环保理念更加深入人心。

3.3.1.4　常态化阶段（2013 年—至今）

党的十八大以来，中国公众环境参与进入常态化阶段，移动互联网的发展也为公众环境参与提供了更多的可能性。

在立法层面，2014 年新修订的《环境保护法》确立公众参与原则，并对信息公开和公众参与做出规定，明确公众获取环境信息、参与和监督环境保护的权利与方式。2015 年，原环保部印发《环境保护公众参与办法》（环境保护部令第 35 号）。2018 年，生态环境部等五部门联合发布《公民生态环境行为规范(试行)》,提高公众环保意识,引领公民践行生态环境责任。

随着移动互联网的普及,新媒体在促进公众环境参与方面开始发挥重要的引导作用。互联网企业也开始在环保领域发光发热。例如,阿里巴巴于2016年8月在支付宝公益板块推出"蚂蚁森林",带动公众低碳减排,并与相关环保组织合作进行植树造林。

这一阶段,公众环境参与普及率进一步提高,日常环境友好行为增多,例如绿色出行、资源回收利用、垃圾分类等;公众在环境立法、决策方面也发挥出更加积极的作用。环保社会组织持续发挥作用,并与互联网企业合作,拓宽了公众环境参与的渠道。国家层面也为公众环境参与提供了更完善的法律、制度保障,不断加大环境信息公开的力度,保障公众环境知情权,广泛动员公众参与环境保护,不断提高公众生态文明意识,鼓励全社会参与环保监督,引导公众践行绿色生活方式,拓宽公众参与环保的渠道。

3.3.2 发展困境

随着公众参与在环境保护方面的不断深入,2013年以来,中国公众环境参与步入常态化阶段,环保意识普遍融入人们的生产生活。但时下中国公众的环境参与依旧受到多方限制。下文将从政府角度、公众角度与环保NGO角度分别进行阐释,力求为读者呈现这些限制来源的全貌。

3.3.2.1 政府角度

1) 法律制度保障缺位

中国现行法律体系中,关于公众参与环境保护的法律法规不在少数,但偏向于原则性内容,在实际应用中难以对适用范围及操作给出有效指导。一是对于公众参与的范围、内容和渠道没有作出明确规定，公众环境参与缺乏制度化的权益保障。二是未给予公众参与立法的相关权利，公众多局限于“后端”抗争，缺乏“前端”参与。三是部分表达过于模糊，如《环境影响评价法》中允许公众采用“适当方式”作评价判定，但何为“适当方式”以及如何判定并未加以限定。

2）环境信息公开不充分

虽然 2014 年制定的新《环境保护法》正式确立了公众的环境知情权，但仍存在缺乏可操作性、公开途径单一、公开不及时、公开不全面等问题。从政府角度看，信息公开具有“单向性”特征，公众只是环境信息的被动接受者。与此同时，信息的公开过程需要层层传递，难以避免消息的滞后与失真，小道消息及错误信息的传播极有可能导致事件冲突升级。从企业角度看，2014 年《环境保护法》对其相关主体、标准、义务等规定较为模糊，也缺乏对企业的有效激励约束机制，导致企业公开自身环境信息的自觉性较差，有意识地规避对自身不利的信息披露。

3）欠缺对于公众监督权的保护

环境作为公共产品，不可避免地会在“市场失灵”和“政府失灵”的双重负外部性影响下，导致环境公平、环境秩序的价值受损。[①] 而监督权作为公众参与的重要保障，是矫正环境不公与失序状况的有效手段。但目前看来，中国公众监督整体效力低下，缺少具体的监督程序。多数情况下，中国公众可以通过各类既有渠道提出环保诉求。然而，政府部门虽然完成了法定的“公众参与程序”[②]，但是否将意见纳入考虑、如何改进、处理结果为何并不会全然告知公众，在当前《环境保护法》《环境保护公众参与办法》等法律法规中也并未对反馈与

① 崔浩等. 环境保护公众参与研究[M]. 北京：光明日报出版社，2013：41—42.

② 胡乙，赵惊涛. “互联网＋”视域下环境保护公众参与平台建构问题研究[J]. 法学杂志，2017，38(4)：125—131.

回应责任加以规定,形成了政府反应速度滞后于公众诉求的局面。这大大增加了公众对政府的不信任感,影响政策的落地和项目的实施。

3.3.2.2　公众角度

由于环境问题兼具复杂性、系统性与“情境化”特征,公众缺乏与环境保护相关的完整知识体系,引起公众认知错位与认知混乱。[①] 一方面,目前的环境科学研究无法对所有的环境问题提供统一的、标准的、体系化的知识结论;另一方面,公众对环境知识的获取既来自科学知识,又来源于实际感知,二者的冲突形成了科学与经验的错位。公众环境意识不断觉醒,而环保知识则相对匮乏。

3.3.2.3　环保社会组织角度

随着生态环境状况日益严峻,中国的环保社会组织迅速发展,数量不断增加,成为了公众参与环境治理的重要途径。然而,制约环保社会组织进一步发展的因素仍然存在。

环保社会组织注册极为困难。不仅注册标准严格,而且由于监管方面采取登记主管部门和业务主管部门双重管理的模式,部分政府部门为规避责任与风险,不愿作为环保社会组织的挂靠部门[②],导致其无法获取合法身份。

环保社会组织的资金支持不足。一方面,未注册的组织难以进行合法的会费收取、款项筹集及税收免除[③];另一方面,政府设立专项资金鼓励环保教育,造成环保组织将更多精力放在环保教育的议题上,逐利化倾向明显。环保社会组织处于弱势地位。法律法规中对

① 张保伟.公众环境参与的结构性困境及化解路径——基于协商民主理论的视角[J].中国特色社会主义研究,2016,1(4):69—75.

② 毛晖,郑晓芳.破解环境治理困境:公众参与及实现路径[J].行政事业资产与财务,2016(4):1—4.

③ 钟志乾.环境保护中的公众参与困境研究[D].桂林:广西师范大学,2018.

环保社会组织的权益规定较为模糊。环保社会组织内部建设不足。据统计，约 26.8%的环保社会组织，其全职人员并非环保领域的专业人士[①]，甚至近 50%的环保社会组织中仅有一至两名环保专业人士，可见其成员的专业能力水平相对较低。除此之外，环保社会组织也存在组织架构混乱、财务收支不清、管理松散等问题。

3.3.2.4　根本困境

虽然中国公众环境参与存在多方面困境，但归根结底，关键原因还是在于政府未能在环境治理工作中找准自身的角色定位，偏离了服务型政府建设的轨道与初衷。政府更多以类似经济人假设的政治人角色来处理各种关系。[②] 在这种思维模式看来，公众参与不仅代表着民间的声音，更是压力型体制下中央控制和监督地方官员的一种手段。[③] 因此，政府倾向于用维稳思维来看待公共事件，尽量降低公众参与的频率与曝光度，以此维持良好的政绩。这一根深蒂固的思维一定程度上影响了公众环境参与的积极性。

3.4　典型案例："煤改气"执行中断的政策学分析

随着中国粗放型发展模式弊端的显现以及大气环境污染的不断加重，大气污染治理议题成为中央政府治理事务的重点，而 2017 年更是中国"煤改清洁能源"进程的关键年。在这一背景下，肇始于 2017 年初的华北地区"煤改气"运动旨在以政府主导、财政补贴实现

---

① 陈玲，孙杨铖，卢刚. 我国环保民间组织的发展特点研究[J]. 污染防治技术，2014，27(1)：5.

② 晏林. 环境保护公众参与的困境及突破[J]. 江西理工大学学报，2017，38(4)：36—43.

③ 冉冉. 中国地方环境政治：政策与执行之间的距离[M]. 北京：中央编译出版社，2015：223.

清洁能源替代散煤燃烧取暖，是典型的行政式环境治理运动。2017年，中央政府出台《关于开展中央财政支持北方地区冬季清洁取暖试点工作的通知》（财建〔2017〕238号）、《关于促进可再生能源供热的意见（征求意见稿）》等文件，对当年"煤改气"政策行动进行布局，在《京津冀及周边地区2017年大气污染防治工作方案》（环大气〔2017〕29号）中明确规定"2＋26"城市是北方地区冬季清洁取暖规划首批实施范围，拟全面淘汰10蒸吨及以下燃煤锅炉，基本实现集中供热或清洁能源供热全覆盖。

依托行政命令的环境规制手段，其成效依赖于政府执法力度的大小、政策执行的严格程度。① 从政策指标的完成情况看，各地政府均有效实现了政策目标，执行效果显著，但这一政策持续不到一年，却出现天然气价格暴涨等问题，表3-1就记录了部分省份煤改气工程的负面后果，最后在2017年12月4日原环保部下发《关于请做好散煤综合治理确保群众温暖过冬工作的函》（环办大气函〔2017〕1874号）特急文件，紧急叫停了当年"煤改气"行动，继续沿用过去的燃煤取暖方式或其他替代取暖方式。政策执行的高效却引发政策失败的后果，这既是一个"反直觉"的特殊研究案例，更是观察中国环境治理领域政府行为和治理逻辑的绝佳入口。

表3-1　部分省份煤改气工程负面后果

地区/单位	事件概况
河北大学附属医院	被燃气公司限气后，院方不得不起草一份向保定市政府求助的文件，称"燃气公司限定的燃气量明显不能满足医院的用气要求，一旦限气手术无法正常进行、患者生命难以保障、病患衣物无法消毒，将会产生交叉感染及传染病暴发"

① 刘郁，陈钊．中国的环境规制：政策及其成效[J]．经济社会体制比较，2016(1)：164—173.

(续表)

地区/单位	事件概况
山西忻州	当地建筑工地工人王某为夜间取暖，在室外多处燃烧煤炭明火，散发的烟霾中含有高浓度 SO_2 等有害物质。王某被忻府区公安局行政拘留 5 日
河北曲阳县	多个乡镇的乡村学校未按时供暖，学生在寒冬的操场跑步取暖，或在有阳光的室外上课，因为“太阳底下比室内暖和”
太原市迎泽区	将 2017 年制定的《太原市人民政府关于在本市市区禁止销售运输燃用煤炭的通告》作为执法依据，强行禁止煤炭入户
山东省潍坊市日科化学股份有限公司	年产 1.5 万吨塑料改性剂生产装置发生爆燃事故，造成 7 人死亡、4 人受伤。事故直接原因是：在启动不具备启用条件的天然气加热系统的过程中遇点火源引发爆燃。该起事故暴露地方政府和有关部门对“煤改气”过程安全重视不够、监管不到位等问题
山东省	山东省泰安市城区东部多个小区居民 11 月 19 日晚家中停气；聊城市部分燃气用户 20 日遭遇“断气”或“气压不足”；德州市庆云县 21 日下发限气通知，每日 0 点至凌晨 5 点城区整体停气

与市场调控手段对市场主体自发行为的引导不同，诸如“煤改气”这样的行政手段依赖于政府本身的执行方式和效果。地方政府面临多重治理任务，在治理资源约束下容易导致激励不足，倾向于忽视较为模糊、无法量化、约束力不强的环境软指标[①]。尽管近些年环保议题日益重要，但地方政府仍然会采取调适性策略[②]。即使中央政府设计了可量化的环境指标，并将其纳入一票否决制，其效力也具有

① 冉冉.“压力型体制”下的政治激励与地方环境治理[J].经济社会体制比较，2013(3)：111—118.

② 张坤鑫.地方政府注意力与环境政策执行力的倒 U 形关系研究[J].公共管理评论，2021，3(4)：132—161.

局限性[1]。此外,基层政府中广泛存在的共谋行为会导致激励机制失效[2],奖惩机制的实际效力也会在"关系"等减压阀的作用下被消解或被异化。然而,2017年"煤改气"的环境治理中,为何各地纷纷出现轰轰烈烈、快速达标甚至超额完成的现象?除了既有研究所关注的绩效考核、严格监督或政治手段外,"煤改气"中地方政府的强烈执行动机究竟是如何形成、怎样被塑造的?

既有政策执行理论普遍预设了执行目标达成与政策成效标准的一致性[3],政策目标完成是政策成功的首要评估维度[4],政策实现了支持者设定的目标就可被视作政策成功[5]。而从政策指标的完成情况看,"煤改气"政策无疑是成功的,但如此大规模的政策不到一年就被紧急叫停,成为典型的"短命政策",原因何在?目前学界关于环境政策对社会福利影响的研究,总体上关注政策对市场的扭曲和效率的破坏,以及因信息不对称而产生的不合理政策所导致的"政府失灵",倾向于将政府视为一个整体。鉴于中国政府体制由多层、多部门的行政主体构成,治理权威碎片化而缺乏协同,需要进一步考察政策全局环境与政策执行效果的相互关系,关注中央的环境政策在地方贯彻落实时的政策执行协调和责任分工安排机制。

---

① 唐啸,胡鞍钢,杭承政.二元激励路径下中国环境政策执行——基于扎根理论的研究发现[J].清华大学学报(哲学社会科学版),2016,31(3):38—49,191.

② 周雪光.基层政府间的"共谋现象"——一个政府行为的制度逻辑[J].社会学研究,2008(06):1—21,243.

③ 陈水生.什么是"好政策"?——公共政策质量研究综述[J].公共行政评论,2020,13(3):172—192,200.

④ Howlett M. The lessons of failure: Learning and blame avoidance in public policy-making[J]. International Political Science Review, 2012, 33(5): 539-555.

⑤ McConnell A. Policy success, policy failure and grey areas in-between[J]. Journal of Public Policy, 2010, 30(3): 345-362.

3.4.1　工具异化与协调失灵：一个理论框架

“煤改气”案例提供了两个理论和实践问题。在政治上集权、经济上分权的政府体制下，地方政府作为利益主体的激励结构即行为动机是如何被塑造的？而当地方政府的行动难题得以解决、政策目标得以充分实现后，为何又发生了政策的“次生效应”，影响了居民的总体福利？为此，笔者从政府结构与政策体系出发，构建了“工具异化与协调失灵”的理论框架（如图 3-2 所示），以“煤改气”政策执行为例发掘其执行逻辑和机制。

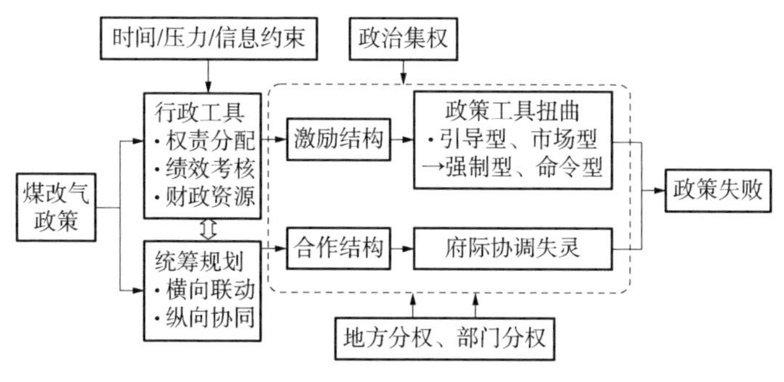

图 3-2　理论框架

根据皮特·霍尔（Peter Hall）的理论，公共政策是复杂的内容体系，包含政策价值、政策目标、政策策略、政策工具和制度安排等多个要素，代表了不同的因果机制及其对现实的不同影响。[①] 公共政策不仅仅是政府对政策外部环境的作用，更是发生在机构、组织和制度的框架内的连续动态过程[②]，完整的政策内容包括政策制定者对决策、

① Hall P A. Policy paradigms, social learning, and the state: the case of economic policymaking in Britain[J]. Comparative Politics, 1993, 25(3): 275-296.

② Dror Y. Public policy making reexamined[M]. London: Taylor and Francis, 2017: 12-17, 131-132.

执行、监督、评估等全过程的内部安排，以保证政府各主体将政策资源和政策内容顺利转化为政策效果。因此，需要将政策内容体系进一步细分，考察政策设计—政府内部运行—政策工具选择—政策效果输出的过程。

首先，广义上的政策工具既包括政府间的行政工具，也包括政策执行者施用于目标团体、对社会产生效果的手段选择。[①] 内部行政工具包括各级政府的权责和任务分配、绩效考核指标和手段、政策执行资源的配套安排等方面。它们是互相关联的整体，共同服务于政策规划者（往往是上级政府或中央政府）的意图和目标实现。这些内部政策安排也具有信号作用，能够引导地方政府注意力的方向，使地方官员感知到中央政府和上级领导的政策倾向[②]，从而形塑地方政府激励结构，直接表现为其注意力重心和事务优先级的特定分配模式，决定了对某一领域政策执行的意愿和力度。而作为具有自身利益的行动主体，地方政府的激励结构能够影响其政策执行和政策再生产中的手段选择，其中对外部政策工具的选择和组合方式是重要内容。

其次，公共政策涉及多个行政主体间的职能分工、政策协同和行动协调。这一协同既包括纵向的权责安排（让各种公共资源要素都能由匹配的权力主体调用，将各个层级的政策主体链接起来），也包括横向部门的左右联动（一般会设置一个主统筹机构，由其牵头协调各相关职能部门，划定彼此行为边界和责任边界，为后续政策运行创设科学的协同机制）。但是，在外部压力和时间约束下，完备的政策方案难以在有限信息和理性下产生，这导致政策规划存在非理性因

---

① 朱春奎．政策网络与政策工具：理论基础与中国实践［M］．上海：复旦大学出版社，2011：126.

② 李瑋．环境政策执行偏差的破解——基于信号传递理论的解释［J］．中国人口·资源与环境，2020，30(12)：147—154.

素，或政策关键内容的缺失和空置。[①] 如果这一环节缺失了对政府间协同的统筹安排，由于不同部门的利益诉求、价值排序和目标序列有别，容易引发职能部门在政策过程中缺乏系统性、综合性、规范性和协同性，即“协调失灵”困境。

下文将运用单案例过程追踪法(process-tracing)对 2017 年“煤改气”政策从推行到终结的案例进行深入讨论，深描关键变量影响结果的作用机制及原因，验证上述理论框架，为“煤改气”政策执行终结的现象提供一个解释。

3.4.2　行政工具、激励结构与政策执行的扭曲

3.4.2.1　内部行政工具安排

在 2017 年“煤改气”政策中，上级政府的宏观政策设计是“煤改气”的起点和蓝图，为地方政府规划了整体政策目标。为确保政策目标落实，责任部门在权责和任务分配、绩效考核指标和手段、政策执行资源的配套保障等方面作出相关安排。但由于对空气质量目标完成度的高度重视，中央政府使用的内部行政工具发生转变：由原定的“总量控制”向“行政摊派”转变，由市场化手段和行政命令结合向单一行政命令转变，由“定期评估”向“等级评分”“排名公示”“督查问责”和“一票否决”转变，导致地方政府激励结构被重塑，形成“上级考核压力-财政资源竞争-经济增长”的动力机制，以上地方政府行为动机均指向“煤改气”目标的扩大化执行。

“煤改气”政策发展历程是自上而下、中央定调地方执行的过程。2013 年 9 月，国务院“大气十条”制定了 2013—2017 年五年内全国空气质量总体改善，京津冀、长三角、珠三角等区域 $PM_{2.5}$ 分别下降

① 薛澜，赵静. 转型期公共政策过程的适应性改革及局限[J]. 中国社会科学，2017(9):45—67,206.

25%、20%、15%的总体目标,为区域空气质量改善规划蓝图[①]。2016 年 7 月,中国工程院对"大气十条"落实情况进行中期评估,北京市空气质量改善较为明显,但冬季重污染问题突出,实现 $PM_{2.5}$ 年均浓度达到 60 微克/立方米(即"京 60")左右的目标需付出更大努力。燃煤锅炉整治对 $PM_{2.5}$ 浓度下降贡献显著[②]。因而通过燃煤设施改造提高秋冬季节空气质量成为后续工作重点。

2017 年是"大气十条"的收官之年,深化空气污染治理成为中央和京津冀地区地方政府的当务之急;"煤改气"作为改善秋冬空气质量的重要方式之一被大力推广。2017 年 2 月,原环保部、发改委、能源局、财政部以及北京、天津、河北、山西、山东和河南省(市)政府联合下发《京津冀及周边地区 2017 年大气污染防治工作方案》,将"2+26"城市列为北方地区冬季清洁取暖规划首批实施范围[③]。如表 3-2 所示,这些城市主要分布在华北地区。2017 年 5 月,由财政部、住房城乡建设部、原环保部与国家能源局联合对京、津、冀、晋、鲁、豫发布了《关于开展中央财政支持北方地区冬季清洁取暖试点工作的通知》,试点示范期为三年,根据城市规模分档确定中央财政奖补资金标准。[④] 2017 年 8 月,《京津冀 2017—2018 年秋冬季大气污染综合治理攻坚行动方案》(环大气〔2017〕110 号)将改造目标分配至

---

① 中华人民共和国中央人民政府. 国务院关于印发大气污染防治行动计划的通知[EB/OL]. (2013-09-10)[2024-04-26]. http://www.gov.cn/zwgk/2013-09/12/content_2486773.htm.

② 张楠.《大气十条》中期评估报告发布[EB/OL]. (2016-07-06)[2024-04-26]. http://www.gov.cn/xinwen/2016-07/06/content_5088798.htm.

③ 高敬. "2+26"城市今年大气污染治理任务公布[EB/OL]. (2017-03-29)[2024-04-26]. http://www.gov.cn/xinwen/2017-03/29/content_5181902.htm.

④ 中华人民共和国中央人民政府. 关于开展中央财政支持北方地区冬季清洁取暖试点工作的通知[EB/OL]. (2017-05-20)[2024-04-26]. http://www.gov.cn/xinwen/2017-05/20/content_5195490.htm.

京津冀大气污染“2＋26”传输通道城市；要求京、津、冀、晋、鲁、豫6省市，分别完成30万户、29万户、180万户、39万户、35万户、42万户（合计355万户）的改造工程。[①] 2017年8月，《京津冀及周边地区2017—2018年秋冬季大气污染综合治理攻坚行动强化督查方案》（环环监〔2017〕116号），提出一系列针对秋冬季大气污染治理的督察问责方案。[②] 具体政策文件要求如表3-3所示。

表3-2 《京津冀及周边地区2017年大气污染防治工作方案》中规定的“2＋26”城市

直辖市	北京、天津
河北省	石家庄、唐山、保定、廊坊、沧州、衡水、邯郸、邢台
山东省	济南、淄博、聊城、德州、滨州、济宁、菏泽
河南省	郑州、新乡、鹤壁、安阳、焦作、濮阳、开封
山西省	太原、阳泉、长治、晋城

表3-3 煤改气相关政策文件梳理

时间	机构	文件名称	关键内容	重点概括
2013年9月10日	国务院	《大气污染防治行动计划》（“大气十条”）	具体目标：到2017年，全国地级及以上城市可吸入颗粒物浓度比2012年下降10％以上，优良天数逐年提高；其中北京市细颗粒物年均浓度控制在60微克/立方米左右	对不同地区2017年污染物浓度的下降程度提出硬性目标。强调能源结构的优化及协同治理机制的建立

① 中华人民共和国生态环境部. 关于印发《京津冀及周边地区2017—2018年秋冬季大气污染综合治理攻坚行动方案》的通知[EB/OL].（2017-08-21）[2024-05-02]. https://www.mee.gov.cn/gkml/hbb/bwj/201708/t20170824_420330.htm.

② 王仁和，任柳青. 地方环境政策超额执行逻辑及其意外后果——以2017年煤改气政策为例[J]. 公共管理学报，2021，18(1)：33—44，168.

(续表)

时间	机构	文件名称	关键内容	重点概括
2017年2月17日	原环保部	《京津冀及周边地区2017年大气污染防治工作方案》	要求将“2+26”城市列为北方地区冬季清洁取暖规划首批实施范围。	要求“2+26”城市煤改气/煤改电
2017年5月16日	财政部	《关于开展中央财政支持北方地区冬季清洁取暖试点工作的通知》	中央财政支持试点城市推进清洁方式取暖替代散煤燃烧取暖,并同步开展既有建筑节能改造。中央财政奖补资金标准根据城市规模分档确定,直辖市每年安排10亿元,省会城市每年安排7亿元,地级城市每年安排5亿元	中央财政支持、补助清洁取暖试点,试点地区燃煤供暖清零,试点示范期三年
2017年8月21日	原环保部	《京津冀及周边地区2017—2018年秋冬季大气污染综合治理攻坚行动方案》	提出以气代煤与以电代煤的清洁取暖方案,并将改造目标分配至京津冀大气污染“2+26”传输通道城市	提出:以气代煤、以电代煤。分配改造目标至“2+26”城市
2017年8月28日	原环保部	《京津冀及周边地区2017—2018年秋冬季大气污染综合治理攻坚行动强化督查方案》	要求全面实现京津冀及周边地区环境空气质量改善目标,提出一系列针对秋冬季大气污染治理的督察问责方案	提出督察问责方案

从中央政府规制地方政府行为的内部行政工具来看,如表3-4所示,这一过程的特点如下所述。一是从总量控制逐步走向细化政策目标。2013年拉开“煤改气”序幕的《大气污染防治行动计划》尽管实行目标责任管理,但主要规定中长期控制目标,控制国家煤炭消费总量和能源总体消费结构。《京津冀及周边地区2017年大气污染防治工作方案》等系列文件则将政策目标不断细化,将行政指标直接摊派到“2+26”城市。二是由行政和市场手段结合转向单一行政命令。《大气污染防治行动计划》中除了使用“新建项目禁止配套建设自备

表 3-4　中央政府使用的内部行政工具

政策文件名	原文	工具
《大气污染防治行动计划》(大气十条)	“到 2017 年，全国地级及以上城市可吸入颗粒物浓度比 2012 年下降 10%以上……京津冀、长三角、珠三角等区域细颗粒物浓度分别下降 25%、20%、15%左右”“京津冀、长三角、珠三角等区域新建项目禁止配套建设自备燃煤电站。……除热电联产外，禁止审批新建燃煤发电项目”“通过政策补偿和实施峰谷电价、阶梯电价、调峰电价等措施，逐步推行以天然气或电替代煤炭。”“国务院制定考核办法，每年初对各省(区、市)上年度治理任务完成情况进行考核；2015 年进行中期评估，并依据评估情况调整治理任务。”	总体指标 强制措施 定期评估 督促问责
《大气污染防治行动计划实施情况考核办法(试行)》	“考核结果划分为优秀、良好、合格、不合格四个等级，评分结果 90 分及以上为优秀、70 分(含)至 90 分为良好、60 分(含)至 70 分为合格，60 分以下为不合格。”“2014 年，编制地区燃煤锅炉清单，摸清纳入淘汰范围燃煤小锅炉的基本情况；根据集中供热、清洁能源等替代能源资源落实情况，编制燃煤小锅炉淘汰方案，合理安排年度计划，并报地方能源主管部门和特种设备安全监督管理部门备案；累计完成燃煤小锅炉淘汰总任务的 10%……2015 年，累计完成燃煤小锅炉淘汰总任务的 50%……2016 年，累计完成燃煤小锅炉淘汰总任务的 75%……”“若发现由于人为干预造假，致使数据失真的现象，作为一票否决的依据，总体考核计 0 分。”	等级划分 分段计划 一票否决
《京津冀及周边地区 2017—2018 年秋冬季大气污染综合治理攻坚行动方案》	“省级环境监测部门每月 5 日前将上月审核过的数据上传中国环境监测总站。以县(市、区)为单位进行排名，排名结果向社会公开。”“大气污染综合防治不作为、慢作为的地方，开展中央环境保护专项督察。强化考核问责……对每季度空气质量改善幅度达不到目标任务或重点任务进展缓慢或空气质量指数(AQI)持续‘爆表’的城市和区县，公开约谈当地政府主要负责人；对未能完成终期空气质量改善目标任务或重点任务进展缓慢的城市和区县，严肃问责相关责任人，实行区域环评限批。”	排名公示 督察问责 约谈批评

燃煤电站”“禁止审批新建燃煤发电项目”等强制措施外，还鼓励地方政府“通过政策补偿和实施峰谷电价、阶梯电价、调峰电价”等市场化措施推行“煤改气”。[①] 但此后的《大气污染防治行动计划实施情况考核办法》《京津冀 2017—2018 年秋冬季大气污染综合治理攻坚行动方案》则采取对不符合要求的小锅炉直接制定淘汰计划、对达不到目标的区域和领导个人直接执行惩戒措施等强制性特色极强的行政命令手段。三是考核-惩戒工具日益严格。2013 年《大气污染防治行动计划》中的考核机制仅模糊地规定了“每年定期考核、2015 年进行中期评估，并依据考核评估情况调整治理任务”的考核机制，且并无明确的配套惩罚机制；而《大气污染防治行动计划实施情况考核办法（试行）》《京津冀及周边地区 2017—2018 年秋冬季大气污染综合治理攻坚行动方案》则制定了极为细致的考核规定，分档分等级进行评估，对排名进行公示，对地方政府形成威慑；中央开展督察问责，对未完成任务的地方负责人进行约谈批评，情况严重者予以一票否决。[②]

在不断严格的内部行政工具下，地方政府原有激励机构被重塑，这导致地方政府采取了更为严苛的外部政策手段，最终结果是“煤改气”政策的过度执行。

3.4.2.2　地方政府激励结构

在未受特定时期较强的上级政策目标干预时，地方政府主要行为激励是经济增长及与之相关的晋升竞争。而在“行政死命令”的“煤改气”压力下，能者胜出的经济竞争逻辑被弱者（即不能完成目标任务者）淘汰的一票否决式逻辑取代。“层级压力-财政资源竞争-经

---

① 中华人民共和国中央人民政府. 国务院关于印发大气污染防治行动计划的通知[EB/OL].（2013-09-10）[2024-04-26]. http://www.gov.cn/zwgk/2013-09/12/content_2486773.htm.

② 中华人民共和国生态环境保护部. 关于印发《京津冀及周边地区 2017—2018 年秋冬季大气污染综合治理攻坚行动方案》的通知[EB/OL].（2017-08-21）[2023-05-22]. https://www.mee.gov.cn/gkml/hbb/bwj/201708/t20170824_420330.htm.

济增长”的激励结构中，完成“煤改气”的上级政治考核任务成为地方政府考量的第一要务；而上级政府根据完成绩效提供的财政补贴也激发了地方政府资源竞争的动力；最后，由于尽快完成清洁能源应用有利于空气质量改善与地方生产秩序的正常开展，“煤改气”政策与地方政府发展经济的愿望一致。在层层压实的内部行政工具作用下，地方政府的激励结构一致地指向扩大政策执行规模，促使地方政府采用了较为强力的外部政策工具。

根据上节所述，中央政府使用了较为强力的内部行政工具，强化对地方环保负责人的监督管理，例如“对每季度空气质量改善幅度达不到目标任务或重点任务进展缓慢或空气质量指数持续‘爆表’的城市和区县，公开约谈当地政府主要负责人；对未能完成终期空气质量改善目标任务或重点任务进展缓慢的城市和区县，严肃问责相关责任人”①，“若发现由于人为干预造假，致使数据失真的现象，作为一票否决的依据，总体考核计 0 分”②。对地方官员的层层压实责任、级级施加压力使空气质量成为官员头上的“达摩克利斯之剑”：相比于经济增长放缓带来的晋升迟滞，空气质量改善不力可能带来一票否决、弱者淘汰的更严重后果，环境保护暂时取代经济增长，成为受晋升驱动的官员的第一大行为动机。

此外，中央政府采取的财政补贴等内部行政工具为地方政府提供财政资源补充，且“煤改气”政策从长期效果上来看有助于地方燃煤环境污染，为经济发展提供空间，为地方带来正的政策收益；从这一方面来看，中央的内部行政工具与地方政府偏好是一致的。《关于

① 中华人民共和国生态环境保护部. 关于印发《京津冀及周边地区 2017—2018 年秋冬季大气污染综合治理攻坚行动方案》的通知[EB/OL]. (2017-08-21)[2023-05-22]. https://www.mee.gov.cn/gkml/hbb/bwj/201708/t20170824_420330.htm.

② 中华人民共和国中央人民政府. 国务院办公厅关于印发大气污染防治行动计划实施情况考核办法(试行)的通知[EB/OL]. (2014-04-30)[2023-05-22]. http://www.gov.cn/zhengce/content/2014-05/27/content_8830.htm.

开展中央财政支持北方地区冬季清洁取暖试点工作的通知》确定的中央财政奖补资金标准是“直辖市每年 10 亿元,省会城市每年 7 亿元,地级城市每年 5 亿元”,“2+26”城市每年则可获得 158 亿元的财政补贴。[①] 但财政资源的取得与“煤改气”政策目标完成程度紧密挂钩:按照“大气十条”等的相关规定,“中央财政将考核结果作为安排大气污染防治专项资金的重要依据,对考核结果优秀的城市将加大支持力度,不合格的将予以适当扣减”[②];中央大气污染防治专项资金方案表明,“每年环境治理资金的分配根据当年度中央大气资金绩效目标要求、城市规模与前一年资金使用情况的基础上进行浮动调整”[③]。因而完成“煤改气”政策目标对地方政府的财政资源有重要影响。此外,由于大气污染物超标造成的区域停工会影响一地的经济正常运行,尽快实现空气质量改善能够为发展地区经济争取更多环境空间;而“煤改气”工程通常由当地企业承包施工,能够使本地企业获得经济利益、推动地方经济发展并增加地方政府税收收入。

3.4.2.3 外部政策工具安排

符合地方政府利益的激励结构,推动地方政府使用“命令-服从”式的行政决定、严打严管式的行政监督与惩罚等外部政策工具推进“煤改气”工程,导致“煤改气”政策的执行过度,具体表现为层层加码、运动式治理、超额执行等;对“禁煤”任务指标数字的过度追求导致“煤改气”政策偏离了对大气污染环境的治理目标和公民合法权益

---

① 中华人民共和国中央人民政府. 关于开展中央财政支持北方地区冬季清洁取暖试点工作的通知[EB/OL]. (2017-05-20)[2024-04-26]. http://www.gov.cn/xinwen/2017-05/20/content_5195490.htm.

② 中华人民共和国中央人民政府. 国务院关于印发大气污染防治行动计划的通知[EB/OL]. (2013-09-10)[2024-04-26]. http://www.gov.cn/zwgk/2013-09/12/content_2486773.htm.

③ 中华人民共和国中央人民政府. 关于印发《大气污染防治资金管理办法》的通知[EB/OL]. (2021-06-09)[2023-05-22]. http://www.gov.cn/zhengce/zhengceku/2021-07/10/content_5623997.htm.

的基本保障，最终导致政策失败。

《环境保护法》《大气污染防治法》①等法律规范表明，“煤改气”政策应当以“推广”“鼓励”等行政指导的方式来实施②（如表 3-5 所示）；但由于地方政府急迫的环保需求，现实中行政机关大都以“命令-服从”的行政决定方式来实施。部分地方政府运用行政强制手段取缔散煤，拆除燃煤锅炉，运用行政处罚等手段处罚燃烧散煤取暖行为。③

表 3-5　法律文件规定的行政指导型政策工具

文件	原文	分析	总结
《环境保护法》	国务院有关部门和地方各级人民政府应当采取措施，推广清洁能源的生产和使用	“推广”属于行政指导，天然气则属于清洁能源，而“煤改气”工程其实是行政机关“应当采取措施”的一种类型。合而言之，行政机关负有采用行政指导方式来推进“煤改气”工程、推广天然气等清洁能源的职责	从法律规范和政策文件规定来分析，在“煤改气”工程中，行政机关明确负有大量的行政指导职责
《大气污染防治法》	地方各级人民政府应当采取措施，推广节能环保型炉灶	淘汰燃煤锅炉、使用燃烧天然气的壁炉是行政机关推广节能环保型炉灶的一种形式。而这属于“煤改气”工程中的重要环节	
《关于推进北方采暖地区城镇清洁供暖的指导意见》	行政机关要以满足群众需求为原则，支持鼓励清洁供暖方式	“支持鼓励”属于行政指导方式，而“煤改气”工程无疑属于清洁供暖方式	

① 全国人民代表大会. 中华人民共和国环境保护法[EB/OL]. (2015-01-01)[2023-05-22]. https://www.mee.gov.cn/ywgz/fgbz/fl/201404/t20140425_271040.shtml；全国人民代表大会. 中华人民共和国大气污染防治法[EB/OL]. (2018-11-05)[2023-05-22]. http://www.npc.gov.cn/npc/sjxflfg/201906/daae57a178344d39985dcfc563cd4b9b.shtml.

② 戚建刚，肖季业. “煤改气”工程被“叫停”的行政法阐释[J]. 华中科技大学学报(社会科学版)，2019，33(4)：82—92.

③ 同上。

除了北京、天津两直辖市以外，“2＋26”城市覆盖的山西、河北、山东、河南四省份均各自出台省级政策，对省内各市“煤改气”任务进行统一部署，各省地级市也按照省级政策制定具体目标。在中央大力倡导、各省自加压力的条件下，各市自主制定的改造任务与实际完成量均远超中央原本制定的指标。最终，京、津、冀、鲁、晋分别完成36.90万、32.40万、249.04万、81.65万、94.18万户的清洁取暖改造。部分不属于“2＋26”范围的城市甚至也纷纷制定市级计划，且小幅度超额完成目标，其中晋鲁两省尤为明显。

在数据一片向好的同时，由于地方政府采取强力推进的外部政策工具，部分行政主体在尚未能提供良好的天然气供暖设施的情况下为快速完成“煤改气”用户指标严禁公民燃煤取暖，侵害了公民的生命健康权。

3.4.3 协调失灵困境和政策“次生效应”的生成

“煤改气”是极为复杂的系统性工程，内容包括能源价格调整、基础设施改造等大量工作，涉及发改委、住建部、能源局、财政部等国家部委、企事业单位、地方国家行政机关，都需要它们在协调机制中充分发挥作用。然而“煤改气”的超额实施导致行政协调机制存在的问题暴露了出来。以下分别从横向和纵向行政协调两个角度进行分析。

3.4.3.1 横向行政协调

横向行政协调是指行政主体与其所处部门以外同一层级的组织之间的协调。在“煤改气”的实践中具体表现为不同职能部门的联合发文、相关职能部门的部际联席会议机制以及清洁取暖领导小组等。这些协调机制具有灵活、便捷的特点，在“煤改气”的实践中发挥了一定作用。但是，由于缺乏明确的法律依据、议事规则等，“煤改气”中的横向行政协调机制尚未发挥其应有的高效协调功能。如表 3-6 所示，行动中各级政府出台相关规定中涉及部门间协调的内容其实较为复杂。

表 3-6　2017 年“煤改气”行动中各级政府出台相关规定中涉及部门间协调的内容

时间	出台规定	落实部门
2017 年 3 月	《国务院关于落实〈政府工作报告〉重点工作部门分工的意见》	由原环保部牵头，其他部门分工配合
2017 年 5 月	《关于开展中央财政支持北方地区冬季清洁取暖试点工作的通知》	各部门充分发挥职能作用，加强指导和监督
2017 年 8 月	《京津冀及周边地区 2017—2018 年秋冬季大气污染综合治理攻坚行动方案》	由环保部门负责统筹协调，其他部门配合
2017 年 9 月	《关于推进北方采暖地区城镇清洁供暖的指导意见》	加强各部门之间的协调配合
2017 年 12 月	《北方地区冬季清洁取暖规划(2017—2021)》	成立部际联席会议，将牵头部门的职权赋予发改委及能源局

首先是法律依据的缺乏。虽然《国务院行政机构设置和编制管理条例》[①]和《国务院办公厅关于部际联席会议审批程序等有关问题的通知》[②]都对协调机制的设置提出了概括性要求，但没有进一步制定具体规范。以山东省为例，供暖联席会议机制和清洁取暖工作领导小组同时存在，联席会议之下又有公安环保联席会议、农村供暖部门联席会议等。这些协调方式没有统一的官方文件给予说明和论

① 中华人民共和国中央人民政府. 国务院行政机构设置和编制管理条例[EB/OL]. (1997-08-03)[2023-05-22]. http://www.gov.cn/zhengce/2020-12/26/content_5574883.htm?trs=1.

② 中华人民共和国中央人民政府. 国务院办公厅关于部际联席会议审批程序等有关问题的通知[EB/OL]. (2003-07-18)[2023-05-26]. http://www.gov.cn/gongbao/content/2003/content_62316.htm.

证,反而部分地冲击了正常的行政管理秩序,体现出了“运动式行政”的特点。

其次是设立程序缺失。在“煤改气”的横向行政协调中,由于参与主体之间在行政级别上具有同等性,难以通过行政级别的高低确定“牵头部门”,所以在确定“牵头部门”也即设立协调机构时,往往会出现设立条件不明、协调机构不一的问题。

再次是议事规则缺失。典型案例如清洁取暖部际联席会议机制的议事规则,虽然依据相关清洁取暖规划,该机制的协调职能、协调机构的设立、各组成人员及其职责得到原则性确认,但部际联席会议的职责范围、协调机构产生的依据、会议制度、协调程序、召开会议的时间等议事规则都没有具体规定。由于没有明确的议事规则,清洁取暖部际联席会议很难产生实质性影响。

最后是法律保障缺失。根据《国务院行政机构设置和编制管理条例》第六条规定,议事协调机构只有在特殊或紧急情况下才能规定临时性的管理措施;而在常态情况下,协调决议必须经过国务院同意后才能生效。[①] 这意味着领导小组自身并不具有独立法律地位,因此所作的协调决议也缺乏有效的法律保障,甚至协调决议自身在执行上也没有强制力作为保障。如“煤改气”联席会议作出的协调决议就不存在任何激励和约束机制来对决定的执行予以保障。

3.4.3.2 纵向行政协调

“煤改气”行动中,纵向协调具体表现为国务院与各省(市、区)地方政府签订各类目标责任书,由各级地方政府作为“煤改

---

① 中华人民共和国中央人民政府.国务院行政机构设置和编制管理条例[EB/OL].(1997-08-03)[2023-05-22].http://www.gov.cn/zhengce/2020-12/26/content_5574883.htm?trs=1.

气”的具体执行者。最具代表性的例子是《大气污染防治行动计划》规定国务院应当与地方政府签订大气污染防治目标责任书，地方政府再根据责任书的要求制定工作方案将目标任务分解落实到各个部门。[①] 这样的纵向行政协调机制存在合理性存疑、信息反馈机制不足、缺乏科学的激励与约束机制等问题。

其一，责任书的合理性存在疑问，主要表现为行政规划存在滞后性，没有发挥预先统筹的功能。国务院早在 2013 年 9 月发布的《大气污染防治行动计划》以及 2016 年 11 月发布的《“十三五”生态环境保护规划》里就明确要推进“煤改气”工程建设，但迟迟未对“煤改气”作出具体的规划安排[②]，直到 2017 年《大气污染防治行动计划》预期时间点到来，各地才纷纷出台相关文件，《北方地区冬季清洁取暖规划(2017—2021)》(发改能源〔2017〕2100 号)也到 2017 年 12 月末才出台[③]。直到 2017 年 12 月 4 日，原环境保护部以特急函叫停“煤改气”。此外，规划制定过程缺乏公众参与，尤其是《清洁取暖规划》在制定过程中并没有举行相关听证、公告的程序。

其二，责任书履行的信息反馈机制不足。在“煤改气”中，作为直接执行者，基层政府对天然气的储气量、燃气管道的施工安排、工程实施的可行性情况的掌握都比上级行政主体更为精准。以北京为例，采暖“煤改气”后绝大部分居民家庭的燃气采暖支出超过了家庭

① 中华人民共和国生态环境部. 关于印发《大气污染防治行动计划实施情况考核办法(试行)实施细则》的通知[EB/OL]. (2014-07-21)[2023-05-23]. https://www.mee.gov.cn/gkml/hbb/bwj/201407/t20140725_280516.htm.

② 中华人民共和国中央人民政府. 国务院关于印发“十三五”生态环境保护规划的通知[EB/OL]. (2016-01-24)[2023-05-23]. http://www.gov.cn/zhengce/content/2016-12/05/content_5143290.htm.

③ 中华人民共和国中央人民政府. 关于印发北方地区冬季清洁取暖规划(2017—2021 年)的通知[EB/OL]. (2017-12-20)[2023-05-23]. http://www.gov.cn/xinwen/2017-12/20/content_5248855.htm.

可支配收入的3%。虽然通过政府补贴可将这一比例降低,但对地方财政形成一定压力。[①] 而在部分地区还可充分发挥地方性资源、技术优势,并不一定要僵化死板地统一使用天然气。例如,河北雄县储有丰富地热资源,号称"中国温泉之都"。因此,雄县在冬季采暖的时候,通过地热资源来取代散煤已有7年历史,并取得了较好的经济社会效益,每年相当于减少了100万吨的标准煤燃烧,已成为河北县级行政区少有的无煤区。[②] 但是在命令与服从的体制下,上级政府没有对基层情况进行调查,基层政府也没有渠道与上级政府进行信息反馈和沟通,最终导致"煤改气"政策执行发生偏离。

在纵向协调方面,首先,责任书履行缺乏科学的激励与约束机制。"煤改气"中存在着激励机制异化、盲目追求数字指标的情况,采取"一刀切"的方式禁止燃煤。同时约束和监督机制的缺乏使得执行中出现偏离,下级行政机关层层加码,到了基层行政机关,承诺完成的"煤改气"用户数量已经远远超过上级行政机关下达的指标。[③]

其次,纵向行政机关协调不同步。在天然气气源没有充分落实、天然气管道没有建设完善的情况下,各地以行政命令的方式盲目推进"煤改气"。根据当年的报道,一位河北某市政府官员称当地基本完成"煤改气"任务,但气源保障成谜,甚至需要自己带队到处去"找气","能源局、燃气公司一家一家找,到处求爷爷告奶奶。虽然目前通过在市场上高价买气,能够给用户通上,但是未来天然气是否能够

① 刘应红.从价格承受能力看居民采暖"煤改气"——以北京市城乡为例[J].国际石油经济,2017,25(6):45—50.

② 庞忠和,孔彦龙,庞菊梅,等.雄安新区地热资源与开发利用研究[J].中国科学院院刊,2017,32(11):1224—1230.

③ 戚建刚,肖季业."煤改气"工程被"叫停"的行政法阐释[J].华中科技大学学报(社会科学版),2019,33(4):82—92.

稳定供应，现在也没底”。[①] 但同时期，国家能源局原副局长张玉清则认为当年的天然气供应紧张是预料之外的，认定国家能源局组织编制的 2017—2021 年规划中专门配套的“煤改气”总体资源可以防止出现“气荒”。[②]

总体上看，天然气是全国性的公共资源，供气是各地政府难以自行解决的资源配置问题；但是中央向地方下派煤改气政策目标时，没有根据天然气的供给性质进行府际协同；未关注天然气资源匹配，导致了“上气不接下气”。“天然气供应紧张既有人为因素，也有客观因素。”北京燃气集团办公室副主任吕淼认为，其中存在一些外部挑战，首先是天然气资源供应的不确定性，天然气总量和峰值是矛盾的；其次是市场需求的不确定性，消费端受政策影响较大。[③] “上气不接下气”，也是中国天然气气源不足、储气调峰能力存在短板的结果，凸显出中国为大气污染治理付出的代价。

在“煤改气”政策的风波后，各级政府采取一定的措施进行了弥补。首先，2018 年清洁取暖试点城市申报较 2017 年多两个关键要求。一是优先支持工作基础好、能源保障到位、资金落实到位的城市。二是立足本地资源禀赋、经济实力、基础设施、居民消费能力等条件，统筹利用天然气、电、地热等各类清洁能源。[④] 此外，《北方地区冬季清洁取暖规划（2017—2021）》亦专门对煤改气工作提出“因地制

---

① 搜狐网. 2017 年“煤改气”被环保部紧急叫停！原因竟是……[EB/OL]. (2018-12-08)[2024-05-06]. https://www.sohu.com/a/282976204_465972.

② 巴巴传媒. “煤改气”2017 大盘点[EB/OL]. (2017-12-15)[2023-05-23]. https://mp.weixin.qq.com/s/2DHiVP1iZdJI6aBInlPE7w.

③ 董秀成，李佳蔓. 我国天然气“气荒”成因及对策研究[J]. 价格理论与实践，2018(2):4.

④ 曾金华. 北方冬季清洁取暖工作持续推进 23 个城市入围第二批试点[EB/OL]. (2018-08-29)[2024-05-06]. http://www.gov.cn/xinwen/2018-08/29/content_5317279.htm.

宜"的相关执行要求。此外，2018 年 4—9 月中央还出台多份针对天然气行业的重大政策要求及改革文件。其中，国家发改委印发的《关于加快储气设施建设和完善储气调峰辅助服务市场机制的意见》（发改能源规〔2018〕637 号）特别指出，各县级以上地方政府均须形成保障本地区至少 3 日需求量的储气能力[①]，避免天然气供应能力不足导致的悲剧再次发生。

3.4.4 结论和讨论

基于以上讨论，可以得出对"煤改气"政策后果的核心解释：地方根据政策内部工具安排而形成自身激励结构，这一安排使得政策目标与地方偏好一致，充分调动了地方执行动力，促使地方政府扭曲外部政策工具以完成政策目标，实现局部目标本身的"过度"达成；"煤改气"政策的综合性决定了其必然需要多种行政职权共同发挥作用，也决定了需要不同行政主体的参与和协作，但由于"煤改气"政策设计环节府际统筹规划不足，以及政策目标和外部资源未能有效匹配，从而导致"协调失灵"困境，这放大了工具异化引发的超额执行后果，共同导致了"煤改气"的政策失败。

一方面，对中国环境治理的基本认知以"不足"为基调，少有关于政策"执行过度"的具体探讨，鲜有从政策设计角度对"运动式治理"的发生和后果进行探讨。而笔者以"煤改气"案例为基础，提出"政策工具异化＋府际协调失灵"的框架，丰富了对于中国政策执行的理论探讨。另一方面，既有政策执行理论的局限在于"外生预设"和"静态视角"，缺乏对政策本身、政策环境与执行过程的关注；被给定的政策

① 中华人民共和国中央人民政府. 两部门印发《关于加快储气设施建设和完善储气调峰辅助服务市场机制的意见》的通知[EB/OL].（2018-04-26）[2024-05-06]. http://www.gov.cn/xinwen/2018-04/27/content_5286414.htm.

属性已经预设了政策执行模式，忽视了能动执行过程对政治属性的塑造、对复杂情境的调适。“这种思维定式无法解决执行中更具动态性和过程性的方面。”[①]事实上，政策的属性是内生于执行过程并不断为行为所建构和涌现的。

“煤改气”政策的综合性决定了其必然需要多种行政职权共同发挥作用，也决定了需要不同行政主体的参与和协作。在横向行政协调机制中，应当完善协调方式选择的规范依据、明确协调机构的设立程序和协调机制的议事规则、完善对协调决议执行的保障机制；在纵向层面，行政部门未来出台政策时应首先考量政策目标与可支配资源的匹配情况，并在事前进行更为完备的政策总体设计和宏观规划。作为发展中大国，制定和出台政策更应注意兼顾全局、注重协调，注重政策设计的细节，以及内部行政安排对政策外部效果的传导作用。政策执行目标和资源应当适配，政策执行者应当有效协调，使得公共政策发挥应有效果，以更好解决公共问题，促进公共利益。

① Schofield J. A model of learned implementation[J]. Public Administration, 2004, 82(2): 283-308.

附录

表附录3-1 晋冀鲁豫煤改气工程完成情况

省份	京津冀秋冬大气污染治理攻坚计划(万户)	实际完成量(万户)	是否超标或达标
河北	180	249.04	超标
山东	35	81.65	超标
河南	42	缺失	缺失
山西	39	94.18	超标

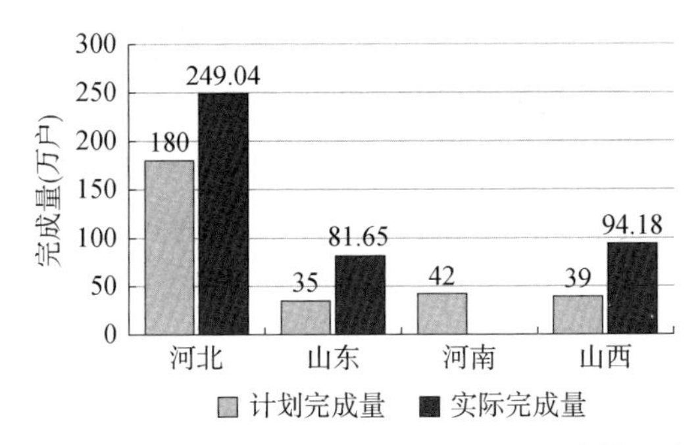

图附录3-1 京津冀秋冬大气污染治理攻坚计划完成量和实际完成量

表附录3-2 山西省煤改气工程完成情况

地级市	京津冀秋冬大气污染治理攻坚计划(万户)	市计划(万户)	实际完成量(万户)	是否达到攻坚计划标准	是否达到市计划标准
太原(2+26)	11.20	11.20	13.40	超标	超标
阳泉(2+26)	5.60	5.80	4.60	未达标	未达标
长治(2+26)	8.90	11.80	11.80	超标	达标

(续表)

地级市	京津冀秋冬大气污染治理攻坚计划(万户)	市计划(万户)	实际完成量(万户)	是否达到攻坚计划标准	是否达到市计划标准
晋城(2+26)	7.40	11.10	10.00	超标	未达标
晋中	—	10.00	11.10	—	超标
临汾	—	19.08	10.00	—	未达标
大同	—	5.30	5.30	—	达标
朔州	—	5.00	5.50	—	超标
忻州	—	5.90	5.93	—	超标
吕梁	—	10.00	10.20	—	超标
运城	—	6.28	6.38	—	超标
合计	39	101.42	94.18	超标	未达标

注:“—”表示数据缺失

表附录 3-3　山东省煤改气工程完成情况

地级市	京津冀秋冬大气污染治理攻坚计划(万户)	市计划(万户)	实际完成量(万户)	是否达到攻坚计划标准	是否达到市计划标准
济南(2+26)	5.30	5.30	11.00	超标	超标
菏泽(2+26)	10.00	10.00	10.35	超标	超标
聊城(2+26)	5.40	5.40	9.80	超标	超标
济宁(2+26)	5.00	6.00	6.00	超标	超标
淄博(2+26)	5.00	11.15	11.30	超标	超标
德州(2+26)	5.00	6.41	6.70	超标	超标

(续表)

地级市	京津冀秋冬大气污染治理攻坚计划(万户)	市计划(万户)	实际完成量(万户)	是否达到攻坚计划标准	是否达到市计划标准
滨州(2+26)	5.50	6.00	11.50	超标	超标
东营	—	5.00	—	—	—
烟台	—	5.00	5.00	—	达标
青岛	—	—	8.00	—	—
日照	—	—	2.00	—	—
合计	35.00	60.26	81.65	超标	未达标

注:"—"表示数据缺失。

第 4 章
命令与控制手段

从既有研究来看,以中国为代表的广大发展中国家的环保部门主要依靠两种政策手段:命令与控制(control-and-command, CAC)政策,以及在较小程度上基于市场的政策(market-based policy, MBP)。CAC政策,如排放标准和技术标准,要求污染者减少污染排放。相比之下,MBP政策则是为减排提供经济激励,主要类型是排污收费或环境税、排放权交易(可在污染者之间交易的排放配额)。本章主要讨论CAC政策。CAC政策和大多数MBP政策的一个突出特点是,它们依赖环境监管行为,监管者必须检查遵守情况并制裁违规者。

自20世纪80年代以来,中国始终致力于逐步完善环境法律体系,严格执法程序,加大执法力度,保证环境法律法规的有效实施。根据国务院新闻办公室的披露,环境保护法律法规体系是以《宪法》为基础,以《环境保护法》为主体的环境法律体系,并可以进一步分为环境保护专门法以及与环境保护相关的资源法、环境保护行政法规、环境保护行政规章、环境保护地方性法规、环境标准[①]等部分,并专门

① 环境标准是中国环境法律体系的一个重要组成部分,包括环境质量标准、污染物排放标准、环境基础标准、样品标准和方法标准。环境质量标准、污染物排放标准分为国家标准和地方标准。到1995年底,中国颁布了364项各类国家环境标准。中国法律规定,环境质量标准和污染物排放标准属于强制性标准,违反强制性环境标准,必须承担相应的法律责任。

设有全国人民代表大会环境与资源保护委员会及部分地方人民代表大会的相应机构、国务院环境保护委员会和地方环境保护委员会,以及国家地方环境保护行政主管部门、各级政府的综合部门、资源管理部门和工业部门(如图 4-1 所示)进行环境保护的法规制定、监督与施行。

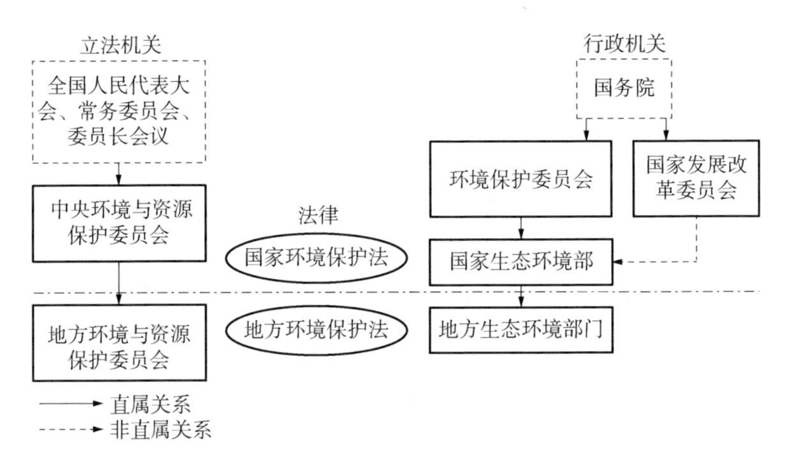

图 4-1 中国环境治理的政府架构

(资料来源:作者自制)

在保护制度方面,从环保工作方针,到八项环境管理制度,再到生态环境指标成为经济社会发展的约束性指标,中国生态环境的保护制度逐步完善。党的十八大以来,生态文明顶层设计和制度体系建设推进,生态环境损害责任追究、排污许可、河湖长制、禁止洋垃圾入境等制度出台实施,进一步从末端治理到以“筛、评、控”为主线的环境风险防控思路,提出覆盖源头、过程、末端环节的全过程治理举措的全过程治理,有效提升中国生态环境治理水平。中国还基本形成了以《环境保护法》为龙头的法律法规体系。党的十八大以来,全国人大及其常委会和国务院及相关部委先后制订、修订 9 部生态环境法律和 20 余部行政法规,如 2015 年开始实施的新《环境保护法》。

中国还积极开展环保执法督查活动，包括但不限于，第一轮中央生态环境保护督察及“回头看”、第二轮第一批督察等执法督查活动等。

然而，值得注意的是，发展中国家普遍面临书面立法不足，抑或执行片面，监管机构薄弱（如人员和资金不足），执法不严，公共污染控制设施（如废水处理厂）缺乏，以及大量难以监测的小型公司和非正式组织的存在。[①] 类似地，中国环境保护的监管监测和执法实际上受到诸多客观因素的阻力，此亦是以下需要对中国在生态环境保护制度、机构体制、执法督察上的建设与落实进行回顾，并理解环境保护关键治理工具逻辑的重要原因。

4.1 末端治理

4.1.1 定义及理论依据

末端治理这一概念由马丁·耶内克（Martin Janicke）提出。其曾指出，一般来说，应对环境污染和生态破坏有四种可能的思路：修复补偿、末端治理、生态现代化和结构性改革（如表 4-1 所示）。前两者是一种被动回应方法，最大问题是成本太高，无论是生态环境破坏后的修复还是环境污染物产生后的处置，都需要耗费大量的物质财富和经济成本，这已经为 20 世纪五六十年代的欧洲环境污染与治理实践所证实。最后一种虽然是预防性的，但公众对于结构性改变所带来的不确定性（比如对物质生活水平的影响）有一种强烈的抵触，很难给予足够的政治支持。相比之下，生态现代化理念有着

① Eskeland G S, Jimenez E. Policy instruments for pollution control in developing countries[J]. The World Bank Research Observer, 1992, 7(2): 145-169; Russell C, Vaughan W. The choice of pollution control policy instruments in developing countries: arguments, evidence and suggestions[J]. International Yearbook of Environmental and Resource Economics, 2003, 7: 331-373.

自己的优越性：可以通过政策推动的技术革新和现有的成熟市场机制，实现减少原材料投入和能源消耗，从而达到改善环境的目的。也就是说，一种前瞻性的环境友好政策可以通过市场机制和技术革新促进工业生产率的提高和经济结构的升级，并取得经济发展和环境改善的双赢结果。因此可以说，技术革新、市场机制、环境政策和预防性原则是生态现代化的四个核心要素，而环境政策的制定与执行能力是其中的关键。

表 4-1　环境政策理论模式与对应案例

<table>
<tr><th colspan="3">补救战略</th><th colspan="2">预防战略</th></tr>
<tr><td colspan="2">修复补偿-针对损害</td><td>末端治理：被动清洁技术</td><td>生态现代化：主动清洁技术/更环保</td><td>结构性改革：减少污染较大的工业/相关活动</td></tr>
<tr><td rowspan="3">案例</td><td>噪声赔付</td><td>被动隔音降噪</td><td>低噪声机动车</td><td>替代交通模式，降低交通量</td></tr>
<tr><td>森林损害修复</td><td>发电燃煤排废脱硫</td><td>更加清洁的天然能源</td><td>降低能源密集型产业及其消费</td></tr>
<tr><td>工业排废损害的应对措施</td><td>废物焚化</td><td>循化利用</td><td>减少“三高”生产部门</td></tr>
</table>

资料来源：Jänicke M, Jacob K. Ecological modernisation and the creation of lead markets [M]//Weber M, Hemmelskamp J. Towards environmental innovation systems. Berlin, Heidelberg: Springer Berlin Heidelberg, 2005: 175-193.

4.1.2　产生背景

早期，末端治理模式的理论依据主要是庇古的“外部效应内部化”，认为可通过征收庇古税来达到减少污染排放的目的。① 后来，科斯定理认为：在产权明晰的前提下，环境污染问题可以通过谈判的方式解决，并且可以达到帕累托最优。环境库兹涅茨曲线理论则指出，

① 沈满洪.庇古税的效应分析[J].浙江社会科学，1999(4)：22—27.

环境污染与人均国民收入的关系达到某一程度时，环境问题会迎刃而解。这些也成为末端治理的理论基础。

这些理论为环境经济学家提出“污染者付费原则”提供了理论保障，它们曾经为遏制环境污染的迅速扩大发挥了历史性作用。但末端治理理论无法搭起对资源短缺乃至资源枯竭这一现实的分析框架。末端治理的不足之处主要表现为：治理技术难度大，治理成本较高，很难平衡经济、社会和环境效益之间的关系，难以调动企业积极性；能源与资源不能有效利用，一些可以回收利用的原材料变成“三废”，产生资源浪费与环境污染；污染物排放标准中只注意浓度控制而忽视总量控制，在废物排放量大的情况下，很容易造成实际污染排放量超出环境承载能力的情况。

进入工业化中后期，环境污染成为阻碍经济发展的一个主要因素。在经历了马斯河谷烟雾事件、伦敦烟雾事件、洛杉矶光化学烟雾事件、日本水俣病事件等一系列公害后，人类终因严酷的事实而警醒，开始全面反省对自然的态度，认识到保护环境的重要性，并不断研究治理环境污染的技术和设备，这些活动为人类控制环境污染提供了可能性。从 20 世纪 60 年代开始，发达国家普遍采用末端治理的方法进行污染防治，涵盖了包括水资源、环境审计等诸多领域，并为此投入了大量人力和物力。这种模式虽然有一定的成效，但究其根本，仍是“先污染，后治理”，即在生产链终点或者是在废弃物排放到自然界之前，对其进行一系列的物理、化学或生物处理，以最大限度地降低污染物对自然界的危害。

传统的工业增长模式是把资源持续不断地变成废弃物，忽视了工业结构内部各产业之间的有机联系和共生关系，忽视了工业生产系统和自然生态系统间的物质、能源和信息的传递、迁移、循环等规律，致使资源枯竭和生态恶化。人类首先想到了减少工业污染物的释放和减低污染物对环境的危害程度。凡排放物不能达到容许排放标准的,则不允许排放,或者交付一定的罚款,这就产生了末端治理模式。

4.1.3 存在问题

末端治理模式的宗旨是对生产过程中已经产生的污染物进行处理,因此属于一种被动的、消极的处理模式,虽然对遏制工业污染的迅速扩展发挥了历史性的作用,但从总体上看,这种着眼于污染物达标排放的治理模式存在以下不足。

(1) 末端治理中高成本的问题,影响企业的经济效益和竞争力,以至于企业缺乏治理污染的积极性。

(2) 污染控制与生产过程不能有机结合,一些原本可以被回收利用的排放物被作为"三废"处理或者排放,造成资源的浪费。

(3) "三废"处理技术的局限性,治理难度大,不能完全从根本上消除污染,而只是污染物在不同介质中转移,具有造成再污染的风险。

(4) 末端治理措施大多数停留在企业生产过程的层面,不能将污染问题置于更宏观的层面上进行解决。

(5) 政府行政监督管理的成本过高。

面对人类赖以生存和发展的各种资源逐渐从稀缺走向枯竭的现实,人类不得不进行反思,在理论上探索能够解决困境的途径,走出末端治理的范式。与末端治理相对的是清洁生产,清洁生产旨在引起研究开发者、生产者、消费者,也就是全社会对于工业产品生产及使用全过程对环境影响的关注,使污染物产生量、排放量和治理量达到最小。因此,这也是在特定领域内清洁技术成熟后转向的必经之路。

4.1.4　中国的末端治理

在污染物末端治理技术的评价方面，发达国家主要基于“最佳可行技术”(best available technique, BAT)开展。自 1996 年以来，欧盟制定了基于 BAT 的政策来控制工业排放，开展了广泛的 BAT 评价工作，并出版了《经济与多种环境介质的影响参考文件》，辅助人们按照欧盟《综合污染预防与控制第 96/61/EC 号指令》来确定 BAT。美国是在 1972 年《清洁水法》和 1970 年《清洁空气法》框架下施行分介质管理，制定基于技术的排放标准是其工业污染控制体系最为突出的特点。实施有毒污染物、常规污染物和非常规污染物三类污染物排放控制。工业点源的污染物排放标准分为“直接排放”和“间接排放”。三类污染物分类控制。欧美针对污染物末端治理方面构建的指标体系主要涉及以下几项指标：技术资源、能源消耗，污染排放指标、环境影响、经济成本指标等。欧盟重视环境效应指标，对各种类别的环境效应进行量化。而美国更重视排放标准的成本效益分析，如排放标准可能导致的技术改造费用、不达标企业关闭带来的经济和社会影响等方面。

随着环境污染防治技术的不断进步，中国环境保护工作者也摸索建立了多种环境污染防治技术评估方法，主要是根据污染防治的类别，如水污染防治、大气污染治理分别构建相应的技术评估指标体系，研究多集中某一行业污染防治技术方面，而对整个工业污染防治技术的评估指标体系研究较少。目前公开文件中，中国环境保护部门在 2002 年首次针对燃煤 SO_2 排放污染防治技术政策发布末端治理指导意见，就提高煤炭质量、高效低污染燃烧提出采用“末端治理”的指导意见，强调要进行末端治理的综合防治，而非仅停留于末端治理。在 2010—2012 年，中国环境保护部门还相继出台了《电解锰行业污染防治技术政策》《畜禽养殖业污染防治技术政策》《石油天然气开采业污染防治技术政策》《制药工业污染防治技术政策》等一系列技术政策,对如何开展高效末端综合治理提出指导意见(如表4-2所示),有意识去克服20世纪各发达国家在末端治理中所出现的单一化、片面化问题。

表4-2 末端治理的相关技术政策和行动方案

时间	文件	末端治理相关内容
2002-01-30	《燃煤 SO_2 排放污染防治技术政策》(环发〔2002〕26号)	本技术政策的总原则是:推行节约并合理使用能源、提高煤炭质量、高效低污染燃烧以及末端治理相结合的综合防治措施
2010-12-30	《电解锰行业污染防治技术政策》(环发〔2010〕150号)	电解锰企业应采用原辅料源头控污、主要工艺环节过程减排、锰渣、废水末端循环和治理相结合的全过程清洁生产技术……推行以节能减排为核心,以污染预防为重点,以工艺清洁化、设备密闭化、操作机械化、计量精准化、水循环利用和水平衡等为特征的污染综合防治技术路线
2010-12-30	《畜禽养殖业污染防治技术政策》(环发〔2010〕151号)	注重在养殖过程中降低资源耗损和污染负荷,实现源头减排;提高末端治理效率,实现稳定达标排放和"近零排放"
2012-03-07	《石油天然气开采业污染防治技术政策》(环境保护部公告2012年第18号)	石油天然气开采要坚持油气开发与环境保护并举,油气田整体开发与优化布局相结合,污染防治与生态保护并重。大力推行清洁生产,发展循环经济,强化末端治理,注重环境风险防范,因地制宜进行生态恢复与建设,实现绿色发展
2012-03-07	《制药工业污染防治技术政策》(环境保护部公告2012年第18号)	制药工业污染防治应遵循清洁生产与末端治理相结合、综合利用与无害化处置相结合的原则
2013-05-24	《硫酸工业污染防治技术政策》(环境保护部公告2012年第31号)	硫酸企业污染防治采用原料源头控污、全过程污染控制的清洁生产工艺,遵循清洁生产和末端治理相结合的原则,推行"源头削减、过程控制、余热回收利用、废物资源化利用、防止二次污染"的技术路线

（续表）

时间	文件	末端治理相关内容
2013-05-24	《挥发性有机物（VOCs）污染防治技术政策》（环境保护部公告 2012 年第 31 号）	VOCs 污染防治应遵循源头和过程控制与末端治理相结合的综合防治原则。在工业生产中采用清洁生产技术……
2016-12-06	《国务院关于印发“十三五”生态环境保护规划的通知》（国发〔2016〕65 号）	重点针对大气、水、土壤等问题，形成源头预防、末端治理和生态环境修复的成套技术
2022-05-24	《国务院办公厅关于印发新污染物治理行动方案的通知》（国办发〔2022〕15 号）	通过“源头防范＋过程控制＋末端治理”的管控措施组合拳，充分发挥生态环境保护的引领、优化作用，推动化工及相关产业结构和布局调整，提升重点行业企业清洁生产改造和绿色制造水平……对于经“筛、评”确定的重点管控对象，实施以源头淘汰限制为主、兼顾过程减排和末端治理的全过程综合管控措施

资料来源：中华人民共和国生态环境部。

自 2007 年发布《国家环境技术管理体系建设规划》（环发〔2007〕150 号）后，中国开始建立污染防治技术管理体系，以行业环境污染防治技术评估制度为基础，以技术政策、BAT 指南和工程规范等技术指导文件为核心，为环境管理目标的设定以及环境管理制度的实施提供了技术支持。目前相关部门陆续发布了钢铁、造纸、禽畜、农村、污泥、电镀等 30 余项 BAT，但目前中国对于污染物末端治理技术的系统评价仍任重道远。① 从实践角度来看，末端治理虽然长期存在，但近年来在众多领域，综合治理亦逐渐得到重视，如中国生态环境部提到，2013 年以来，北京市实施清洁空气行动计划，大气污染治

① 张笛，曹宏斌，赵赫，等. 工业污染控制发展历程及趋势分析[J]. 环境工程，2022，40(1)：1—7，206.

理对策逐渐从末端治理转向全过程管控,也是标志着中国环境保护实践政策上一大重要转向。[①]

当然,中国末端治理亦根据实际国情含义有所延伸,在"行政发包制"语境下,在各省、市、县地方政府的治理话语中,末端治理亦指市、县、基层地方政府所对口负责的污染治理,其制度内涵亦得到进一步丰富和延伸,其制度激励措施包括但不限于与行政绩效挂钩,设立河长、河段长等方式。在近年来开展的一系列污染整治专项行动计划中,"末端治理"一词亦被广泛提及。

4.2 "两控区"治理

4.2.1 酸雨问题

"两控区"是中国命令与控制政策手段中非常典型的区域性环境治理政策。两控区(SO_2 and acid rain control zone)是酸雨控制区和SO_2控制区的简称。根据《大气污染防治法》的规定,已经产生、可能产生酸雨的地区或者其他SO_2污染严重的地区,应当划定为酸雨控制区或者SO_2污染控制区,以城市为基本控制单元,即"两控区"。一般来说,降雨pH值$\leqslant 4.5$的,可以划定为酸雨控制区;近三年来环境空气SO_2年平均浓度超过国家二级标准的,可以划定为SO_2污染控制区。

判断某个地区受酸雨污染的程度,会有一些相应的指标,酸雨率就是其中一个。对于一个地区而言,一年之内可降若干次雨,有的是酸雨,有的不是酸雨,因此一般称某地区的酸雨率为该地区酸雨次数

① 中华人民共和国生态环境部.美丽中国先锋榜(26)|综合施策 全面治理 坚决打赢首都蓝天保卫战——北京2013—2018年大气污染治理历程[EB/OL].(2019-09-24)[2023-05-22]. https://www.mee.gov.cn/xxgk2018/xxgk/xxgk15/201909/t20190924_735251.html.

除以降雨的总次数。其最低值为 0%，最高值为 100%。如果有降雪，当以降雨视之。有时，一个降雨过程可能持续几天，所以酸雨率应以一个降水全过程为单位，即酸雨率为一年出现酸雨的降水过程次数除以全年降水过程的总次数。

酸雨控制区应包括酸雨污染最严重地区及其周边 SO_2 排放量较大地区。降水 pH 值≤4.9 时，将会对森林、农作物和材料产生损害。发达国家多将降水 pH 值≤4.6 作为确定受控对象的指标。在中国酸雨污染较严重的区域内，包含一些经济落后的贫困地区，这些地区目前还不具备严格控制 SO_2 排放的条件。基于上述考虑，并结合中国社会发展水平和经济承受能力，中国确定酸雨控制区的划分基本条件为（国家级贫困县暂不划入酸雨控制区）：一是现状监测降水 pH 值≤4.5；二是硫沉降超过临界负荷；三是 SO_2 排放量较大的区域。

在酸雨形势日益严峻的 20 世纪 80 年代到 21 世纪初，为了深化对于大气污染的了解和问题治理，中国开展了一系列酸雨和大气治理的攻关研究，从而推动了“两控区”的出台和扩大以及此后治理模式的升级（如表 4-3 所示）。

表 4-3　中国酸雨污染防治研究发展历程

时间	防治研究工作
20 世纪 70 年代	中国科学院化学所开始开展酸雨监测工作
1982 年	国务院环境保护领导小组办公室将“西南地区酸雨问题研究”列为国家环保重点项目
1984 年	原国家计委拨专款进行“中国酸雨来源、影响和控制对策的研究”
“七五”期间	开展“七五”科技攻关研究；“七五”期间，“大气污染防治技术研究”首次列入国家科技攻关研究，内容包括型煤开发、高效除尘技术的研究、燃煤固硫新型沸腾炉技术开发、火电厂排烟脱硫技术研究和酸雨研究

(续表)

时间	防治研究工作
“八五”期间	国务院环委会通过《关于控制酸雨发展的意见》,提出在酸雨监测、酸雨科研攻关、SO_2 控制工程和征收 SO_2 排污费四个方面开展工作。开展“八五”科技攻关研究;原国家科委将“酸沉降及其影响和控制技术的研究”列为国家科技攻关项目,在全国及地方层面分别开展“中国酸沉降及其生态环境影响的研究”“沿海经济发展地区(青岛、厦门)酸沉降特征和防治”“重点地区(贵阳、柳州)酸沉降综合控制与技术示范研究”等技术研究
“九五”期间	“两控区”区划方案获国务院批准,明确了中国 SO_2 减排重点区域。其中,明确酸雨控制区包括 14 个省(自治区)、市,占国土面积的 8.4%;SO_2 污染控制区包括 61 个城市的市区及所辖污染严重的县,占国土面积的 3%。开展“九五”科技攻关研究;“九五”期间开展的科技攻关研究主要是 1996 年国家批准的重点科技攻关专项“燃煤烟气 SO_2 和汽车尾气污染控制关键技术与设备研究”,主要集中于中小锅炉实用脱硫除尘装备研究与产业化、燃煤电厂烟气脱硫技术研究、中国汽车尾气污染综合控制研究。科学研究为落实“两控区”目标、控制燃煤污染提供了强有力的技术支撑
“十五”期间	国家加大 SO_2 污染的控制力度,将“酸雨项目”列入国家 973 计划,第一次把“环境污染防治技术”列入国家 863 计划。开展“十五”科技攻关研究

资料来源:中华人民共和国生态环境部。

4.2.2 立法进程

中国 SO_2 污染主要集中于城市,污染的主要原因是局地大量的燃煤设施排放 SO_2 所致,受外来源影响较小,控制 SO_2 污染主要控制局部地区的 SO_2 排放源。因此《国务院关于环境保护若干问题的决定》和《国家环境保护“九五”计划和 2010 年远景目标》(国函〔1996〕72 号)提出了“两控区”分阶段的控制目标,即到 2010 年使酸雨和 SO_2 污染状况明显好转,具体为:“两控区”内 SO_2 排放量控制在 2000 年排放水平之内;“两控区”内所有城市环境空气 SO_2 浓度都达到国家环境质量标准；酸雨控制区降水 PH≤4.5 地区的面积明显减少。为实现“两控区”2010 年污染控制目标，在执行已有的环境管理法律、法规和政策的基础上（如表 4-4 所示），还进一步实施更有利于控制 SO_2 污染的政策与措施，加大“两控区”酸雨和 SO_2 污染防治力度。限产或关停高硫煤矿，加快发展动力煤洗选加工，降低城市燃料含硫量；淘汰高能耗、重污染的锅炉、窑炉及各类生产工艺和设备；控制火电厂 SO_2 排放，加快建设一批火电厂脱硫设施，新建、扩建和改建火电机组必须同步安装脱硫装置或采取其他脱硫措施。

表 4-4　中国“两控区”治理相关法律法规发展历程

时间	相关法律法规	具体内容
1987 年	《大气污染防治法》	对于大气污染防治具有历史意义，标志着中国大气污染治理进入有专法可依的阶段
1995 年	修订《大气污染防治法》	专门规定“国务院环境保护专管部门会同国务院有关部门，根据气象、地形、土壤等自然条件，可以对已经产生、可能产生酸雨的地区或者其他 SO_2 污染严重的地区，经国务院批准后，划定为酸雨控制区或者 SO_2 污染控制区”（两控区）
2000 年	再次修订《大气污染防治法》	针对 SO_2，规定了数项制度和措施。一是实施排污总量控制和许可证制度；二是依法划定“禁煤区”，限期改用清洁能源；三是限期关停小火电机组，提高经济与环境效益；四是划定大气污染重点城市；五是关闭非法和布局不合理煤矿。《大气污染防治法》为控制燃煤污染提供强有力法律支持
2013 年	《大气污染防治行动计划》（国发〔2013〕37 号）	首次提出将 $PM_{2.5}$ 作为重点改善因子，关注空气质量优良天数、细颗粒物和可吸入颗粒物三大重要指标
2014 年	《大气污染防治法（修订草案）》	将排放总量控制和排污许可由“两控区”扩展到全国，明确分配总量指标、发放排污许可证的原则和程序，对超总量和未完成达标任务的地区实行区域限批，并约谈主要负责人（第十四条、第十五条、第十六条）。推行区域大气污染联合防治，对颗粒物、SO_2、NO_x、挥发性有机物等大气污染物和温室气体实施协同控制

（续表）

时间	相关法律法规	具体内容
2018 年	《打赢蓝天保卫战三年行动计划》（国发〔2018〕22 号）	随着大气污染防治工作不断深化，$PM_{2.5}$ 已成为影响环境空气质量的主要污染物。为此，国务院印发了《大气污染防治行动计划》和此文件，将 $PM_{2.5}$ 作为重点改善因子。因此，目前大气污染防治工作重点主要围绕控制 $PM_{2.5}$ 展开，不执行《酸雨控制区和 SO_2 污染控制区划分方案》的相关要求

资料来源：中华人民共和国生态环境部、全国人大代表大会。

4.2.3 政策演变

2012 年 9 月，国务院发布了《重点区域大气污染防治“十二五”规划》；2013 年 9 月，国务院颁布了《大气污染防治行动计划》。中国对大气污染防治工作从战略高度作出了顶层设计，空气质量管理形成四个重大战略性转变：一是控制目标由排放总量控制转变为关注排放总量与环境质量改善相协调；二是控制对象由主要关注燃煤污染物转变为多种污染物协同控制；三是控制方式由以工业点源为主转变为多种污染源的综合控制；四是管理模式从属地管理到区域联防联控管理。随着《大气污染防治行动计划》《中华人民共和国大气污染防治法（修订草案）》《打赢蓝天保卫战三年行动计划》的发布，“两控区”正式退出历史舞台（如表 4-5 所示），中国大气污染防治进入更为全面、系统、深入的综合治理阶段。

表 4-5　中国大气污染治理阶段划分

阶段划分	主要问题	相关文件
1970—1990 年（起步阶段）	中国大气污染防治控制的主要污染源为工业点源，主要控制的污染物是悬浮颗粒物，空气污染范围以局部为主。环境质量管理主要涉及排放浓度控制、消烟除尘、工业点源治理及属地管理	1973 年，发布第一个国家环境保护标准——《工业“三废”排放标准》，规定了一些大气污染物排放限值；1987 年，颁布了针对工业和燃煤污染防治的《大气污染防治法》

(续表)

阶段划分	主要问题	相关文件
1990—2000 年(第二阶段)	主要污染源为燃煤和工业生产,主要的污染物是 SO_2 和悬浮颗粒物,主要污染特征为煤烟尘、酸雨,空气污染范围从局部污染向局部和区域污染扩展	国务院将酸雨和 SO_2 污染控制纳入 1995 年修订的《大气污染防治法》。1998 年,国务院批复了酸雨控制区和 SO_2 污染控制区(简称"两控区")划分方案,并提出"两控区"酸雨和 SO_2 污染控制目标。2000 年,"两控区"实行 SO_2 排放总量控制
2000—2010 年(第三阶段)	中国大气污染控制取得重大进展的一个阶段。空气污染问题主要是煤烟尘、酸雨、PM_{10} 和光化学污染,大气污染的区域性复合型特征初步显现	2000 年修订《大气污染防治法》,增列了两控区 SO_2 排放总量控制、机动车排放污染物控制及扬尘污染控制;SO_2 排放总量控制范围扩大到全国,并列入"十一五"国家约束性总量控制指标;还修订了《火电厂大气污染物排放标准》和《锅炉大气污染物排放标准》,排放标准更加严格;在全国范围内持续推进机动车污染物排放标准的升级;实施了区域联防联控机制。不仅对燃煤、工业、扬尘污染提出了控制要求,同时将机动车的污染控制纳入了议程,将 SO_2、NO_x、PM_{10} 列为主要控制对象
2010 年—至今(第四阶段)	主要大气污染物排放量巨大,除了 SO_2 在"十一五"期间有所减少,其他污染物排放量都呈增加趋势;区域性、复合型大气污染特征凸显	"十二五"规划把 NO_x 和 SO_2 排放总量纳入约束性指标。同时,以环境标准优化产业升级,继续严格制定了各个行业的污染物排放限值。2011 年再一次修订了燃煤电厂的排放标准,强化空气质量管理,推动、引领产业发展和科技进步。2012 年颁布了环境空气质量新标准 GB 3095—2012,将 $PM_{2.5}$ 浓度限值纳入空气质量标准,并对多种空气污染物的浓度限值作了修订

资料来源:《大气污染控制工程》,笔者整理自制。

4.2.4 治理效果

“两控区”政策的出台有助于在环境治理意识尚不足够清晰的情况下，将环境保护整合入官员内在偏好，对两控区内的大气污染酸雨治理有积极影响。但与此同时，“两控区”的设立虽在一定程度上抑制了中国 SO_2 污染排放迅猛增长的势头，但并未帮助各地达成污染减排的目标。据原环保部统计，“十五”计划中 SO_2 污染减排的预定目标与实际排放情况存在很大的差距，在 27 个省（市、自治区）中，仅有北京、天津、重庆和贵州削减了 SO_2 排放，而其他 23 个省（市、自治区）的排放量不仅没有下降，而且出现了较大幅度的增长，其中，有 9 个省的预期与实际减排率差值竟然超过 100 个百分点。当然，不能据此认定“两控区”政策对于 SO_2 污染减排完全不起作用。从图 4-2 中可以看出，在该政策开始实施的“十五”计划第一年（2001 年）及“十一五”计划第一年（2006 年），“两控区”内工业 SO_2 排放量分别大幅度下降了近 170 万吨和 80 万吨，说明“两控区”政策在区内减排方面起到了一定的作用。不过，“十五”计划减排任务最终未能完成，至少说明当初在设定减排目标时没有充分考虑到相关因素变化的影响，主要表现在两个方面。一是 2003 年以来中国的宏观经济经历了一波快速扩张，多数沿海省市出现用电紧张，引发了燃煤电厂的建设高峰，并导致 SO_2 排放大增。因此，尽管“两控区”政策帮助各城市削减了更多的 SO_2，但由于总排放量的大幅度提升，导致减排成果无法在排放量统计中体现出来。二是各省均有城市在“两控区”外，区外排放增加对总排放增加的贡献不可忽视。2002 年后新建燃煤电厂大多建于“两控区”外，以规避国家对“两控区”内相关企业的严格控制。从图 4-2 中可以看出，区外排放上升势头不亚于区内，2002—2006 年区外 SO_2 的增加幅度达到 358 万吨，高于区内的 315 万吨。即便仅比较“十五”计划期间区内外排放增加的幅度，后者的 331 万吨也比前者的 225 万吨多出了 100 多万吨。

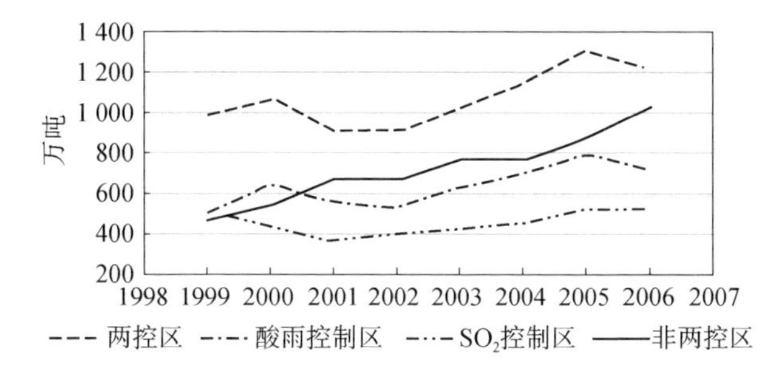

图 4-2　1999—2006 年“两控区”内与区外排放量统计

（数据来源：原环境保护部 2000—2006 年《环境统计年报》）

4.3　约束型指标

4.3.1　指标导向的环境政策

指标在中国经历了一个较长时段的发展和演变过程，在不同时期分别着重体现为政治指标、经济指标和约束性指标。这种指标类型的演变事实上折射出中国社会经济发展的几次重要转向。计划经济时期，指标分配和管理也成为涉及国家经济社会方方面面的一种管理模式。改革开放后，在强调以经济建设为中心的发展基调下，政绩考核与党管干部制度结合，以 GDP 为衡量标准的经济增长成为政绩考核的核心指标，这种发展型地方政府也成为推动中国经济增长奇迹的重要引擎。而伴随着对单一发展理念的反思，以“十一五”规划为分水岭，指标考核体系首次被划分为预期性指标和约束性指标两个维度，并在其中着重强调了体现政府公共服务职能的约束性指标的重要性，指标治理作为一种治理机制被运用到了包括社会管理、公共服务在内的更加广泛的现代社会治理领域。

约束性指标和预期性指标进入国家治理的指标体系是在“十一五”期间。“十一五”规划首次将量化指标划分为预期性指标和约束性指标两类。在规划的全部22个指标中有14个预期性指标、8个约束性指标。预期性指标是中央对地方政府预期将达到的经济社会发展目标的一种设定和规划;约束性指标则主要用于对政府责任的约束和考核,是中央政府在公共服务和涉及公众利益的一些领域对地方政府和中央政府的有关部门提出的工作要求。在两种指标的实现方式上,“十一五”规划强调:预期性指标主要是针对经济增长和经济结构调整等方面设定的一些目标,这些目标主要在政府宏观调配资源的前提下通过市场主体的自主行为实现,因此预期性指标一般不设定硬性指标;约束性目标则需要政府通过合理配置公共资源和有效运用行政力量实现,这些指标多为刚性的指标,凸显了政府社会管理和公共服务职能的强化。

这样,中央和地方之间建立起两种并行的激励方式:一个是“鞭子”,即预期性指标;另一个是“缰绳”,即约束性指标。中央既用经济表现等预期性指标来对地方进行激励,又用其他约束性指标来约束地方,必要时重启政治控制的手段,为新政策的出台、贯彻和实施保驾护航。约束性指标被视作政府对社会的承诺,约束的对象不是企业,而是各级政府,特别是政府在提供公共服务、保护和使用土地等方面的行为。[①]

4.3.2 政策演变

“十一五”规划纲要在第三章共有22个指标。这22个指标中,

① 黄晗,燕继荣.从政治指标到约束性指标:指标治理的变迁与问题[J].天津行政学院学报,2018,20(6):9.

反映经济增长的只有 2 个，反映经济结构的有 4 个，反映人口、资源、环境的有 8 个，反映公共服务和人民生活的有 8 个。指标设计充分体现了以人为本和“五个统筹”的要求。“十一五”规划纲要还特别强调了能源消耗和减排指标。只有既考虑产出，又考虑投入，才能综合地看出一个国家经济增长的质量和效益。①

“十一五”规划纲要把指标分为预期性和约束性是历次规划中的首次。所谓预期性指标，就是国家期望的发展目标，主要依靠市场主体的自主行为来实现。这就要求政府创造一个好的宏观环境、制度环境和市场环境，使市场配置资源的基础性作用能够发挥得更好。约束性指标，就是在预期性指标基础上，强化了政府必须履行的职责，是政府必须实现、必须完成的指标。②

这种区分可以更好地体现社会主义市场经济条件下规划的定位，有利于分清政府和市场的职责，有利于强化政府在公共服务和涉及公共利益领域需要履行的职责，有利于规划的可操作性，也有利于建立符合科学发展观要求的绩效考核和政绩考核体系。对政府必须履行职责的领域，比如说能源消耗要降低、污染排放要减少、耕地保有量不能突破、社会保障覆盖率要提高等属于政府职责的硬指标，必须进行考核，这样做可以避免盲目地追求 GDP，简单地追求增长速度。

4.3.3　治理效果

但实际上，约束性指标特别是环境保护指标在初期落实上还较

① 中华人民共和国中央人民政府. 中国的环境保护（1996—2005）[EB/OL].（2006-06-05）[2024-04-26]. https://www.gov.cn/zwgk/2006-06/05/content_300288.htm.

② 同上。

为有限，存在缺位忽视等一系列客观问题。从以往的经验看，由于受财政动机、扩大就业以及突出政绩等因素的影响，容易出现过分强调本地利益，违背科学发展观的倾向。为确保经济发展和能源资源节约环境保护既定目标的实现，有必要将这些约束型考核指标分解到各个地区。而在指标制定以及分解过程中，则应根据各地区的资源环境承受能力。经济发展潜力以及它们在全国的功能定位，实行区别对待。按照优化开发、重点开发、限制开发和禁止开发的不同要求，明确不同区域的功能定位。

从指标执行情况来看，环境保护类约束性指标的落实情况是在不断改善的。在2008年"十一五"规划实施中期情况的报告中，尚且存在标准化、操作化和数据收集不足的问题，"《纲要》确定的22个主要指标大多数达到了预期进度要求。14个预期性指标中，反映经济增长和改善民生的10个指标完成情况达到或超过预期，……8个约束性指标中，除森林覆盖率指标因缺乏年度数据难以准确评估、节能减排2个指标进展相对滞后外，其余5个指标均好于规划要求"①。在2013年"十二五"规划实施中期情况的报告中，问题则主要集中于落实不足的问题上，数据收集的问题得到一定解决，但"受经济增长速度超过预期、产业结构优化升级较慢、能源结构优化调整进展不快、部分企业减排力度不够等因素影响，能源消费强度、二氧化碳排放强度、能源消费结构、氮氧化物排放量等4个节能环保方面的约束性指标实现进度滞后"②。而在《〈中华人民共和国

① 张华杰.十一届全国人大常委会第六次会议举行第二次全体会议[EB/OL].(2008-12-24)[2024-04-26].https://www.cnr.cn/2008tf/rdcwh/zxbd/200812/t20081224_505186206.html.

② 余晓洁，赵超."十二五"规划纲要实施总体顺利　多数指标达预期[EB/OL].(2013-12-26)[2024-08-20].https://www.gov.cn/jrzg/2013-12/26/content_2554473.htm.

国民经济和社会发展第十三个五年规划纲要〉实施总结评估报告》中，措辞则变成了“深入实施污染防治行动计划，生态环境质量明显改善，资源环境可持续发展能力不断增强，节能减排进展明显，资源能源利用效率显著提升，生态文明建设成效之大前所未有”[①]，具体落实情况大为改善。

从指标制定情况来看（详见表 4-6），从“十一五”到“十四五”的环境保护类约束性指标更加可操作化、系统化，更具有针对性和现实意义，将具体问题融入指标和官员政绩考核，助力环境问题的解决。值得注意的是，虽然“十四五”的指标似乎将“生态环境”指标转向“绿色生态”指标并且有所减少，实际却是因为单位 GDP 用水量下降、非化石能源占能源消费总量比重下降、主要污染物排放总量下降、地级及以上城市细颗粒物（$PM_{2.5}$）浓度下降、严守 18 亿亩耕地红线（原耕地保有量）作为 5 个章节指标分散在具体章节中，进一步增强了绿色中国建设的系统性全局性和可持续性，全方位推进绿色中国建设。

表 4-6　“十一五”到“十四五”的环境保护类约束性指标发展历程

<table>
<tr><th>“十一五”人口资源环境约束性指标</th><th>“十二五”资源环境约束性指标</th><th>“十三五”生态环境约束性指标</th><th>“十四五”绿色生态约束性指标</th></tr>
<tr><td colspan="4">单位国内生产总值能源消耗降低</td></tr>
<tr><td></td><td colspan="3">单位国内生产总值 CO_2 排放降低</td></tr>
<tr><td rowspan="2">单位工业增加值用水量降低</td><td>单位工业增加值用水量降低</td><td rowspan="2">万元 GDP 用水量下降</td><td rowspan="2">单位 GDP 用水量下降</td></tr>
<tr><td>农业灌溉用水有效利用系数</td></tr>
<tr><td>耕地保有量下降</td><td colspan="3">耕地保有量保持</td></tr>
</table>

① 中华人民共和国国家发展和改革委员会．“十三五”规划实施总结评估报告-生态环境篇[EB/OL]．(2021-07-28)[2024-08-20]．https://www.ndrc.gov.cn/xxgk/jd/wsdwhfz/202107/t20210728_1291933.html.

（续表）

“十一五”人口资源环境约束性指标	“十二五”资源环境约束性指标	“十三五”生态环境约束性指标	“十四五”绿色生态约束性指标
主要污染物排放总量减少	主要污染物排放总量减少-COD		
	主要污染物排放总量减少-SO_2		
	主要污染物排放总量减少-氨氮		
	主要污染物排放总量减少-NO_x		
		空气质量-地级及以上城市空气质量优良天数比例	
		空气质量-细颗粒物 $PM_{2.5}$ 未达标地级市及以上城市浓度下降	
森林覆盖率上升	森林增长-森林覆盖率	森林发展-森林覆盖率	森林发展-森林覆盖率
	森林增长-森林蓄积量	森林发展-森林蓄积量	—
	非化石能源占一次能源消费比重	非化石能源占一次能源消费比重	非化石能源占一次能源消费比重
		新增建设用地规模低于（万亩）	
		地表水质量-达到或好于Ⅲ类水体比例	
		地表水质量-劣Ⅴ类水体比例	

资料来源：国务院；笔者整理自制。

国家发改委经济司负责人吴萨还援引自己参与政策制定的经验称，中国政府早在多年以前就已开始对节能减排和碳排放问题的关注、思考与行动，并研究和制定了相关的政策。以国家五年规划为例，吴萨详解称，“十一五”（2006—2010 年）规划第一次提出约束性指标概念，其中一个指标就是万元 GDP 单位能耗；“十二五”规划除了延续万元 GDP 能耗指标外，又提出了万元 GDP CO_2 排放的减排指标。“十三五”和“十四五”规划，也依旧保留了上述两个指标。吴萨预测，在政府支持、社会关注、各方要素集聚的背景下，“双碳”相关政策和实践一定会加速。①

4.4　中央环保督察

自从 1979 年颁布《环境保护法（试行）》以来，经过 40 余年的发展，中国已经初步形成了“硬法”“软法”相结合的环保法制体系，虽然已经取得了一定的成就，但是仍然面临环境执法效率不足等巨大挑战。为了进一步推动地方政府对环境保护制度的执行，中央环保督察制度应运而生。2015 年建立的中央生态环境保护督察制度，是中国环境治理领域的一项重大制度创新。

4.4.1　中央环保督察制度的产生机制

随着中国环保制度的运作，环保督察制度出现（如图 4-3 所示）。“八五”期间（1991—1995 年），中央政府首次对全国环境执法情况进

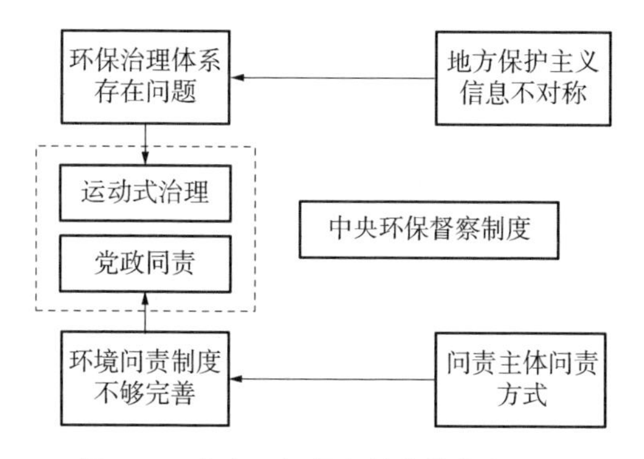

图 4-3　中央环保督察制度的产生机制

① 罗国平. 国家发改委经济所吴萨：“双碳”理念将融入政府决策程序（附视频）[EB/OL].（2021-11-13）[2023-05-22]. https://topics.caixin.com/2021-11-13/101804730.html.

行检查,然而由于缺乏激励和监督机制,地方政府未能很好地响应中央的战略部署。“九五”期间(1996—2000年),中央政府对环境污染实行了自上而下的治理。但彼时环保问责机制并不完善,导致治理效果大打折扣。“十五”期间(2001—2005年),全国范围内展开了整治违法排污企业的专项行动。同样因为问责机制的不完善而导致治理的时效性差,治理效果不可持续。为了解决上述问题,在“十一五”规划(2006—2010年)中,中央政府建立了目标责任制,强调地方官员的治理责任,并设立了六个区域环保督察中心,对污染物排放进行监督。然而,由于央地信息不对称,地方保护主义和环境监测数据造假的问题依然没有得到有力解决,环保大检查工作仍然存在“死角”。在这个背景下,中央环保督察制度应运而生。

4.4.1.1 环保治理体制存在问题

中国的行政管理体制是自上而下、多层级权力配置。在环境治理方面,其应用为上级政府向下级政府下达指标、分解任务、量化考核的环境保护目标责任制。[①] 在此管理体制下,往往出现政策执行鸿沟现象。所谓政策执行鸿沟,是指地方政府在执行中央环保政策时,存在“不完全执行”“选择性执行”甚至“不执行”的情形。这种现象的产生根源在央地政府间的委托代理模式困境。在中国环保领域,中央政府作为委托方,拥有环境制度、政策和目标设定及考核评估的最终权威,其主要承担监督职责,并向地方政府提供技术援助。地方政府是代理方,负责执行中央部署的环境政策。这种委托代理模式中的困境是造成地方环境治理失败的主要原因,主要表现在地方保护主义和信息不对称两个方面。首先,地方保护主义是地方环境有效治理的主要障碍。[②] 在委

① 李媛媛,郑偲.元治理视阈下中央环保督察制度的省思与完善[J].治理研究,2022,38(1):50—65,126.

② 同上。

托代理模式中，中央和地方政府在利益目标上存在一定程度的不一致性。对于中央政府而言，无论是经济发展还是生态环境保护，都是其绩效合法性的来源。而对于地方政府官员而言，在中国官员晋升机制和资源约束下，他们往往更倾向于选择完成直接关乎自身事业发展的考核目标，比如GDP的增长。同时由于对环境的治理需要在治理前期投入大量的财力、物力、人力，效果的呈现要等到中后期，与地方官员对政绩的诉求相违背。在此利益关系作用下，地方政府往往会优先选择经济发展，允许重污染企业生产、排污，而忽视环境保护的目标。其次，央地政府之间存在信息不对称。由于中国国土广阔，治理规模巨大，中央政府很难直接监测到地方政府对于环保政策的执行情况。地方政府通过层层上报数据作为中央政府考核评定的直接依据，而数据的可操作空间较大，地方政府和企业都有动力操纵环境监测数据。这样的信息不对称使得央地政府之间产生“上有政策，下有对策”的信息博弈。[①]

当中央政府认为现有的环保治理体系难以实现有效治理时，便不再是仅仅通过传统科层机构开展环保工作，而是动用运动型治理机制，即“以非常规手段(政治动员)在短时间内调动大量资源，针对重点问题和重点领域进行集中治理”。中央环保督察的成员都是党政机关重点部门的重要干部，同时他们拥有前所未有的权力，对污染企业和被检查地区的党政领导干部同时进行检查和监督，有效克服地方保护主义。[②] 同时，直接在地方进行巡视检查，打破了信息不对称，可以了解到各地更真实的情况。综上所述，中央环保督察制度就是以传统的官僚机制和既有的科层体制为基础，又超越了常态化的

---

① 周雪光.基层政府间的“共谋现象”——一个政府行为的制度逻辑[J].社会学研究，2008(6)：1—21.

② 李媛媛，郑偲.元治理视阈下中央环保督察制度的省思与完善[J].治理研究，2022，38(1)：50—65.

"命令-控制"和"委托-代理"式的科层管理之外的一种运动式治理形式。

4.4.1.2 环境问责制度不够完善

环境保护是典型的公共事务,属于政府的主要责任之一。环境问责制作为一种监督和规范政府行为的倒逼机制,能够确保和促使其积极履行环保责任。

2015 年 7 月,中央深改组第十四次会议审议通过了《环境保护督察方案(试行)》,以"中央环保督察"替代了以往的"环保综合督查"。而新环保法于 2015 年 1 月 1 日开始实施。首先,旧环保法明确规定了地方各级政府的环境治理责任,并以环保问责的形式作出明确规定。如第四条规定"保护环境是国家的基本国策",第六条规定"地方各级人民政府应当对本行政区域的环境质量负责"。1989 年《环境保护法》中对于环境责任也作出了相关规定。在法律责任这一章中共有十一条法律,其中前十条几乎都是规定企业事业单位违反环保法所承担的行政责任、民事责任和刑事责任,只是在最后一条中对执行公务人员的渎职行为作出了行政处分和刑事处罚:"环境保护监督管理人员滥用职权、玩忽职守、徇私舞弊的、由其所在单位或者上级主管机关给予行政处分;构成犯罪的,依法追究刑事责任。"而新环保法的第二十七条则规定了"县级以上人民政府应当每年向本级人民代表大会或者人民代表大会常务委员会报告环境状况和环境保护目标完成情况,对发生的重大环境事件应当及时向本级人民代表大会常务委员会报告,依法接受监督"。两者形成了鲜明的对比。

其次,从问责主体来看,当前中国环境问责制的主体主要有立法机关、司法机关、行政机关以及社会公众。但是从现有问责的实际情况来看,中国社会公众问责的监督效果并不十分明显。由于社会公众不直接掌握公共权力，问责方式缺乏规范性，问责的后果也没有强制性，并不能强行要求被监督对象接受惩戒，这与立法机关、司法机关和行政机关问责的权力问责不同[①]，有着权力和非权力的区别。因此，问责方式仍以政府内部的行政处分为主，以人大的质询、罢免和司法部门的行政诉讼、检察监督为辅[②]，处罚力度较小，效果不佳。

中共中央、国务院 2015 年陆续出台的《关于加快推进生态文明建设的意见》(中发〔2015〕12 号)、《党政领导干部生态环境损害责任追究办法(试行)》、《生态文明体制改革总体方案》(中发〔2015〕25 号)等明确提出了各级党委和政府共同负责各区域内的生态文明建设，落实地方政府领导干部和党委生态文明建设一岗双责的制度，对环境问责制度进行了弥补和强化。“党政同责”的创新在于将党委纳入环保问责对象的范围，同时建立了党委主导的问责机制。在中国政治体制中，相比于政府部门，普遍来说，党委是享有最终决策权的一方。同时，中国实行党管干部的人事制度，“党政同责”将环保任务转化为政治责任和绩效责任，并与党政领导干部的考核紧密联系起来，相较于其他问责方式，显得更为有力。因此以“党政同责”为核心的中央环保督察制度，不仅拓展了环境问责的对象范围，还增强了责任追究的力度。

4.4.1.3　环保督察制度的成熟

在反思以往实践的基础上，中国启用了中央环保督察作为新的政策工具。就其发展历程来看，大致经历了三个阶段：2002—2013 年为“督企”阶段，2014—2015 年为“督企”向“督政”的转型阶段，2016 年以来为“督政”阶段。

---

① 刘继为，刘邦凡，崔叶竹. 环境问责机制的理论特质与结构体系研究[J]. 国土与自然资源研究，2014(4)：60—63.

② 李媛媛，郑偲. 元治理视阈下中央环保督察制度的省思与完善[J]. 治理研究，2022，38(1)：50—65.

具体而言,“督企”阶段主要体现为六大区域督查中心的成立与实践。受原环保部委托,六大区域督查中心于2002—2008年相继成立,主要通过“一事一委托”的方式,重点监督企业对环保政策法规的遵守情况。但是,区域督查中心并没有有效发挥应有的督查效力。究其原因,主要在于两方面:一是作为事业单位,它们缺乏独立的执法权与处罚权,难以形成及时有效的震慑力;二是作为原环保部下属机构,他们权威性不够,难以对地方政府产生实质性压力。

正因如此,2014年后开始进入转型阶段,“督政”被提上了议程。2014年颁布的《环境保护综合督查工作暂行办法》明确指出督察工作要从“督企”转向“督企”和“督政”并重。同年颁布的《环境保护约谈暂行办法》明确了可以通过约谈领导干部的形式来督促地方政府及其有关部门切实履行环保责任。2016年1月,中央环保督察工作正式启动,在河北省进行先行试点后,分四批历时近两年覆盖全国各省市。此后,为巩固首轮中央环保督察的效果,中央环保督察组又在2018年进一步开展了“回头看”督察。2019年6月,中国生态环保领域首部党内法规《中央生态环境保护督察工作规定》印发,不仅有力地弥补了问责制度设计初期形式合法性不足的问题,也为后续中央环保督察工作的开展提供了权威指导。随后,第二轮中央环保督察启动。①

4.4.2 环保督察制度的运行机制

中央环保督察的运行机制(如图4-4所示)可以拆分为组织载体和运行程序两部分。中央环保督察组经中央授权由省部级领导和生态环境部现职领导组成,通过召开工作动员会的方式进驻到各省市

---

① 毛益民.环保督察与空气质量改善:立足城市情境的效应异质性分析[J].治理研究,2022,38(1):38—49.

进行检查与监督。为了做好迎检工作,省级会成立由省委书记和省长牵头的迎检工作领导小组,其下设有由副省长担任组长的协调联络小组。而综合、资料、信访、联络、宣传和后勤等专项小组则具体负责各自职责内操作层面的事务,并向省委书记、省长汇报有关情况。中央环保督察坚持问题导向,其首要任务是发现并解决突出生态环境问题。判断督察组是否有效履职的主要指标之一便是问题是否查找得及时、准确、全面。督察组将监察中发现的问题上报至国务院和党中央,经批准后向被督察的地方党委、政府进行反馈,并负责规范后续整改工作。督察进驻结束后,中央环保督察组采用"回头看"的形式督促地方按照中央批准的既定目标进行整改。

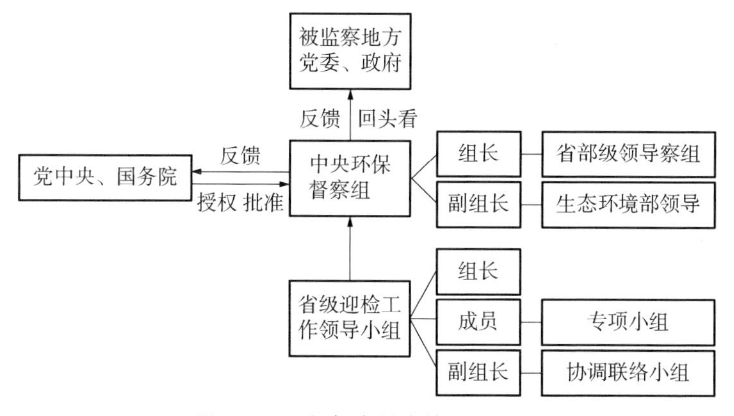

图4-4 环保督察制度的运行机制

4.4.3 环保督察制度的实施效果

4.4.3.1 推动地方环境治理,落实环境保护政策

中央的环保督察推动地方环境治理由被动转向主动[①],使环境保

① 李媛媛,郑偲.元治理视阈下中央环保督察制度的省思与完善[J].治理研究,2022,38(1):50—65.

护政策真正得到落实。一方面,在中国的行政绩效制度下,地方的经济指标成为地方考核和晋升的重要依据,而相对应的,环境治理虽然作为重要的战略任务和政治要求,但在长期的管理和实施中难以得到落实,在环保效益和经济成本的衡量下,地方政府本身倾向一定量地牺牲环境以争取经济发展,尤其在一些资源丰富粗放发展工业的地区;另一方面,生态环境破坏产生的影响是相对长期和隐性的,地方政府很少主动地去严格监管企业排污和投入资源治理环境,环境治理缺乏动力。中央环保督察制度将地方的党委、政府及有关部门主要负责人认定为第一责任人,环境污染的主要责任主体由直接产生污染的企业转变为政府和党委,使之由被动管理转向主动治理,推动环境治理。

4.4.3.2 突破地方保护主义

中央环保督察制度在一定程度上规避了属地管理带来的执法困境,有利于突破地方保护主义的行政干预。[①] 环保垂改之前,环保管理领域长期以来一直实施属地管理体制,地方环保部门受制于地方政府,环保执法受到地方政府的较强干扰,环保执法人员的稳定性以及涉及地方利益之时环保执法的独立性都难以得到保证。在实际的工作中,环保执法很容易因为地方政府的干预而陷入"导致中央环境政策执行偏差与环保执法刚性不足的双重困境"[②]。同时,由于地方环保部门承担着环保执法的直接责任,当政策本身难以实施或者与地方政策出现矛盾之时,地方环保执法部门也更倾向于以执行偏差来规避问责的风险。中央环保督察在一定程度上有利于环保治理突破地方保护主义的干预,帮助环保部门本身分担执法的问责风险,增

① 张新文,张国磊.环保约谈、环保督查与地方环境治理约束力[J].北京理工大学学报(社会科学版),2019,21(4):39—46.

② 同上。

加其环境执法的刚性和地方政府的资源倾斜。环保督察通过直接派出中央监察力量，使环保治理的主要责任由原先的环保部门转变为“党政同责，一岗双责”，对地方政府直接施压。同时，由省级下沉地市，了解民情，聚焦环境问题多发地、区域问题治理、生态环境保护长效机制建设，突破地方政府保护主义的干预，深入挖掘和处理环境问题，加强区域性问题的协同治理。

4.4.3.3　推动构建多元治理体系，建设生态环境保护长效机制

环保督察制度引入了社会参与环保治理，促进政府、企业、社会的多元环境治理体系的构建。环境治理与执法的监察由“督企”“督政”最后转变为“党政同责、一岗双责”，政府和企业都成为了环境治理的责任主体。而通过民众举报、信访、媒体曝光、基层走访等多种方式，社会也参与到环境治理，成为中央和地方政府发现环境问题并将其纳入政策议程的重要环节和途径。环保督察制度将民众的声音扩大化，在舆论力量式微或难以发挥作用之时，接收民众意见和投诉，进而将其转化政治压力，助力于问题解决，由此实现了“中央政府与基层的直接接触，打开了地方治理的‘黑箱’”[①]，使地方问题和信息得到了有效传达，减少了央地信息差。在中央环保督察覆盖以及“回头看”督察工作中，民众举报都受到充分关注，仅仅在第一轮环保督察工作中，2017—2019 年就受理了群众举报 21.2 万件，解决身边环境问题 15 万余件。[②]

此外，环保督察推动构建地方生态环境保护长效机制。随着环保督察工作的制度化与常态化安排，在中央生态环境保护督察工作

① 郑思尧，孟天广. 环境治理的信息政治学：中央环保督察如何驱动公众参与？[J]. 经济社会体制比较，2021(1)：80—92.

② 马军，阮清鸳，丁杉杉，李赟婷. 中央生态环保督察有力推进多方参与[J]. 中华环境，2021(7)：38—41.

之外地方政府还增加了专项督察、派驻监察等内容，同时上级政府还把例行督察及“回头看”督察结果作为对被督察对象领导班子和领导干部综合考核评价、奖惩任免的重要依据[①]。因此，长期的环境治理成果就有必要成为政策目标。而环保督察的制度化和常态化，持续地为地方带来环境治理的压力和动力，推动地方树立起长期的环境保护意识，形成生态环境保护的长效机制。

4.4.3.4 存在执行偏差，出现形式主义、过度执行、一刀切等现象

作为政策本身，环保督察制度在实施的过程中也出现了执行偏差：一方面是过度执行，地方政府实行一刀切；另一方面是形式主义。

前者主要表现为两种形式。一种是注重标准的设置，地方提出单一的产能或排污指标等标准，对标准以下的企业全部彻底关停，是不分时期的长期政策，并且标准的设置相对单一和随意。[②] 另一种则是“一律关停”“先停再说”的敷衍应对做法，在督察之际紧急停工停业停产等。[③] 环保治理是一项相对长期的任务，地方政府在对历史遗留的环境污染问题、“小散乱污”企业整治进行分析之时，如果治理资源需要投入过多、环保执法力量不足、环境信息检测能力不足、治理能力有限，很难在短期内取得环境治理的成效，出于规避责任的心理，出现了一刀切的政策，对各种有排污的企业不加区分地要求关停。这种粗暴简单的环保执法方式不仅违反了行政处罚的法律程

---

① 刁凡超.中央生态环保督察新规：领导小组升格，每五年一轮常态化督察[EB/OL].(2019-06-18)[2024-04-26]. https://www.thepaper.cn/newsDetail_forward_3705269.

② 庄玉乙，胡蓉.“一刀切”抑或“集中整治”？——环保督察下的地方政策执行选择[J].公共管理评论，2020，2(4)：5—23.

③ 高敬.生态环境部要求严禁“一刀切”和“滥问责”行为[EB/OL].(2019-07-09)[2023-05-22]. https://www.gov.cn/xinwen/2019-07/09/content_5407620.htm.

序，而且严重干扰了企业生活和人民生活，反而与环保治理改善人民生活环境的初衷背道而驰。在原环保部公布的典型案例中，太原市迎泽区为推广清洁能源，实行一刀切政策，在不具备"集中供暖""煤改气"的条件下，禁止燃煤、倒逼居民用电取暖，导致居民取暖成本提高、无法温暖过冬，部分居民被迫使用木材取暖，反而加剧了地区的空气污染；陕西省宝鸡市的部分地区则在督查组进驻后，为避免麻烦，集中切断有关企业的供水、供电，导致全市排查列入"散乱污"清单的企业基本处于停产状态，还使其他一些企业因为殃及也被迫停产，甚至干扰到一些企业职工的生活用水用电。[①] 一刀切现象在环保督察的过程中屡禁不止，是一个影响较大的突出问题，对此原环保部提出了建立企业白名单、严肃问责等措施。

后者则表现为政府的失察失责、整改不力、把关不严、弄虚作假，即政府不作为和失职，其实质上是对环保工作的轻视和环保意识的不足，也是对督察工作心怀侥幸心理，利用信息差表面整改和治理，认为环保督察是短期行为从而应付短期的监察。在生态环境部公开的典型案例中，江西省南昌市在第一轮督察中公开已解决的问题，实际上却"虚假整改"，企业排放刺鼻废气污染环境，仅用塑料布覆盖进行简易的粉尘收集，而夜间偷排废弃的饲料厂仅由夜班改为白班，就视作整改完成，[②]可见一些地方政府在整改的过程中失职，只做"表面功夫"而并未投入过多精力。此类问题的出现，归根结底是因为政府对于环保工作的重视程度不够，存在敷衍心理，因此需要推进环保督

---

① 中华人民共和国生态环境部. 陕西宝鸡市部分县区平时不作为 急时"一刀切"关停企业[EB/OL]. (2018-11-29)[2023-05-22]. https://www.mee.gov.cn/xxgk2018/xxgk/xxgk15/201811/t20181130_676708.html

② 中华人民共和国生态环境部. 表面整改！督察组专门约见南昌市有关负责同志[EB/OL]. (2018-06-12)[2023-05-22]. https://www.mee.gov.cn/xxgk2018/xxgk/xxgk15/201806/t20180612_630250.html.

察的常态化工作以及生态环境保护长效机制建设,增强地方政府环境保护意识。

综合看来,环保督察制度取得了重要成效,通过"党政同责、一岗双责",由督企转变为督政,责任的主体由企业转变为政府,有效地遏制了地方保护主义以及地方政府的干预,地方政府环境治理由被动到主动,改善了环境质量,同时民众和媒体的参与也构建了环境治理的多元治理体系。但作为政策本身,在执行过程中,也存在一定程度的执行偏离,存在一刀切、形式主义等问题,地方政府盲目追求环境治理而忽视经济和民生,或不重视环境保护而敷衍了事,但这些问题随着中国环保督察工作的常态化展开以及生态环境保护长效机制的建立,得到了一定的遏制。

4.4.4 环保督察主要困境

4.4.4.1 环保督察法律层面

1) 法律效力不足

法律法规是国家在进行管理制度建构中的重要支撑,科学有效的法律运行机制必须要有规范的法律文本。在环保督察制度的具体实施过程中[①],无论是实施督察的主体,还是被督察的对象,更多的是依据中共中央与国务院办公厅联合发布的相关督察规定,而不是依靠法律条文。首先,从党内法规角度来看,《环境保护督察方案(试行)》属于工作方案的范畴,从《中国共产党党内法规制定条例》中的第五条来分析,该督察方案不属于党章、准则、条例、规定、办法、规则、细则中的任何一种,因此环保督察只是作为我党的规范性文件,

---

① 彭丹月.我国环保督察制度存在的法律问题及对策研究[D].上海:上海师范大学,2020.

无法作为党内法规与中国现行法律相并列。[①] 其次，从行政立法的角度来看，中国最高层级的《环境保护法》中并没有对环保督察作出具体规定，环保督察根据的是党中央与国务院针对环境领域问题出台的规范性文件，存在法律效力不足的情况。

2）法律权限问题

从法律依据的角度出发，中国《环境保护法》中明确规定，各级人民政府可以对下一级政府进行有关环境问题的监督，各级生态环境部可以对下一级的相关部门进行监督；而在中央环保督察的制度中，从某种程度上存在着上一级生态环境部对下一级人民政府的监督权力，这种权力超越了现有法律体系，在中国现有的科层制内部的监督体制中缺乏具体的法律依据。

3）区域性差异

从中国现行的环保督察制度的角度看，环保督察仅在个别地方政府中写入了地方性法规，很多地区并没有将其纳入到相关法律规范中，而更多的是通过发布政府机构的相关通知文件来开展工作，效力层级普遍较低[②]。故而对于中国环保督察的具体实施主体来讲，在相关工作的开展中，其监督职能的发挥可能会受到不同程度的制约。

4.4.4.2 环保督察过程中存在的问题

1）存在“一刀切”乱象

在中央生态环境保护督察中，地方政府存在“一刀切”的治理乱象，从表面上像是地方政府在严格执法，实际上是地方官员长期懒政。在被督察的期间内，为了防止环境问题暴露，政府往往会“一刀切”。这种治理方式不仅是对环境政策的曲解，更是对社会利益的损害。相关管理部门对于环境问题的专业性认知不足，无法领会上级

---

① 十八届四中全会中，明确将党内法规作为我国法律相并列的法律规范体系。

② 蒋相前.我国环保督察制度立法完善研究[D].兰州：西北民族大学，2021.

部门对于环境污染治理文件的管理精神,属于明显的形式主义,在降低政府形象与公信力的同时,也给社会带来巨大压力。

2) 督察人员构成缺乏确定性

在现有的中央生态环境保护督察中,其成员构成大部分是抽调临时组成的,人员配置上具有不确定性,小组在特殊时期可以被视为一种公关危机处理方法,但对于因某一特定问题临时建立的小组来讲,并不具有内部稳定性、治理一致性等特征。此外,从某种程度上说,其领导小组甚至缺乏一定的法定效力,督查领导小组虽然经过中央编办设立,但在中国现行的法律体系中没有关于督察领导小组制度的相关规定。

3) 环保督察中的企业困境

在治理环境污染与生态破坏的各项整治活动中,各地治理主体将治理压力过渡给相关企业,而企业为了自身效益,需要进行环保升级。无论是通过技术手段开发新型设备还是大量引进高科技设备都需要大量资金,企业面临严峻的融资困境。这种限制政策设立的初衷也是为了淘汰与市场发展不适应的落后产能、减少环境污染。但对于无法得到银行绿色金融支持的企业来讲,就会陷入困境。

4.4.5 环保督察优化路径

4.4.5.1 完善环保督察法律体系

在国家制度体系中,赋予环保督察法律规范依据,进一步将环保督察写进法律层面,完善与之相配套的法律程序,构建以环保督察为核心的问责体系。与此同时,从法律层面上将“党政同责”制度纳入环境责任承担主体的范围,或者可以将党政相关工作人员确立为环境责任承担的主体范围,从而促进中国国家法律与党政制度之间的协同发展。

同时将环保督察制度写进地方性法规，不同地区可以针对不同环境问题，出台相关规定，从而体现出环保督察区域中的科学性；建立完善的地方环境问责体系，严格按照法定程序对地方性文件进行修改，避免本地区内与国家法律程序产生冲突的情况，按照下级服从上级的要求进行调整；同时地方政府要帮助中小型企业解决融资困难的问题，为存在生存困境的企业提供必要的援助。

4.4.5.2　构建协作治理的共治体系

通过完善地方环保法律法规，将"党政同责"纳入地方环境治理责任，引导环保督察与地方环保部门形成更加密切的责任共同体。在生态文明建设发展的重要时代背景下，环保督察需要发挥制度优势参与地方环境治理，既要从原有环境治理角度出发，也要不断优化环保督察体系，在提升地方环保部门治理作用的同时，发挥出环保督察的监察效力，从而形成高效协作共治的环境治理体系。

在协作治理模式中，可以引导非政府部门参与环境治理。公众对于环境问题的发现、反馈往往都是具有及时性与可靠性的。将环保社会组织引入环境治理，作为国家机器与人民群众之间的桥梁参与治理过程。它们可以主要承担环境问题治理政策的探讨、环保意识宣传等与社会层面接触密切的相关工作，以辅助性的角色发挥独特优势，最终逐渐形成政府为主导，社会组织、环保企业为辅的现代化环境共治体系。

4.4.5.3　建立环保督察监督体系

1）内部监督

对于机构运行效率的提升路径来讲，最为有效的方式之一就是建立机构内部监督体系，所以要逐渐完善环保督察的自我监督体系，设立机构内部纪律检查部门，起到对内部成员日常工作的监管作用。但同时为了机构能够高效运行，内部监察部门要保障机构内员工的正常工作,需要对部分人员进行调查时,必须先向相关机构内部高层人员进行申请,得到上级批复才可以开展相关工作,完善内部监督体系的体系性。

2）外部监督

建立起公开透明的外部监督体系,通过群众对于环保督察工作的外部监督,有助于确保人民群众参与社会治理的知情权与建议权。同时环境污染与人民群众生命健康息息相关,群众所掌握的相关信息更加真实可靠,动员群众参与环保督察的监督工作,有助于提升监督的效率,同时降低监督成本,助力构建完善的环保督察外部监督体系。

中央生态环境保护督察是党中央和国务院为了加强环境保护工作,贯彻落实生态文明建设和生态环境保护决策、环境保护法律法规、政策制度以及解决突出生态环境问题等方面,在特定的地区,对下级党委政府及有关部门和相关企业进行的监督和检查。在这项制度下,中央对地方的压力有效转变为地方政府环境治理的动力,对于区域环境改善有较大作用。完善环保督察法律体系,构建协作治理的共治体系,建立环保督察监督体系,可能是对环境保护这一艰难持久战的进一步回应。

第 5 章

市场化手段:环境税

在市场化的环境政策手段中，环境税和排放权交易是两大主要措施。目前，环境税是世界各国普遍采用的市场化环境政策手段。

自 20 世纪 90 年代以来，各国通过一系列相关法律法规，试图将环境污染的社会成本内化到市场价格中。虽然环境税的具体定义至今仍未统一，但一般认为，环境税是国家为实现特定环保目标，通过税收手段调控经济行为的方式。环境税包括对特定污染物征收的税种（如碳税），以及实际能起到环境保护作用的税收，如机动车燃料税、电池税、包装税。前者专门针对大气污染物、水体污染物、固体废物、噪声等排放进行征税；后者则根据污染产品，如电池、包装材料、农药、煤炭和电力进行征税。

从国外环境税政策的实施经验来看，自 20 世纪 60 年代起，各国零散地开征污染税。到 90 年代，北欧国家纷纷实施碳税，开始构建环境税体系。许多国家借鉴北欧的经验，纷纷实施狭义或广义上的环境税政策，并使之成为国家财政收入的重要组成部分。

中国的环境税政策实践始于排污费。而 2018 年通过的《环境保护税法》则从制度层面确立了环境税在环境治理中的地位。自 2018 年 1 月 1 日起正式开征的环境税，被视为中央政府治理环境污染的重要政策手段。

本章首先分析了中国环境税的实践历程和主要问题,然后利用大样本企业数据,从边际减排成本的角度测算"最优环境税"额度,并据此分析近年来中国环境规制的效果,测算环境税的预期规模。

5.1 环境税在中国的现实实践

5.1.1 政策变迁:从排污费到环境税

环境税在中国经历了从排污费到环境税这一"费税平移"过程,前后时间跨度达40年。环境税的前身是排污费。排污费在笔者看来可被认为是一种近似的庇古税。排污费是中国实施最早的一项环境经济政策,也是实施时间最长、管理体系最全、实施范围最广的一项环境经济手段,是中国环境管理的一项基本制度。从制度变迁的角度来看,排污费到环境税的演变过程有三个重要的时间节点:1982年、2003年和2018年。

排污费在中国的实践始于1978年。中国1978年第一次正式提出实施排污收费制度,1979年《环境保护法(试行)》正式确立了排污收费制度。1982年,国务院颁布了《征收排污收费暂行办法》,标志着排污收费制度在中国的正式实施。但这时的排污费主要针对水体污染物征收,且实行超标收费。之后中国陆续开始对其他污染物尝试征收排污费,如1991年提出对噪声征收排污费、1992年提出对工业燃煤产生的SO_2征收排污费。

2003年1月,国务院颁布了《排污费征收使用管理条例》(国务院令第369号),并于当年在全国范围内实施。这是对排污收费制度的重大调整,在收费标准、资金使用、管理体制等方面进行了全面改革,在收费总额上有了很大的突破。根据新制度的规定,排污收费制度实现了三大转变。一是由超标收费向排污费转变。除噪声污染等少数污染物继续收取超标排污费外,其他污染物均实行"排污收费,超标处罚”的政策。二是由单一浓度收费向浓度和总量相结合的收费方式转变,对超标排污的企业,按污染物排放量加倍收取排污费。三是由单一污染物收费向多类污染物收费过渡,即根据排放污染物的种类分别收费,每个排污口不超过三种污染物。2003 年 2 月,为规范排污费征收标准的管理,原国家发展计划委员会、财政部、原国家环境保护总局、原国家经济贸易委员特别制定了《排污费征收标准管理办法》。之后,湖北率先探索环境税改革,依据 2007 年 9 月起施行的《湖北省排污费征收使用管理暂行办法》(湖北省人民政府令第 310 号):由环保部门对排污企业的种类、数量、应缴费额度进行核定,然后排污企业向各级地税机关缴纳排污费,即“环保认定、税务征管”,这一模式与环境税改革方向基本一致。湖北的有益尝试推动了环境税在全国的实施。

2016 年 12 月全国人大常委会表决通过了《环境保护税法》,提出将从排污收费制度转变为征收环境税,从排污费“平移”到环保税,征收对象等都与现行排污费保持一致,征收对象为大气污染物、水污染物、固体废物、噪声。2018 年 1 月 1 日《环境保护税法》实施,标志着正式施行全国性的环境税,实现了从排污费到环境税的转变。

早在排污费征收时,就有学者呼吁应逐渐从费到“费税并存”,最终实现完全以环境税为主的环境政策体系。[①] 在“费改税”的政策变迁过程中,排污费收费标准和环境税税率始终是政策制定的重点。在中国实行排污费的时间段,排污收费大致经历了 2003 年、2014 年两次较大规模的调整。

之后,为了充分发挥排污费的作用,2014 年国家层面首次宣布提高征收标准。2014 年,国家发改委、财政部、原环保部联合下发《关

① 张世秋,贺翃燕,曹静.环境政策创新:论在中国开征环境税收[J].北京大学学报(自然科学版),2001(4):550—556.

于调整排污费征收标准等有关问题的通知》（发改价格〔2014〕2008 号），要求各省（市、自治区）物价、财政、环保等部门要在 2015 年 6 月底前，将废气中 SO_2、NO_x 排污费征收标准调整为每污染当量不低于 1.2 元。同时还给予了地方政府很大的自主权，明确提出：各省（市、自治区）物价、财政、环保等部门可以结合本地区实际，适当调整主要污染物和其他污染物排污费征收标准。鼓励重点污染防治区和经济发达地区按照上述标准调整排污费征收标准。在这套政策的影响下，部分省份率先提高了排污费征收标准，如北京、山东、江苏等中东部省份。但对于绝大多数省份来说，仍然执行着 1.2 元/千克污染当量的征收标准。考虑到 2000—2015 年正值中国经济迈入“快车道”时期，哪怕不考虑污染物边际减排成本的实际变化，排污费征收标准至少应当根据 CPI 顺势调整，以符合现实中工业企业减排成本的变化，从而发挥价格激励作用，促使企业减排。

2018 年 1 月 1 日，中国正式开始实行环境税，税率基本和 2014 年的排污费征收标准一致，即维持“费税平移”的原则。征收对象为大气污染物、水污染物、固体废物、噪声，都与之前的排污费征收对象保持一致。

从环境税各省实行的税率情况来看，绝大多数省份制定的是最低税率，省份之间的环境税额度差异很大。根据《环境保护税法》的要求，各个省级行政单位执行的环境税税率不能低于国家制定的标准，同时允许地方政府上调至最低标准的 10 倍。如表 5-1 所示，2018 年正式开征的环境税各省差异很大。北京、天津、上海这三个直辖市的环境税额度是最高的。其中，北京的环境税税率已达 12 元/千克污染当量，是国家最低标准的十倍，也是全国最高的环境税税率。其次是河北、江苏、山东等东部地区。广大的中西部、东北地区的省份，如云南、新疆、甘肃、黑龙江、吉林等地，还有经济较为发达的浙江省，仍然执行的是国家规定的最低标准。这些省份维持较低的环境税税率，能够减轻工业企业的生产成本，有助于招商引资，帮助本地快速发展经济。这也符合中国地方政府的竞次现象。

表 5-1　2018 年环境税开征时各地大气污染物环境税税率

分类	行政区	税率(元/千克污染当量)
高	北京	12.0
	天津	10.0
	上海	7.1
	河北	6.8
	江苏	6.4
	山东	6.0
	河南	4.8
	四川	3.9
中	重庆	2.4
	湖北	2.4
	湖南	2.4
	海南	2.4
	贵州	2.4
	山西	1.8
	广东	1.8
	广西	1.8
低	浙江、云南、黑龙江、吉林、辽宁、安徽、福建、江西、陕西、甘肃、青海、宁夏、新疆、内蒙古	1.2

注：

1. 具体税率根据各地方政府网站手动整理。
2. 表中税率标准为三种污染物(SO_2/NO_x/烟粉尘污染物)税率标准的平均值。
3. 河北和江苏省内城市环境税税率标准有差异，使用了省内各城市的平均值。
4. 表中数据以 2018 年公布的为准。2019 年部分省份调整了环境税税率。如云南调整为 2.8 元/千克污染当量；上海市将 SO_2、NO_x 税率分别由 6.65 元/千克污染当量、7.6 元/千克污染当量提高到 7.6 元/千克污染当量和 8.55 元/千克污染当量。
5. 不含西藏自治区，以及港澳台地区数据。

从不同污染物贡献的环境税税收收入来看,如图 5-1 所示,2018 年大气污染物的税收总额占比最高,且各类应税污染物的税收占比和过去排污费征收中各类污染物的占比基本一致。

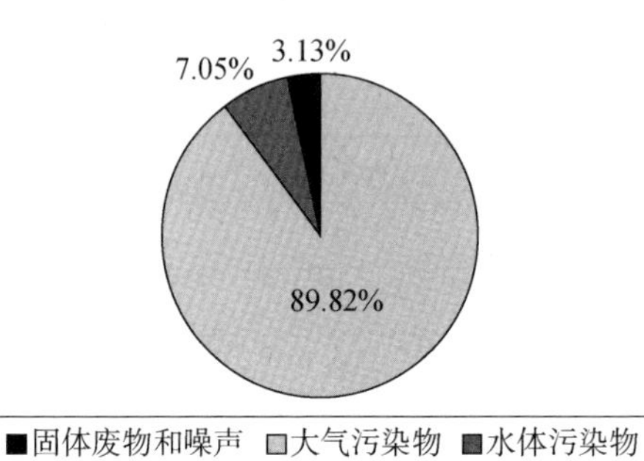

图 5-1　应税污染物的税收总额占比(2018 年)

从理论上分析,如果企业的边际减排成本高于企业所面对的环境税,企业将选择消极缴纳排污费而不是积极减排,最终很难取得理想的环境治理效果。

从排污费到环境税的政策变迁中,虽然根据中国的实践经验,"费税平移"过程中并不涉及额度的较大调整,但两种政策在现实实践中有很大区别,这就导致两种政策的实际政策执行力度有较大差异。排污费和环境税的主要区别如表 5-2 所示。

表 5-2　排污费和环境税的不同点

主要特征	排污费	环境税
主管部门	环保部门	税务机关
收费性质	行政规费	财政收入
征收依据	行政规章	环境税法
在政府收入中的地位	重要补充	主要收入形式
费税利用目的	专款专用	对调控宏观经济有重要作用

从主管部门的角度看,从排污费到环境税,主管部门从环保部门变为税务机关,大大增强了政策执行的有效性。传统的排污费是由地方的环保部门征收。但地方环保部门长期以来话语权比较弱,部门人员编制不够,环保人员疲于奔命,很难实现有效监管。地方纳税大户在环保部门面前有很强的议价权(bargaining power)。因此,排污费的缴纳往往会出现拖延、少交甚至不交等状况。根据《环境保护税法》,环保税由税务机关征收,环保部门负责对污染物排放量的监测和核对。和过去相比,两个部门的协作实际上也大大促进了政策的落地,有利于保证政策的稳健实施。环境税将过去的排污费从性质上转变为一种税收。对于企业来说,过去不按时缴纳排污费面临行政处罚,而现在不按时缴纳环境税,实际上就是偷税漏税。从长远来看,通过将环境税纳入税收管理体系,为下一步进入绿色金融、绿色信贷、排放权交易体系都做好了制度准备,这是环境经济政策在中国重要的实践。

从费税利用目的的角度看,环境税变为了地方政府的财政收入,大大加强了对地方政府的激励。根据《国务院关于环境保护税收入归属问题的通知》(国发〔2017〕56 号),各项环境税均为地方所得,即地方性财政收入。环境税作为地方重要的财政收入,不同于以往的专款专用,对于地方政府来说,他们有更强的动力去征收环境税。根据笔者对某省地方税务局公务员的网络采访,目前环境税归地方政府,省占 35%,区县占 65%。这对当地政府来说,环境税已经成为重要的收入形式之一。对地方政府较强的激励有助于实现环境税的双重红利。从政策执行力度来看,环境税实施的有效程度可能远远高于排污收费。

从征收依据的角度看,排污费是行政规费,没有具体的法律支撑。环境税则不同,它以国家政权为依托,以法律为保障,具有强制性的特点。环境税的实施可以大大减少排污费收取过程中的“寻租”

行为和地方保护主义现象,从而消除恶意拖欠、漏缴等显性现象。它还避免了将排污费作为预算外资金的分散性和随意性,加强了征收的统一性、规范性和程序性。

总体来说,从排污费到环境税,最大的区别体现在:排污收费是部门规费,环境税则具有强制性的税收性质。两者的区别导致在政策落地时,对地方政府的激励作用截然不同。排污费由地方环保部门负责,且专款专用,即只能用于专门的环保事务,没有对整体宏观经济的调节作用。环保部门由于长期处于较为弱势的地位,排污企业漏缴、不缴排污费的情况比较普遍。环境税从根本上具有税收性质,属于地方政府的财政收入,地方政府征缴环境税的积极性会明显高于排污费。

5.1.2 实施效果

虽然排污费是中国实施时间最久的环境经济政策,但这一政策对于减少环境污染是否起到了积极作用仍是一个有待检验的问题。结合污染排放、空气质量的数据会发现,中国环境污染真正得到遏制是在2006年,即“十一五”规划的开始年份。“十一五”规划纲要首次将SO_2排放总量、水污染物COD减少10%作为约束性指标。为了实现减排目标,国家采取了脱硫优惠电价、“上大压小”、限期淘汰、区域限批等一系列政策措施,加大环境保护投入,实施工程减排、结构减排、管理减排,取得显著成效。[①] 特别是,这一约束性指标具有“一票否决权”,即未能完成减排任务的地方官员将失去下一轮竞升机会。在投入巨大成本和官员竞升激励下,中国最终实现了“十一五”期间SO_2排放总量较2005年下降了14.29%,超额完成了减排任务。

至于环境税,其减排效应仍有待时间的检验。环境税是中国第

① 重点区域大气污染防治“十二五”规划[J].中国环保产业,2013(1):4—18.

一个体现“绿色税制”的税种，政策制定者希望环境税能够充分实现重点污染物减排目标，同时促进经济结构的调整优化效应。目前部分统计数据显示 2018 年以来空气污染治理成果显著。在京津冀局部地区，环境税对污染物的减排作用可能已取得初步的效果。但同时期行政干预也持续在进行，甄别环境税的减排效果仍有待大量实证研究的检验。

5.1.3　实施过程中的问题

虽然排污费在很长一段时间里是中国最为重要的环境政策，但在具体实施过程中，有一些问题引起学界和政府的关注。第一个问题是收费标准较低[①]，一般认为未能达到激励企业治理污染的目的。从理论上讲，要有效地约束环境污染行为，排污费的收费标准不应低于污染防治的成本，否则，排污费的“内在约束力”就会减弱甚至消失。因为生产者会发现，交排污费比治理污染更划算，从“主动治污”转向“被动治污”。事实上，较低的排污收费标准变相鼓励生产者排污，形成了“谁污染，谁受益”“多污染，多利润”的尴尬局面。因此，排污费应该至少不低于污染防治费用，一旦设定过低，就会导致企业不会积极治理污染，而会消极缴纳排污费。过低的排污费反而是变相鼓励了生产者排污而非主动治理。最终导致企业肆意排放污染物，环境污染的问题无法得到根本解决。

针对排污收费额度的制定，一般应采用污染物的平均治理成本来决定排污收费的额度。中国排污费额度的调整有深刻的历史原因：20 世纪 90 年代世界银行技术援助项目《中国排污收费制度设计及其实施研究》(TA B-8-1)，采用平均治理成本法来确定大气和水

① 曲格平. 中国环境保护四十年回顾及思考(回顾篇)[J]. 环境保护，2013，41(10)：10—17.

污染物排污费的收费标准。考虑到当时企业的承受能力以及中国经济发展的需要,2003 年排污费改革按照这一标准减半征收,即污水、废气排污费征收标准每污染当量分别为 0.7 元和 0.6 元,远低于实际污染治理成本。[①] 如果要恢复到排污费原有标准的刺激力度,理论上至少还应该根据通货膨胀水平进行调整。如果考虑通货膨胀的影响,则采用 CPI 来衡量通货膨胀率,计算 2013 年 TA B-8-1 项目提出的排污费标准价格水平,废水污染物每污染当量价格为 2.46 元,大气污染物每污染当量价格为 2.1 元,几乎是新标准(1.2 元)的两倍。排污收费标准较低的问题长期得不到解决,试图将环境污染的外部性内部化的愿望就很难实现。

排污费的第二个问题是征收范围过窄,存在抓大放小或歧视性执法的问题。排污费征收对象主要是大中型重污染企业。而大量小企业和非企业污染主体,因为监管难度大,无法进行有效征收。如果当时真的按照程序走下来,监管人员疲于奔命,不堪重负,而针对小企业的污染物排放量征收的排污费却对辖区的贡献不大,对于环保部门来说执法成本太高,很难做到全面征收。此外,征收排污费时可能存在歧视性执法,如对私营企业、外资企业的征收总额较高,但对集体所有的企业征收力度则要小很多。有研究发现,水污染监测点上游的企业所缴纳的排污费显著高于下游企业。[②]

排污费的第三个问题是地区性执法力度差距很大。中西部地区由于经济发展相对落后,环保队伍偏弱,其执行往往要让位于经济发展。即使在经济相对发达的东部地区,尽管环保队伍相对较强,但较

---

① 王金南,龙凤,葛察忠,等.排污费标准调整与排污收费制度改革方向[J].环境保护,2014,42(19):37—39.

② He G, Wang S, Zhang B. Environmental regulation and firm productivity in China: estimates from a regression discontinuity design[R]. Working paper, 2018.

之巨大的环保压力,仍然显得势单力薄。比如,根据笔者对相关环保从业人员的采访得知,2010 年,江苏省在岗环境监察人员有 1 819 人,但全省共有规模企业 20 多万家,人均监管企业数达 110 多家,加上企业违法排污具有间歇性、突发性和隐蔽性的特点,监管上更显得力不从心。

排污费的第四个问题是污染物排放数据准确性存疑。由于环境污染测量数据依赖于企业的申报和审核,这些数据的可靠性、准确性和可用性较差。在核定过程中环保部门也难以审查企业的真实账目。

第五个问题是排污费实行的不是全额收费,而是超标准收费,即排污企业排放的污染物在同一排放口含有两种以上有害物质时,按最高排放量和收费标准计算排放费。这就导致,排污企业通常只注重对收费污染物的治理,而忽略了其他不收费污染物的治理,不利于污染企业全面减少污染物的排放。可以说,这种排污费收费规定造成了排污企业之间的不公平,对企业控制污染缺乏激励。根据目前的环境税法中的征收标准,以大气污染物为例,会对同个排放口排放量前三的污染物都征收环境税。和过去的排污费征收要求相比,可以一定程度避免企业的“投机”减排行为。

综上所述,排污费没有能够充分发挥作用,表面原因是地方政府不能有效施行中央的政策,但根本原因在于排污费未能调动地方政府积极性。环境税与排污费制度最大的不同在于主管部门和费税利用目的的不同,进而导致对地方政府的激励大为不同。

上文回顾了环境税的理论基础和现实实践,梳理了从排污费到环境税的政策变迁。根据目前实施的环境税方案,环境税在征收对象、税率、对地方政府的激励、对企业的约束力等方面有以下几个特点。

(1) 从征收对象来看,环境税和过去排污费征收对象区别不大,即大气污染物、水体污染物、固体废物和噪声，共计 117 项。从应税污染物类型来看，大气污染物总税额达到 135 亿元，在环境税总额中占比 89.8%，其中 SO_2、NO_x、粉尘合计占大气污染物应纳税额的 85.7%。水体污染物税收总额在环境税总额中占比 7.2%，固体废物和噪声占比 3%。可以看出，大气污染物税额目前是环境税税收的主体。CO_2 暂未被列为环境税征收对象。削减 CO_2 的政策重心放在了全国碳排放权交易市场。

（2）从环境税税率来看，2018 年各省首次公布的环境税方案中，大多数省份仍然维持着“最低征收额度”，即仅仅满足国家标准。这一标准和 2014 年排污收费的额度基本一致，均为 1.2 元/千克污染当量，即“费税平移”。各省目前环境税税率差距很大，上下相差九倍。北京、天津、上海等直辖市实行的环境税额率最高，但广大中部、西南部省份执行的仍然是国家规定的最低征收标准，地域差别巨大。为实现既定减排目标下成本最小化的减排路径，环境税税率仍有很大提升空间。从理论上分析，如果目前环境税税率普遍低于企业的边际减排成本，企业的最优选择是纳税而不是减排，这样就无法推动环境改善。因此，环境税的税率必须高到足以影响和改变排放者的行为，才能体现环境税的制度价值。

（3）从对地方政府的激励角度来看，环境税和以往行政命令或排污费政策不同，环境税给予了地方政府很大自主权。地方政府可以根据本地情况对污染物征收一定额度的环境税，只要税率不低于国家标准即可，但不超过最低标准的十倍。额度的调整需要经过各省人大通过。其中最为重要的激励是：地方所征收的环境税归地方政府的财政收入。这无疑会大大提高地方政府抓环保的积极性。

（4）从对企业的约束力来看，环境税对企业的约束力也比以前更强。过去，企业不缴纳排污费涉及行政处罚，但现在缴纳环境保护税，受到税收征管法和刑法的约束。从会计的角度，缴纳环境税的支出将成为企业财务报表中一项指标。此外,过去的各项环境规制往往由地方环保部门执行,地方环保部门往往比较弱小,在具体政策执行过程中往往使得环境保护让位于经济发展。而目前的环境税征收则主要由税务部门执行,环保部门只需提供排放数据,并进行监测、核对等。税务部门的参与将大大加强对企业的有效征收和对企业行为的约束力。

5.2　测算工业企业的边际减排成本:影子价格法

2018 年 1 月 1 日正式开征的环境税,已是中央政府治理环境污染的重要政策手段。环境税和行政命令手段的最大区别在于,能利用税费这一价格信号,让减排成本不同的众多污染企业根据自身情况,选择不同的减排策略。其理论上的社会成本往往要低于行政手段。在传统行政命令式的环境规制下,环境治理的目标往往是一个“一刀切”的目标,由于缺乏市场机制,污染物边际减排成本较高的企业往往难以完成目标而面临关停的风险。企业界对清洁技术的投资往往不够,很少考虑到投资清洁设备的长期收益。但在环境税的机制下,边际减排成本较低的企业将会选择多减排,边际减排成本较高的企业可能选择少减排。随着税率的提高,企业减排的力度会逐渐加大但较少企业面临关停的压力,这为企业采用较为清洁的生产技术提供了机会,可以实现污染物减排的长期效果。政府则可以根据减排的实际效果灵活调整税率水平直至实现预设的环境质量改善的目标。与此同时,减排的社会总成本始终保持最低的水平,这样更有可能为企业和地方政府提供长期减排的激励。

环境税的正式开征,表明中国在引入和实施环境经济政策方面取得了长足的进步。但是,应该看到环境税在环境治理体系中的核心地位尚未确立,环保政策专家群体对环境税的潜在效果仍存在较大分歧。此外,相比较对于传统行政命令式环境政策的研究,对环境经济政策的研究基础相对比较薄弱,对世界各国环境经济政策实施的状况和成效也比较缺乏了解,这在一定程度上限制了环境经济政策在中国的接受和推广程度。

在环境税的实证研究方面,存在方法论探讨不足和数据基础薄弱两方面的问题,缺乏比较有影响的学术工作。好的环境税的实证研究需要有扎实的理论基础,有充足的数据和在此之上对环境改善的社会效益和环境治理的私人成本做出科学的估计。那如何估计最优环境税税率呢?

基于效率分析理论的影子价格法是测算污染物边际减排成本的最重要的方法之一。其基本原理如下:将污染物(非合意产出)视为经济生产过程的"副产品",然后根据生产过程中合意产出与非合意产出之间的数量替代关系和合意产出的市场价格,计算出污染物的"影子价格"。此时,污染物的影子价格相当于额外减少 1 个单位污染物的机会成本,即为减少污染物排放而需要放弃的合意产出的潜在收益。这是污染企业污染物减排的综合边际成本。污染物影子价格在政策评估中有重要的作用:不仅可以用于环境政策的成本效益分析,还可以用于计算有效环境税税率、提供排放权交易的定价依据。同时,影子价格还为评估污染控制政策实施效果提供了可能性。理论上,有效率的环境规制政策最终会使得行业里所有企业的污染物边际减排成本达到一致。通过观察影子价格在不同年份的收敛程度,研究者可以评估过去环境政策是否产生效率改进。

综上所述,计算工业企业主要污染物的影子价格,有重要的政策意义。为了向读者举例说明这一点,笔者将利用二次型方向性距离函数,基于 2007 年和 2012 年近 6 000 家工业企业包括污染物排放在内的投入产出数据,计算工业企业的 SO_2、NO_x 和 CO_2 的影子价格,并利用估算结果绘制分行业污染物的边际减排成本曲线，计算出在“十三五”减排目标下对应的有效环境税税率。

5.2.1　数据来源

笔者利用两套工业数据库进行匹配，从而得到包含企业污染物排放信息和企业主要财务信息的两期（2007 年、2012 年）平衡面板数据。这个时间段跨越了“十一五”规划时期（2006—2010 年），在此期间中央采取了一系列较为严格的环境规制，特别是对 SO_2 提出了全国削减 10％的减排目标。这些企业污染物环境技术效率的变化，能充分反映“十一五”期间指标约束性环境规制的实际效果。根据国民经济行业分类，笔者将所得样本进行分行业求解。

第一套数据库是中国工业企业数据库，数据库全称是“全部国有及规模以上非国有工业企业数据库”，是国内广为使用的微观企业数据库。这套数据库由国家统计局负责数据的收集和编制，从 1998 年到 2013 年每年公布该年度的工业企业数据。工业企业数据库包括了所有国有企业以及主营业务收入超过 500 万元人民币的非国有企业[①]。其指标根据各大企业的财务报表编制而成。除了企业的基本信息，如行业、地址、所有权，核心变量，还包括企业投入、产出信息，如员工数量、资本投入、年收入、毛利润、年利率、增值税等。

第二套数据库是环境统计数据库，由原环境保护部（现为生态环境部）负责数据收集和编制。这套数据涵盖了全国每个县的主要污染单位包括重型工业污染企业、污水处理厂、固废处理厂等。纳入数据库的污染单位的污染物排放量总和占全国总量的 85％。主要纳入指标是各企业污染物的排放量，如 SO_2、NO_x、COD、氨氮。这套数据

① 2011 年后该标准改为主营业务收入达到 2 000 万元以上的非国有企业。基于该统计口径的变化，研究者大多采用 1998—2007 年的工业企业数据库。

库由县级地方环保部门进行监测和不定期检查以确保数据质量,是目前最全面的微观企业排污数据库。近年来,多位学者使用该数据库,发表了多篇环境经济学领域高水平文章。①

笔者遵循标准流程对两个数据库进行匹配、清洗。由于环境统计数据库只有 2007 年和 2012 年的数据,笔者根据企业名称和企业法人代码,先对两个年份进行匹配,保留了在此期间都存在的企业,然后再将其和 2007 年、2012 年的工业企业数据库匹配,得到对应的会计指标。接着遵循一般清洗原则进行数据清洗。首先去除了关键财务指标(如劳动力、资本、总产出)缺失的企业,然后去除了重点污染物排放量(SO_2、NO_x)、用煤量(用来计算 CO_2 排放量)缺失的企业,最后去除明显不符合会计准则的企业,如劳动力和固定资产为负的企业,流动资产、固定资产或净固定资产超过了总资产的企业,当期折旧大于累计折旧的企业等。

工业企业数据库和环境统计数据库的统计对象不固定。生产规模的年度变化和污染水平的变化导致了企业进入和退出这两个数据库。除了并购、重组、破产、新组建等原因外,每年都会有一定数量的企业因生产规模、污染水平变化,出现或消失在这两套数据库中。两套数据库使用了不同的取样标准、由不同的部门负责编写,导致只有 10%的工业企业数据库中的企业能与环境统计数据库匹配,虽然损失了一定的企业样本,但最终能被匹配上的企业占比与之前的研究

① Liu M, Shadbegian R, Zhang B. Does environmental regulation affect labor demand in China? Evidence from the textile printing and dyeing industry[J]. Journal of Environmental Economics and Management, 2017, 86: 277-294; Zhang J, Mu Q. Air pollution and defensive expenditures: evidence from particulate-filtering facemasks[J]. Journal of Environmental Economics and Management, 2018, 92: 517-536; Wu H, Guo H, Zhang B, et al. Westward movement of new polluting firms in China: pollution reduction mandates and location choice[J]. Journal of Comparative Economics, 2017, 45(1): 119-138.

接近。[①] 从匹配获得的企业样本来看,这些匹配企业同时具有高污染、产出规模大的特点。

5.2.2 指标选取

投入指标的选取:企业生产过程中的主要投入是资本和劳动力,笔者选择固定资产净值年平均余额作为企业资本的代理指标,如果数据库中没有这一指标,则采取"固定资产净值=固定资产原值-累计折旧"这一公式进行估算。

劳动力指标的选取:笔者选择了企业从业人员平均人数作为劳动力代理指标。由于数据限制,对劳动力素质(如从业人员教育水平)不做区分。

合意产出指标的选取:企业产出主要由工业总产值、工业销售收入和工业增加值三个变量表示。其中,工业增加值仅与固定资本、劳动力、土地三个投入要素有关,是最接近企业实际创造财富的产出指标。但由于工业企业数据库2012年的数据中并没有提供工业增加值的数据,且没有提供中间投入的相关信息,因此无法根据"产品销售额-期初存货+期末存货-中间投入+增值税"来计算工业增加值。为了保证2007年和2012年合意产出指标的统一,笔者选择工业总产值(现价)作为合意产出的指标。

非合意产出指标的选取:选取了SO_2、NO_x、化石燃料燃烧产生

---

① Wu H, Guo H, Zhang B, et al. Westward movement of new polluting firms in China: pollution reduction mandates and location choice[J]. Journal of Comparative Economics, 2017, 45(1): 119-138; Zhang B, Chen X, Guo H. Does central supervision enhance local environmental enforcement? Quasi-experimental evidence from China[J]. Journal of Public Economics, 2018, 164: 70-90; Liu M, Shadbegian R, Zhang B. Does environmental regulation affect labor demand in China? Evidence from the textile printing and dyeing industry[J]. Journal of Environmental Economics and Management, 2017, 86: 277-294.

的 CO_2 三种污染物作为企业的非合意产出。中国的空气污染又具有鲜明的二次反应特征。一次 $PM_{2.5}$ 往往是工业生产直接排放,二次 $PM_{2.5}$ 则是 SO_2、NO_x 等前体物化学反应产生的硫酸盐、硝酸盐颗粒。结合中国长期较为严重的大气污染以及复合型空气污染的特征,SO_2 和 NO_x 都是 $PM_{2.5}$ 重要的前体物。[①] 同时随着中国对大气污染的治理,O_3 已经悄然成为夏季的首要污染物[②],而 NO_x 作为 O_3 的重要前体物现在也愈发引起环保部门的关注。

考虑到中国同时面临着气候变化问题带来的压力,笔者将 CO_2 也列为非合意产出。虽然自 2013 年中国开始了碳排放权交易试点,并于 2021 年开始运行全国性的电力行业碳排放权交易市场,但是碳税作为应对气候变化的替代政策手段仍然是当下讨论的热点话题。考虑到企业层面很难收集到 CO_2 的真实排放量,笔者直接根据每个企业的化石燃料使用量计算 CO_2 的排放。虽然这种方法仅仅考虑了使用化石燃料的碳排放量,无法考虑原材料使用过程中的碳排放量。但对于大部分高污染行业如火电行业来说,原材料或其他加工过程中产生的碳排放量占比较小,能源利用过程中产生的 CO_2 占比最大。利用化石能源使用量来计算重污染企业的碳排放量比较合理。

笔者主要参考《2006 年 IPCC 国家温室气体清单指南》中能源部分所提供的基准方法,化石燃料消费产生 CO_2 排放量的计算公式为:

CO_2 排放量=化石燃料消耗量×CO_2 排放系数

---

① Bell M L, Dominici F, Ebisu K, et al. Spatial and temporal variation in $PM_{2.5}$ chemical composition in the United States for health effects studies[J]. Environmental Health Perspectives, 2007, 115(7): 989-995.

② Wang K, Che L, Ma C, et al. The shadow price of CO_2 emissions in China's iron and steel industry[J]. Science of the Total Environment, 2017, 598: 272-281.

CO_2 排放系数＝低位发热量×碳排放因子×碳氧化率
×碳转换系数

笔者先将企业使用的能源折算成标准煤，再乘以标准煤的 CO_2 排放系数计算得到 CO_2 排放量。这样算出来的碳排放是指化石能源消费产生的能源终端消费碳排放量，不包括二次能源消费碳排放量（如电力、热能）。笔者将考虑表5-3所有化石能源所对应的 CO_2 排放量。

表5-3　各种能源折标准煤及碳排放参考系数

能源	折标准煤系数 (kgce/kg)	CO_2 排放系数 (kg-CO_2/kg)
原煤	0.714 3	1.900 3
焦炭	0.971 4	2.860 4
原油	1.428 6	3.020 2
燃料油	1.428 6	3.170 5
汽油	1.471 4	2.925 1
煤油	1.471 4	3.017 9
柴油	1.457 1	3.095 9
液化石油气	1.714 3	3.101 3
炼厂干气	1.571 4	3.011 9
油田天然气	1.330 0	2.162 2

最终指标选取情况如图5-2所示。投入指标有两项——资本和劳动力，分别用固定资产净平均余额和全部从业人员数来表征。产出有两大类：一类是合意产出，用企业在该年的工业总产值来表征；另一类是非合意产出，即样本企业今年排放的 SO_2、NO_x 以及能源使用产生的 CO_2 排放量。

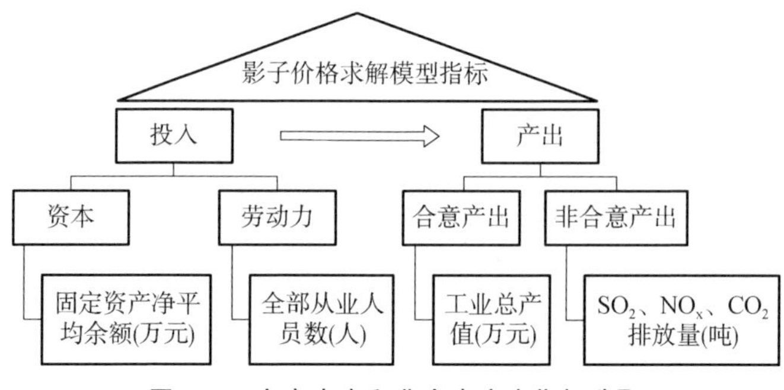

图 5-2 合意产出和非合意产出指标选取

5.2.3 描述性统计

经过对数据库的匹配和清洗后，最终得到包含近 6 000 个企业的平衡面板数据考虑到笔者所使用方法的特殊性，这里剔除了企业数量不足 20 家的行业，最终得到的面板数据是 5 859 个企业。

2010 年《第一次全国污染源普查公报》中将 6 个行业列为污染行业[①]，笔者依照这一标准，对样本中企业所处行业进行区分。总体上根据《国民经济行业分类》(GB T4754—2011，已废止)[②]行业两位数代码分为 29 个行业，同时进行污染行业和非污染行业的区分。样本企业的行业分布如表 5-4 所示。接着根据关键变量对样本进行描述性统计，如表 5-5 所示。

① 根据中华人民共和国原环境保护部、国家统计局、原农业部于 2010 发布的《第一次全国污染源普查公报》，SO_2 排放量居前几位的行业有：电力热力的生产和供应业 1 068.70 万吨、非金属矿物制品业 269.44 万吨、黑色金属冶炼及压延加工业 220.67 万吨、化学原料及化学制品制造业 130.15 万吨、有色金属冶炼及压延加工业 122.04 万吨、石油加工炼焦及核燃料加工业 65.30 万吨。上述 6 个行业 SO_2 排放量合计占工业源 SO_2 排放量的 88.5%。笔者对"高污染行业"的定义根据该污染源普查公报来确定。

② 《国民经济行业分类》于 2017 年进行了修订，此处仍根据数据对应年份，采用修订前的标准。

表 5-4　样本企业行业分布

行业	企业数目
高污染行业	2 157
电力、蒸汽、热水的生产和供应业	51
非金属矿物制造业	704
黑色金属冶炼及压延加工业	264
化学原料及化学制品制造业	867
石油加工及炼焦业	120
有色金属冶炼及压延加工业	151
非高污染行业	3 702

表 5-5　样本企业投入产出变量的描述性统计

年份	变量	单位	均值	最小值	最大值	标准差
2007	资本	万元	113 573.93	12.00	28 322 310.00	674 771.75
	劳动力	人	558.55	10.00	43 654.00	1 326.34
	总产值	万元	34 046.29	5.00	13 000 000.00	259 294.05
	SO_2	吨	215.95	0.01	29 000.00	1 111.69
	NO_x	吨	166.23	0.00	40 000.00	1 012.19
	CO_2	吨	70 288.73	9.50	14 252 250.00	377 340.12
2012	资本	万元	198 424.17	8.00	49 747 811.00	1 155 527.53
	劳动力	人	653.94	1.00	41 347.00	1 338.28
	总产值	万元	54 697.14	2.00	12 434 078.00	324 779.11
	SO_2	吨	260.30	0.00	48 012.00	1 499.50
	NO_x	吨	169.27	0.00	36 719.59	979.74
	CO_2	吨	88 353.44	3.61	19 395 601.98	521 277.41

根据表 5-4，从行业分布上看，样本企业中属于高污染行业的企业达到 2 157 家，非高污染行业也有 3 702 家。两类行业丰富的企业数量使得结果的比较更有针对性。

样本中企业投入产出变量的描述性统计如表 5-5 所示。根据表 5-5 可以看出，本样本中的工业企业总产值和资本值都比较高，考虑到环境统计信息数据库本来的特征，样本中企业具备高产值、高污染的特征。

首先分行业分析样本中企业分行业各种污染物的排放强度，这里定义企业的污染物排放强度为年度总污染物的排放量/年度工业总产值。分行业污染物的排放强度（SO_2、NO_x、CO_2）如图 5-3、图 5-4、图 5-5 所示，排放强度排名前列的行业与第一次污染源普查公

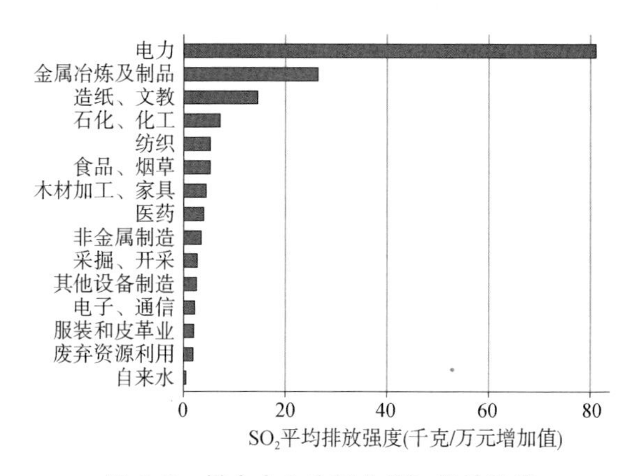

图 5-3　样本企业分行业 SO_2 排放强度

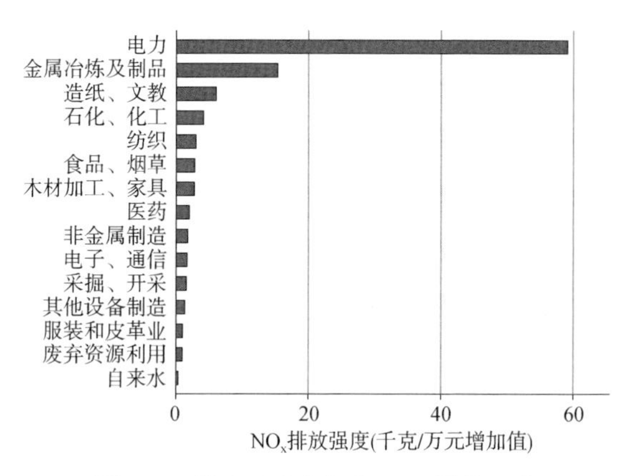

图 5-4　样本企业分行业 NO_x 排放强度

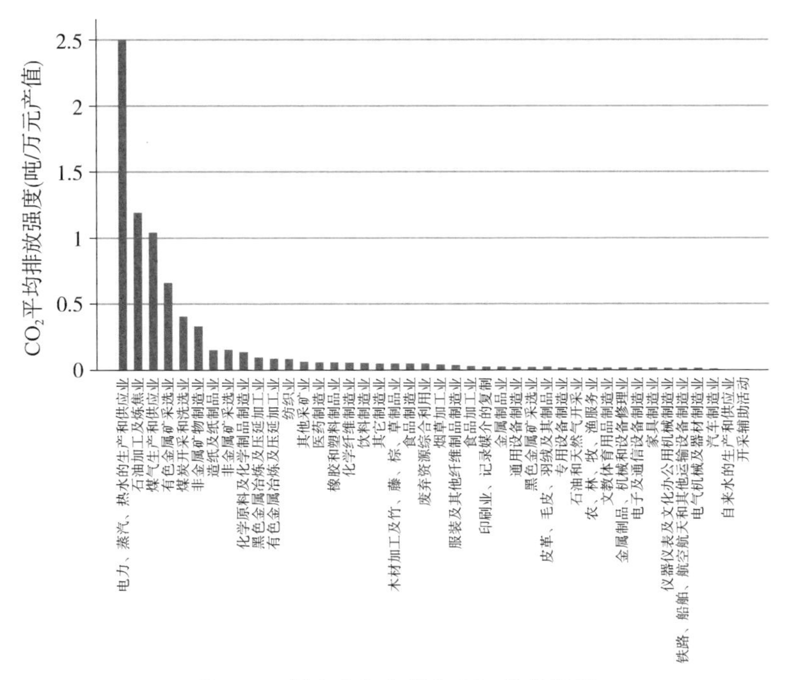

图 5-5　样本企业分行业 CO_2 排放强度

报公布排放量较大的行业基本一致。样本中有部分轻工业企业污染物排放强度也很高，如造纸、纺织、文教。其中样本中的电力行业的 SO_2、NO_x、CO_2 的排放强度都远超其他工业行业。这也和现实中电力行业是排放大户的事实相符合。

如果分地区分析样本企业的污染物排放强度，如图 5-6 和图 5-7 所示，样本企业中中西部省份的企业污染物排放强度都更高一些，如宁夏、新疆、内蒙古、甘肃、云南等。而《第一次全国污染源普查公报》显示，浙江、广东、江苏、山东、河北等东部省份占全国工业源总数的 19.9%、17.1%、11.8%、6.1%和 5.1%。东部省份在占据较高工业份额的同时，污染物排放强度仍显著低于中西部，地区之间节能减排技术可能存在显著差异。若将全部省份分为东中西部分析，则会发现东部沿海地区在较高环境规制强度下，工业企业排放强度明显较低。如图5-8所示，西部省份 SO_2、NO_x 的排放强度基本是东部省份的2倍。西部省份很多都是生态脆弱的高原地区，这样的排放强度无疑对西部省份生态文明建设提出了更高的挑战。

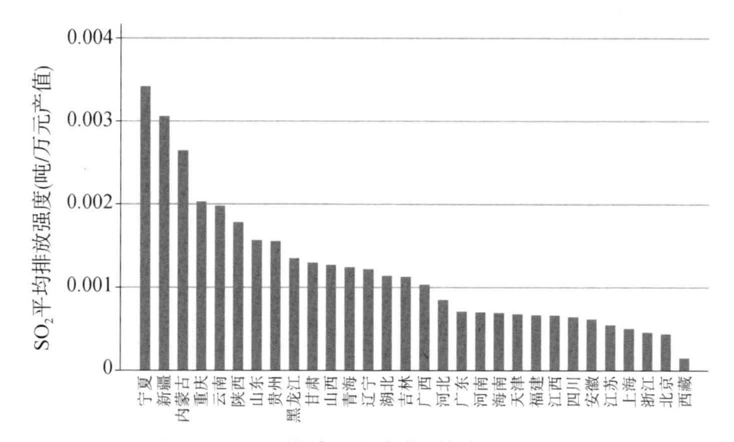

图5-6　SO_2 排放强度变化(按省级行政区)

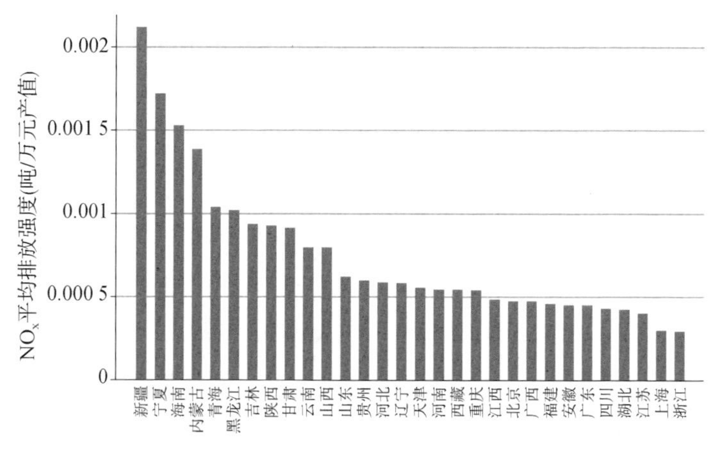

图5-7　NO_x 平均排放强度变化(按省级行政区)

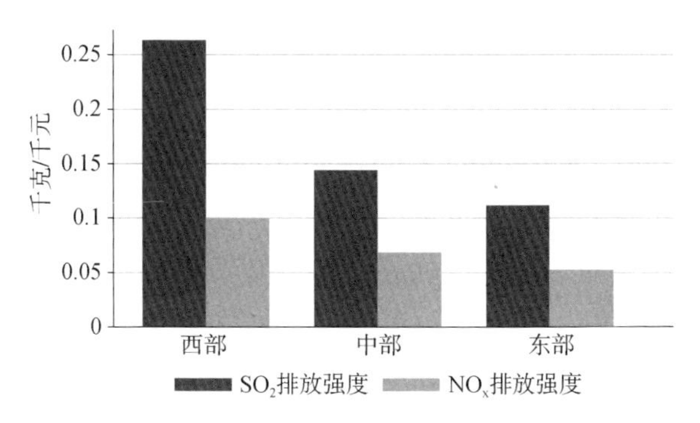

图 5-8　东中西部省份企业 SO_2 和 NO_x 的排放强度

如果从年际变化上看，如图 5-9 所示，特别是从排放强度变化趋势上看，从 2007 年到 2012 年，SO_2 和 NO_x 的排放强度都降低了许多。中央在"十一五"规划期间颁布过一系列环境规制，如千家企业强制性节能减排的政策、电力企业大规模安装脱硫脱硝设备等。排放强度的降低说明行政命令式的环境规制起到了一定效果。

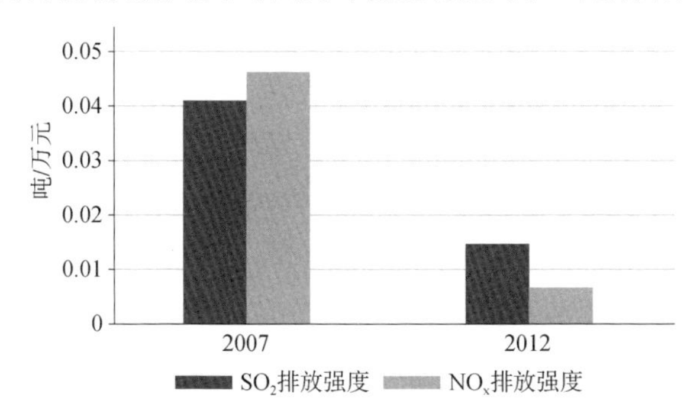

图 5-9　2007 年和 2012 年 SO_2 和 NO_x 排放强度变化

下文将基于近 6 000 家工业企业投入产出数据，通过采用参数化的方向性距离函数模型估算 SO_2、NO_x、CO_2 三种污染物影子价格，并使用不同的方向向量对结果进行稳健性检验。在求解出基准结果的基础上，进一步探究影子价格与企业性质的相关性，证明了污染物影子价格与排放强度呈负相关的关系。

5.2.4 实证模型

由于笔者的目的是求解三种污染物的影子价格,同时量化三种污染物之间的替代或互补效应。替代关系需要借助生产可能性集合的凸包集和进行二次微分来实现。笔者在之前经典研究所用模型的基础上[①],加入了时间和个体效应,使用参数化的可以微分的方向性距离函数来估算企业环境技术效率和污染物影子价格,在此基础上得到合意产出和污染物以及污染物之间的替代弹性。

这里需要说明不使用非参数法(数据包络法)的原因。虽然数据包络法不限制方向性距离函数的具体形式,求解比较方便。然而,通过非参数法形成了线性逼近形成的前沿面不具备良好的微分性质,因此并不适合计算污染物的影子价格和它们之间的替代效应。综合第三章对以往研究的介绍,笔者将采取参数法求解二次型方向性距离函数。

方向向量的选取会影响距离函数一阶求导和二阶求导的结果,这是由限制条件决定的。遵循以往多数研究[②],这里方向向量选取为(1, −1),简化模型。在下一阶段,笔者将选取不同的方向向量进行结果的稳健性检验,来观察是否会因方向向量选取的不同产生差异较大的结果。

基于笔者的数据情况(两种投入品、一种合意产出、三种非合意产出),对于企业 K 来说,其包含了三种非合意产出(SO_2、NO_x、CO_2),需要求解以下线性规划问题。

---

① Färe R, Grosskopf S, Noh D W, et al. Characteristics of a polluting technology: theory and practice[J]. Journal of Econometrics, 2005, 126(2): 469-492.

② Ibid.

目标函数如下：

$$\min\sum_{k=1}^{K}[\overrightarrow{D}_0(x_k, y_k, b_k; g_y, g_b)-0] \tag{5.1}$$

s. t.

1. $\overrightarrow{D}_0(x_k, y_k, b_k; g_y, g_b)\geqslant 0, k=1, \cdots, K$

2. $\dfrac{\partial\overrightarrow{D}_0(x_k, y_k, b_k; g_y, g_b)}{\partial y_m}\leqslant 0, m=1, \cdots, M, k=1, \cdots, K$

3. $\dfrac{\partial\overrightarrow{D}_0(x_k, y_k, b_k; g_y, g_b)}{\partial b_i}\geqslant 0, j=1, \cdots, J, k=1, \cdots, K$

4. $\dfrac{\partial\overrightarrow{D}_0(\overline{x}, \overline{y}, \overline{b}; g_y, g_b)}{\partial x_n}\geqslant 0, n=1, \cdots, N$

5. $\sum_{m=1}^{M}\beta_m-\sum_{j=1}^{J}\gamma_j=-1$; $\sum_{m'=1}^{M}\beta_{mm'}-\sum_{j=1}^{J}\mu_{mj}=0, m=1, \cdots, M$

6. $\sum_{j'=1}^{J}\gamma_{jj'}-\sum_{m=1}^{M}\mu_{mj}=0, j=1, \cdots, J$; $\sum_{m=1}^{M}\delta_{nm}-\sum_{j=1}^{J}\eta_{nj}=0, n=1, \cdots, N$

7. $\alpha_{nn'}=\alpha_{n'n}$ with $n\neq n'$, $\beta_{mm'}=\beta_{m'm}$ with $m\neq m'$, $\gamma_{jj'}=\gamma_{j'j}$ with $j\neq j'$

在这七个约束条件中,1 式要求所有生产单元的生产行为都必须在生产可行集中,即方向性距离函数非负。2 式要求了合意产出的自由处置性,即如果合意产出增加,则方向性距离函数值不会增加,意味着企业变得更有效率,距离前沿面上最有效企业的距离更近。3 式要求了非合意产出的弱可处置性,即如果非合意产出 b 增加,方向性距离函数值不会减少,因为此时企业的效率更低。4 式与 3 式类似,要求投入的弱可处置性,即如果投入品增加,方向性距离函数值不会减少,因为企业的效率更低了。5 式和 6 式保证对所有产出变量的一阶齐次性假定,即产出变量的弱可处置性。7 式则代表距离函数的对称性。

方向向量选择 $g=(1, -1)$，即合意产出和非合意产出扩张或收缩的比率一致，合意产出每增加 1 单位，非合意产出就减少 1 单位。[①] 选择对称性方向向量的好处之一是它更符合现实情况。在企业面临现实中的环境规制时，大多希望环境污染物能减少而不是不变。二是相较于复杂的方向向量，单位向量的设定降低了求解难度。笔者和以往研究保持一致，选取该方向向量进行求解，同时在稳健性检验部分采用其他常用方向向量考察结果的稳健性。

5.2.5 测算结果

5.2.5.1 基准结果

基于影子价格理论模型和求解方法，笔者利用软件 MATLAB 求解方向性距离函数各参数值。由于环境生产技术可行性集合要求合意产出和非合意产出是联合生产的，不存在生产合意产出但不生产非合意产出的情况，因此样本中有部分企业无法求得影子价格（方向性距离函数值为负，模型运行结果为缺失值）。为了保证影子价格在两个年度之间也是可比的，笔者剔除了无法求解的企业观测值。

由此，笔者分行业、分年份求得方向性距离函数各个参数，在此基础上，可以求出这近 6 000 家企业样本三种污染物的影子价格。为了便于展示，笔者重点选取电力、钢铁、化工三大重污染行业[②]，给出了方向性距离函数各参数的估计值[③]，如下表 5-6 所示。

---

① Färe R, Grosskopf S, Noh D W, et al. Characteristics of a polluting technology: theory and practice[J]. Journal of Econometrics, 2005, 126(2): 469-492.

② 电力、钢铁、化工是电力热力的生产和供应业、黑色金属冶炼及压延加工业、化学原料及化学制品制造业的简称。

③ 将属于电力、行业、化工这三大行业所有企业作为一个大类来求解，而非分行业求解后的平均数。

表 5-6　样本企业污染物的平均影子价格

年份	SO_2 影子价格（元/千克当量）		NO_x 影子价格（元/千克当量）		CO_2 影子价格（元/吨当量）	
	平均值	标准差	平均值	标准差	平均值	标准差
2007	219	394	309	693	95	25
2012	312	279	636	475	379	59
平均值	265.5	—	472.5	—	237	—

注：这里的平均值为算术平均值。

在参数估计结果的基础上，各污染物在两个年度内平均影子价格的估计结果如表 5-6 所示。从中可以看出，三种污染物的边际减排成本有较大区别。在 2007 年，SO_2、NO_x 的平均影子价格分别达到 219 元/千克当量、309 元/千克当量，CO_2 影子价格仅有 95 元/吨当量。CO_2 极低的影子价格意味着工业企业对 CO_2 有很大的减排潜力。但这一影子价格也高于目前各地碳交易市场的平均碳价。根据以往相关研究，在实行碳交易试点期间，部分试点碳交易市场存在交易量低、活跃度不足等问题。中国的碳交易市场似乎尚未形成稳健的价格发现机制。

同时也应注意到的是，在 2007 年时，SO_2 和 NO_x 的影子价格就有一定差距，后者几乎是前者的 1.5 倍，表示对于样本企业来说，减排 NO_x 的机会成本远远高于减排 SO_2 的机会成本。其中，到了 2012 年，NO_x 影子价格的影子价格几乎是 SO_2 的两倍，这一结果与以往利用城市级别投入产出数据的研究类似。① 这意味着，对于工业企业来说，削减不同污染物所要付出的机会成本存在一定差异。对于研究期间的样本企业来说，削减 SO_2 的边际减排成本低于

① 陈诗一，武英涛. 环保税制改革与雾霾协同治理——基于治理边际成本的视角[J]. 学术月刊，2018，50(10)：39—57，117.

NO_x 的边际减排成本。

这一结果对目前的环境税政策调整有重要的参考意义。考虑到目前环境税对主要空气污染物没有进行差异化征收,很多省份对 SO_2、NO_x 的征收标准完全一致。考虑到 NO_x 是目前夏季主要污染物 O_3 的重要前体物,控制 NO_x 同时影响两个季节的污染治理效果。因此,对 NO_x 的控制应当成为下一阶段大气污染治理工作的重点。应当适当提高 NO_x 的税率。只有通过根据污染物种类进行差别化征税,才能充分发挥环境税的减排效果。

从年际变化情况上看,如表 5-6 所示,虽然样本数据只有两期,但仍然可以观测到三种污染物的影子价格在此期间都呈现显著上升的趋势。从年度变化上看,样本中工业企业的污染物影子价格在 2007 年到 2012 年都上升了很多,其中 SO_2 影子价格增长近 1.5 倍,CO_2 影子价格增长了近 4 倍,NO_x 增长近两倍。自从 2006 年,中国开始将 SO_2 列为"十一五"五年规划中的约束型指标后,各地方政府都需要努力达到既定的减排目标,由此导致各企业大大加强了对 SO_2 的减排力度。其结果就是 SO_2 的影子价格提高明显。此外,CO_2 的影子价格也提升很多。虽然在此期间,CO_2 并没有被列入"五年规划"强制性减排目标,但中央在 2007 年也号召"节能减排"。CO_2 影子价格明显提高也代表着削减每一单位污染物企业需要放弃的经济产出价值越大,中国工业企业污染治理的边际成本也越来越高。

从分地区的情况来看,如表 5-7 和表 5-8 所示,各省污染物影子价格的差异很大,同一省份不同行业的工业企业污染物的影子价格的差异也很大。以 SO_2 的影子价格为例,影子价格较高的地区主要是东部沿海城市或北京、上海等以第三产业为主导产业的一线城市。污染物影子价格较低的地区以西部省份为主。但有部分中部省份的影子价格已经和东部发达省份不相上下,特别是一些煤炭资源较为丰富的省份，如内蒙古、陕西。西部省份中，甘肃的污染物影子价格排序也较为靠前。考虑到这些地区目前征收的环境税税率仅满足国家最低征收标准，如果希望有效实现空气污染的区域协同治理，应当适度提高对这些地区的环境税税率。

表 5-7　分省污染物影子价格的排序(2007 年)

排序	地区	SO_2 影子价格	地区	NO_x 影子价格	地区	CO_2 影子价格
1	北京	857.65	福建	1 239.90	浙江	306.85
2	浙江	618.58	浙江	768.70	福建	271.96
3	上海	510.80	江西	589.81	江西	220.59
4	福建	496.79	陕西	502.96	辽宁	214.77
5	辽宁	336.52	甘肃	485.71	甘肃	182.28
6	天津	260.45	北京	483.26	广东	135.37
7	甘肃	254.25	四川	456.88	四川	122.98
8	山东	246.32	重庆	394.13	湖北	119.06
9	广东	214.92	贵州	336.42	陕西	104.48
10	陕西	214.18	广西	329.35	北京	101.87
11	四川	213.72	湖北	295.33	广西	98.71
12	湖北	179.58	辽宁	293.37	重庆	77.75
13	江苏	173.85	广东	284.80	江苏	76.91
14	青海	162.78	山东	269.17	青海	74.90
15	黑龙江	158.00	宁夏	219.12	河南	73.04
16	河南	157.20	天津	200.44	贵州	69.78
17	内蒙古	141.20	青海	189.97	上海	65.03
18	云南	136.41	河南	182.70	山东	50.00
19	江西	133.52	江苏	176.59	天津	47.33
20	吉林	121.84	云南	176.53	吉林	46.43
21	山西	118.57	内蒙古	164.37	内蒙古	46.02

(续表)

排序	地区	SO_2 影子价格	地区	NO_x 影子价格	地区	CO_2 影子价格
22	河北	110.49	上海	161.24	黑龙江	43.50
23	贵州	98.69	河北	161.04	云南	40.73
24	安徽	95.99	黑龙江	144.93	宁夏	34.30
25	宁夏	87.67	山西	142.60	河北	32.88
26	广西	73.39	吉林	110.24	新疆	32.69
27	重庆	69.71	安徽	107.52	安徽	27.02
28	海南	68.73	新疆	88.10	山西	25.90
29	新疆	49.73	海南	31.00	海南	19.41
—	平均	219.36	—	309.87	—	95.26

注:这里的平均值为算术平均值。

表 5-8　分省污染物影子价格的排序(2012 年)

排序	地区	SO_2 影子价格	地区	NO_x 影子价格	地区	CO_2 影子价格
1	北京	1 329.17	贵州	6 684.20	北京	3 148.33
2	浙江	475.40	安徽	1 184.17	吉林	555.51
3	江苏	405.34	吉林	1 067.80	浙江	443.52
4	广东	383.05	浙江	768.44	上海	441.72
5	吉林	381.03	江苏	568.74	江苏	414.98
6	上海	376.36	上海	551.38	青海	340.74
7	青海	345.79	福建	489.37	江西	340.17
8	江西	327.16	青海	461.52	广东	339.22
9	陕西	316.67	广东	451.15	辽宁	331.69
10	贵州	313.40	山西	437.49	陕西	329.35
11	辽宁	309.94	陕西	434.44	湖北	324.92
12	湖北	305.14	湖北	420.06	福建	312.65
13	福建	302.32	江西	413.50	山西	292.52

(续表)

排序	地区	SO_2 影子价格	地区	NO_x 影子价格	地区	CO_2 影子价格
14	天津	272.29	辽宁	387.78	天津	272.03
15	四川	263.73	北京	377.31	内蒙古	269.63
16	内蒙古	261.23	河北	359.30	重庆	256.72
17	河北	261.21	重庆	341.30	广西	250.42
18	重庆	256.18	内蒙古	322.94	山东	246.78
19	山西	253.39	四川	321.47	黑龙江	245.47
20	广西	252.44	天津	321.22	贵州	243.38
21	黑龙江	241.32	山东	314.77	四川	243.04
22	山东	240.65	黑龙江	301.38	河北	240.51
23	云南	224.88	广西	299.56	河南	234.87
24	河南	219.43	云南	295.31	云南	219.17
25	安徽	186.86	河南	277.72	安徽	208.95
26	宁夏	175.84	甘肃	208.47	甘肃	158.79
27	甘肃	158.92	宁夏	205.12	新疆	126.32
28	新疆	134.46	新疆	195.05	宁夏	125.48
29	海南	82.04	海南	8.08	海南	34.36
—	平均	312.26	—	636.86	—	379.01

注:这里的平均值为算术平均值。

如表5-9所示,以往对中国 CO_2 影子价格的研究,其影子价格结果差异较大,从50元/吨当量到5 512元/吨当量不等。和采用方向性距离函数模型的研究比较,笔者对 CO_2 影子价格的测算结果为379元/吨(2012年的结果),大概介于用省级数据的研究结果之间。

表 5-9　测算中国 CO_2 影子价格结果汇总

文章	时间区间	决策个体(DMU)	方法	影子价格(元/吨当量)
Wang et al., 2011	2007	中国 28 个省	DDF/DEA	475
Wei et al., 2012	1995—2007	中国 29 个省	DDF/SBM-DEA	140
Choi et al., 2012	2001—2010	中国 30 个省	DDF/SBM-DEA	50
Lee and Zhang, 2012	2009	中国 38 个工业行业	TDDF/N	28
Peng et al., 2012	2004, 2008	中国 24 个工业行业	DDF/DEA	200
Wei et al., 2013	2004	中国 124 个火电企业	QDDF/N	2 060
Chen, 2013	1980—2010	中国 30 个工业行业	DEA/N	2 731
Zhang et al., 2014	2006—2010	中国 30 个省	QDDF	22
Zhou et al., 2015	2009—2011	上海工业部门	QDDF/TDDP/N/P	395—1 906
Du et al., 2015	2001—2010	中国 30 个省	QDDF/N	2 100
Du et al., 2016	2008	中国 648 个火电企业	QDDF/N	1 663
Tang et al., 2016	2003—2012	中国 30 个省	QDDF/N	5 512
Wang et al., 2016	1996—2012	中国 30 个省	DDF/N	3 000
Wang et al., 2017	2014	中国 49 个钢铁企业	ODDF/P	1 226

注:TDDF, Translog directional distance functional form,超越对数形式的方向性距离函数;QDDF, Quadratic directional distance functional form,二次型方向性距离函数;ODDF, Output directional distance function,产出导向的方向性距离函数,一般指Shephard 距离函数;P, Parametric,参数法; N, Nonparametric,非参数法;SBM-DEA, Slack-based measure Data envelope analyses,非径向数据包络法。

如表 5-10 所示,以往对中国 SO_2、NO_x 影子价格的研究,相较于 CO_2 的研究略少。笔者结果与一些学者运用省级、市级的结果较为接近,而且都发现了 NO_x 影子价格要高于 SO_2[①],和利用局部地区行业层面的研究差别则较大。由于笔者样本中企业地理分布广泛,基本覆盖了全国所有行政单位,因此和部分使用局部地区、局部行业数据的研究有一定差异。

表 5-10　测算中国 SO_2、NO_x 影子价格汇总

文章	时间区间	决策个体(DMU)	方法	影子价格(元/吨当量)
Kaneko et al., 2010	2003—2006	火电行业	DDF/DEA	20 720(SO_2)
Zhang et al., 2015	2010	鄱阳湖地区 38 个城市	DDF/SBM-DEA	41 900(SO_2)
Tang et al., 2016	2003—2012	中国 30 个省	QDDF/N	154 395(SO_2)
周文勇,2017	1998—2014	广东 36 个工业行业	DDF/P	42 400(SO_2)
陈诗一等,2018	2005—2015	中国 30 个省	TDDF/P	2 961 600(SO_2)
陈诗一等,2018	2005—2015	中国 30 个省	TDDF/P	17 853 900(NO_x)
Ji and Zhou, 2020	2006—2014	中国 104 个城市	QDDF/P	150 334.06(SO_2)
Ji and Zhou, 2020	2006—2014	中国 104 个城市	QDDF/P	49 408.37(NO_x)

① 陈诗一,武英涛.环保税制改革与雾霾协同治理——基于治理边际成本的视角[J].学术月刊,2018,50(10):39—57, 117; Ji D J, Zhou P. Marginal abatement cost, air pollution and economic growth: evidence from Chinese cities[J]. Energy Economics, 2020, 86: 104658.

5.2.5.2　年际变动

由于污染物的影子价格显示了企业减排污染物所需要放弃的合意产出的市场价值,也就反映了企业减排污染物的边际减排成本。当企业减排技术没有明显变化的情境下,污染物影子价格的提升可以反映此时企业所受环境规制的力度。在样本期间(2007年和2012年),对主要污染物的减排技术并没有出现革命性的进步,即极低成本的减排措施并未出现,企业主要面临着"十一五"规划中对 SO_2 削减10%的要求。因此,观察2007年和2012年样本企业影子价格的变动,可以分析企业所受环境规制力度的变化。同时,结合第二章对"等边际"原则的介绍,根据一个行业内影子价格的分布是否收敛,可以判断环境规制是否实现了经济有效的减排。

笔者结合中国环境政策情况,给出对影子价格年际变动的预期:影子价格逐年升高。在样本期间(2007年和2012年),排污费政策并没有出现大幅度调整,其费率基本维持2003年设定的基础费率。该时期与"十一五"规划的时间基本重合。2006年,中国首次将环保约束指标写进了"十一五"规划中,要求以2006年为基准,全国 SO_2 排放量要在2011年削减10%。并将这一要求分发给各省,每个省都要完成各自的减排目标,否则地方官员会面临一定处罚。由于首次将环保指标纳入了对地方社会经济的综合考核体系,特别是对地方领导、企业负责人业绩考核时,实行"一票否决"制度,污染物减排成为地方不容忽视的重要考核指标。此外,2007年提出"节能减排"①的口号,号召企业降低能耗,这是从国家层面对 CO_2 的规制提出了要

① 中华人民共和国中央人民政府.国务院关于印发节能减排综合性工作方案的通知[EB/OL].(2007-06-30)[2023-05-22]. https://www.gov.cn/zwgk/2007-06/03/content_634545.htm.

求。结合政策的实际情况,笔者推测污染物的影子价格从 2007 年到 2012 年将提升很多,但是否实现经济有效的减排,即影子价格的分布是否趋于收敛仍有待数据的检验。

下文根据污染物影子价格的基准测算结果,对 2007 年和 2012 年影子价格的具体分布和分布变化情况进行分析。为了结果展示的方便,选取污染物排放强度最高的电力行业进行展示。在图 5-10、图 5-11、图 5-12 给出了样本中电力企业在 2007 年和 2012 年三种污染物影子价格的核密度分布图。

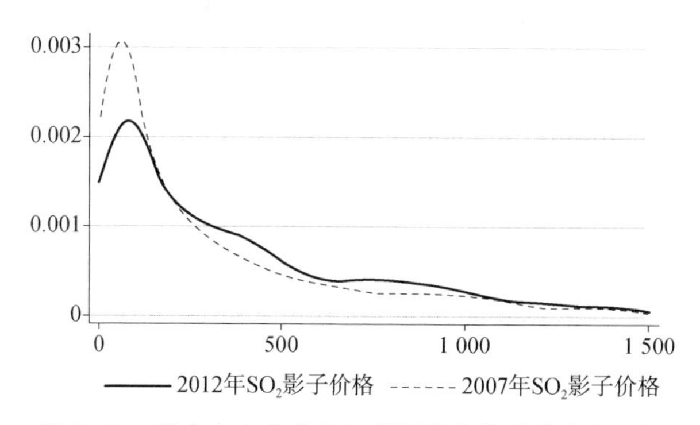

图 5-10　样本电力企业 SO_2 影子价格的核密度分布图

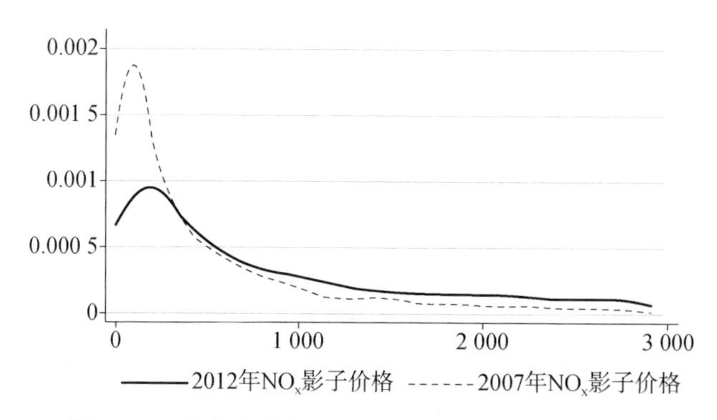

图 5-11　样本电力企业 NO_x 影子价格核密度分布图

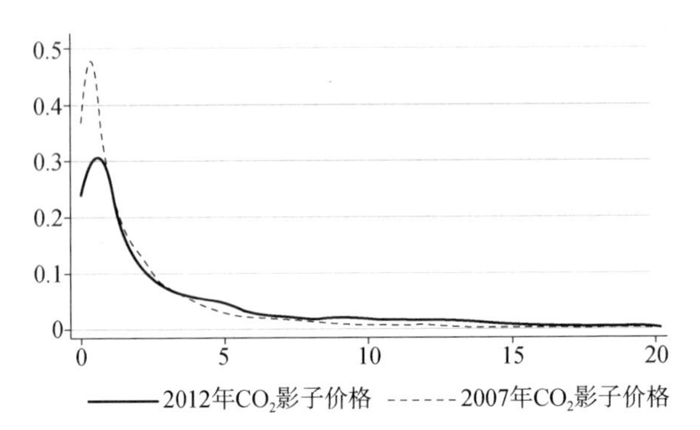

图 5-12　样本电力企业 CO_2 影子价格的核密度分布图

从图中两年污染物影子价格的变动上看(如图 5-10、图 5-11、图 5-12 所示),2007 年到 2012 年样本电力行业 SO_2、NO_x、CO_2 的影子价格均逐渐攀升。2007 年,污染物影子价格集中度相对较高,平均值相对较小。2012 年污染物影子价格的核密度分布曲线右移,意味着相比于 2007 年,样本电力企业污染物平均影子价格在提高。理论上来说,如果环境规制力度逐渐增强和企业产值的扩大,企业为了削减每额外 1 单位污染物的机会成本就会越来越高。联系实际,从 2007 到 2012 年中国对环境治理的力度越来越大。特别是 2006 年进入"十一五"规划阶段,SO_2 需要削减 10%的目标被明确写入"十一五"规划中,中央也采取多种形式的环境规制手段来确保目标的达成,污染物减排取得了一定进展。

从影子价格的分布情况上看,传统的行政命令手段并未实现经济有效的减排。从图上两年影子价格的分布情况上看,2012 年影子价格的集中度明显低于 2007 年。影子价格的分布变化趋势代表了行业内部企业减排成本的趋同程度。影子价格集中度越低,说明企业之间的边际减排成本差异越大。这一现象的政策含义是:目前的污染治理政策,不是以经济效率最高的方式影响企业的减排行为。

即使出现减排工作的推进,与之相伴的是较高的社会成本。这种低效率的政策在短期内可能会有一定的效果,但由于成本较高,地方政府和企业配合意愿低,长期来看容易导致减排效果的反复,无法形成治理的长效机制。结合理论部分对减排政策经济效率的解释,要想环境政策实现社会减排总成本最小化的目标,减排政策应该导致全行业所有企业污染物影子价格(即边际减排成本)收敛和趋同。如果企业边际减排成本差异变大,则说明未能实现经济有效的减排,这是以行政力量推动减排的普遍特点。因为只有经济手段才能使边际减排成本收敛一致,从而达到减排总成本最小化的目的。①

综上所述,通过对影子价格年际变动的分析,2007 年到 2012 年的样本期间,电力企业受到的环境规制力度是逐渐加大的,SO_2、NO_x、CO_2 的边际减排成本都有所提高;但由于样本期间,环境污染的治理主要依靠行政手段,这种方式的环境规制导致电力企业在资源配置上存在效率损失,这种损失在 2007—2012 年是逐步扩大的。

5.2.5.3　稳健性检验

笔者试图通过选取不同方向向量,来测算影子价格的结果,希望能提供影子价格测算的稳健性。根据以往研究,方向向量其实是求解污染物影子价格的重要环节,已有不少研究发现方向向量的选取会对结果造成不同程度的变化。但方向向量作为技术效率的评价指标,在方法的应用上并没有明确的选取标准。不同方向向量实际上就代表着不同的经济学含义。其中,常用的选择是(1, −1)这个向量。一是因为这一方向向量大体符合现实情况,即企业希望尽可能多生产合意产出,同时减少非合意产出。两种产出扩张和收缩的程

---

① Coggins J S, Swinton J R. The price of pollution: a dual approach to valuing SO_2 allowances[J]. Journal of Environmental Economics and Management, 1996, 30(1): 58-72; Xu J, Hyde W F, Ji Y. Effective pollution control policy for China [J]. Journal of Productivity Analysis, 2010, 33: 47-66.

度是同比例的。二是(1, −1)这个单位向量为方向性距离函数各项参数的求解提供了便利。

除了(1, −1),常用的方向向量还有(1, 0)、(−1, 1)、(0, −1)。(1, 0)则代表好产出增加,但坏产出仍维持在既定的生产;(−1, 1)则代表好产出收缩,坏产出增加;(0, −1)代表好产出维持在既定水平,坏产出持续收缩。综合来看,方向向量的选取仍要保证距离函数的基本假设,也要符合现实中企业应对环境规制时的表现。目前绝大多数研究中采取的方向向量,对于非合意产出一般是希望收缩的,对合意产出维持在既定水平或扩张还有争议。结合中国企业对经济增长的渴望,笔者拟采用的方向向量首先保证非合意产出是收缩的,合意产出选取了 0 和正数两种情况。最终选取了(0, −1)、(1, −2)、(2, −1)三个方向向量与(1, −1)的测算结果进行比较。

如表 5-11 所示,从初步的结果上来看,选取(2, −1)方向向量的值导致加权平均的二氧化硫影子价格较高,(1, −1)这一方向向量测算的结果反而是四个向量中最低的。考虑到笔者主要选取(1, −1),笔者对影子价格求解的结果应当作为估算的下界。

表 5-11　基于不同方向向量的 SO_2 影子价格测算的结果

单位:元/千克当量

(g_y, g_b)	加权平均	电力	化工	钢铁
(0, −1)	212.5	158.5	243.0	146.3
(1, −2)	280.0	146.0	138.1	115.5
(1, −1)	182.3	219.0	196.1	149.9
(2, −1)	392.9	562.6	57.0	33.3

5.3　边际减排成本的影响因素分析

企业减排成本或能耗水平的异质性往往超出意料的高。在美国，工业企业之间单位能耗水平存在巨大差异，这意味着传统只针对行业层面的环境规制并未实现经济有效的减排[①]；中国工业企业的能耗利用水平也存在较高异质性[②]。影子价格代表着企业对污染物的边际减排成本，中国工业企业的减排成本是否有较大差异？这种差异可能是哪些因素导致的？

由于笔者使用的是大样本企业数据，企业层面丰富的信息为研究影子价格的影响因素提供了可能。股权结构、隶属关系、企业规模、企业年龄对污染物的影子价格分别是怎样的影响？笔者选取了样本中企业数量最多的化工行业（共有 867 个化工企业），从企业性质的角度，来探究污染物影子价格的影响因素。

5.3.1　影子价格与污染物排放强度

根据以往相关研究，污染物的影子价格基本和排放强度[③]呈负相关关系。[④] 这可以理解为污染的“规模效应”，即在污染物排放量很大、排放强度最高的初始阶段，减排成本很低；随着企业不断努力减少污染物排放，想要进一步削减就变得困难很多，影子价格就会进一步提高。如果企业已经为减排付出了很大努力，当前污染物的排放

---

① Lyubich E, Shapiro J, Walker R. Regulating mismeasured pollution: Implications of firm heterogeneity for environmental policy[J]. AEA Papers and Proceedings, 2018, 108: 136-142

② 陈钊，陈乔伊. 中国企业能源利用效率：异质性、影响因素及政策含义[J]. 中国工业经济，2019(12)：78—95.

③ 这里的排放强度定义为：污染物排放量/每万元产值。

④ Coggins J S, Swinton J R. The price of pollution: a dual approach to valuing SO_2 allowances[J]. Journal of Environmental Economics and Management, 1996, 30(1): 58-72; Murty M N, Kumar S, Dhavala K K. Measuring environmental efficiency of industry: a case study of thermal power generation in India [J]. Environmental and Resource Economics, 2007, 38: 31-50；陈晓兰. 中国工业企业绩效与环境政策——基于工业企业微观数据的经验分析[D]. 北京：北京大学，2013.

强度达到了行业最低,那么进一步减排的边际减排成本就会很高,直接表现为该企业的污染物影子价格达到行业最高的水平。

笔者根据样本化工行业污染物 SO_2 影子价格的求解结果,分析影子价格与 SO_2 排放强度的相关性。如表 5-12 所示,按照污染物排放强度,将化工企业按照百分位数分组,分析每组的排放强度和平均影子价格。排放强度在前 25%的企业,其 SO_2 影子价格仅有 34 元/千克当量,排放强度在后 25%的企业,其 SO_2 影子价格已经飙升至千元以上。即,越"脏"的企业,污染物的边际减排成本就越低。可以发现样本化工企业中,随着排放强度的降低,平均影子价格越来越高。

表 5-12　影子价格与污染物排放强度

SO_2 排放强度百分位排序	排放强度均值(千克当量/万元)	平均影子价格(元/千克当量)	企业样本数
0%—25%	22.70	34.11	49
25%—50%	6.70	260.51	57
50%—75%	2.80	226.30	133
75%—100%	0.74	1 212.00	628
全样本	8.24	433.23	867

5.3.2　影子价格与企业所有制形式

企业所有制形式会导致企业环境表现存在显著差异。外资企业往往具有较为先进的能源使用技术,从而环境技术效率较高,污染物排放强度较低,污染物边际减排成本也较高。① 为了验证不同所有制形式的企业的影子价格是否存在差异,笔者将样本中企业,分为国有、集体、私营、联营和其他五种所有制形式。初步的统计结果,如表

① 王兵,梁淑珍. 节能减排约束下中国制造业行业的效率和生产率的研究[J]. 工业技术经济,2012,31(3):124—133.

5-13 和图 5-13 所示。从所有制形式的角度，私营性质的企业 SO_2、CO_2 的影子价格最高，集体企业的 NO_x 影子价格最高。国有企业三种污染物的影子价格都处于较低位置。考虑到 2007 年到 2012 年，工业企业在应对环境规制过程中可能面临"歧视性"执法，即对于个人经营的私营企业往往会接受到相对严格的环境规制。这就导致私营企业更有动力去积极减排，导致测算的影子价格较高。

表 5-13　影子价格与企业所有制形式

单位：元/千克当量

所有制形式	SO_2 影子价格	NO_x 影子价格	CO_2 影子价格
国有经济	270.61	350.51	291.95
集体经济	327.96	891.99	291.81
私营经济	380.38	491.36	444.95
联营经济	322.91	552.22	355.46
其他经济	267.16	350.41	303.49

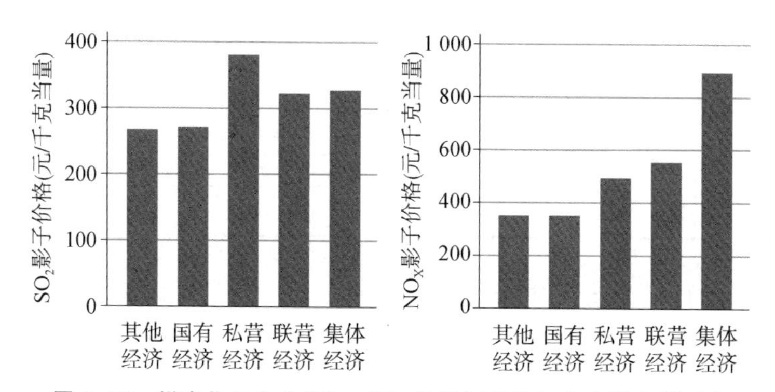

图 5-13　样本化工企业 SO_2、NO_x 的影子价格与企业所有制形式

5.3.3　影子价格与企业隶属关系

从隶属关系的角度来看，如表 5-14 所示，三种污染物的影子价格中,市属企业污染物的影子价格均为最高。中央隶属和村委会隶属的企业,三种污染物的影子价格都较低。考虑到村委会企业可能不具备先进的减排技术,村委会所属企业可能更多地以轻工业等非重污染行业为主,导致污染物的影子价格较低。对于央企来说,企业往往具有垄断性质,对减排技术的更新和投入可能激励不够,导致污染物的影子价格较低。

表 5-14 影子价格与企业隶属关系

单位:元/千克当量

隶属关系	SO_2 影子价格	NO_x 影子价格	CO_2 影子价格
中央	248.08	305.39	228.17
省	252.53	339.82	238.96
市	785.60	806.17	1 582.43
县	294.48	401.77	338.15
街道	303.75	417.80	371.95
镇	278.95	383.08	270.12
乡	238.32	289.40	201.48
居委会	260.79	257.01	276.61
村委会	125.09	243.17	223.48
其他	343.10	566.81	336.41

5.3.4 影子价格与企业规模

如表 5-15 所示,从企业规模的角度看,企业规模越大,SO_2 和 NO_x 的影子价格越高。这说明对于规模越大的企业,可能越容易受到较为政府严格的环境规制。而小企业往往因为管理部门对污染排放的监督成本高,容易成为“漏网之鱼”。以往有相关研究探究了钢铁企业的企业规模与污染物影子价格的相关性,发现企业规模越大,污染物影子价格越高。[①] 考虑到样本时期与中国实施“十一五”规划的时间段基本重合,当时对 SO_2 实施了较为严格的规制。大型企业偏高的 SO_2 影子价格,正说明了在此期间,规模越大的企业受到了较强的规制力度,因此实施了较为严格的减排措施。此外,如图5-14所示,NO_x 的影子价格结果也基本一致,即大型企业的影子价格最高。

表5-15　影子价格与企业规模

单位:元/千克当量

企业规模	SO_2 影子价格	NO_x 影子价格	CO_2 影子价格
大型	635.44	786.97	331.23
中型	349.62	552.25	487.60
小型	314.61	442.75	346.52
平均	433.23	593.99	388.45

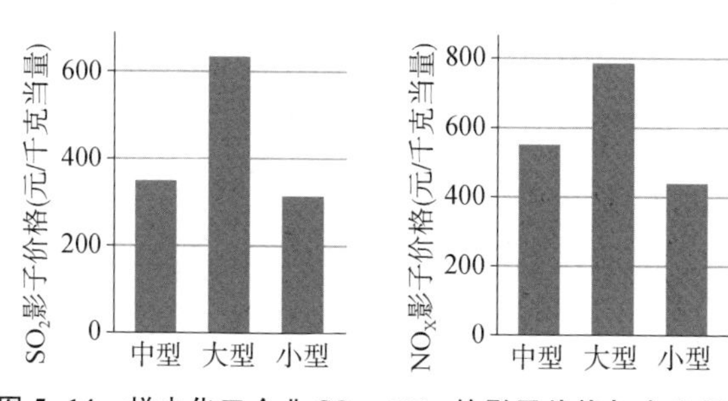

图5-14　样本化工企业 SO_2、NO_x 的影子价格与企业规模

与大型企业相反的是,对于很多中小企业来说,由于政府监管困难,加上小型企业往往不具备过硬的减排技术,因此很多小企业并未严格履行污染减排的要求。从影子价格的结果上显示为小型企业的 SO_2、NO_x 影子价格都偏低。此外,不同于 SO_2 和 NO_x,对于 CO_2 来

① 戴淑芬,郝雅琦,张超.我国钢铁企业污染物影子价格估算研究[J].价格理论与实践,2014(10):48—50.

说,如图 5-15 所示,不同规模企业的影子价格并没有明显差距,中型企业的影子价格是最高的。

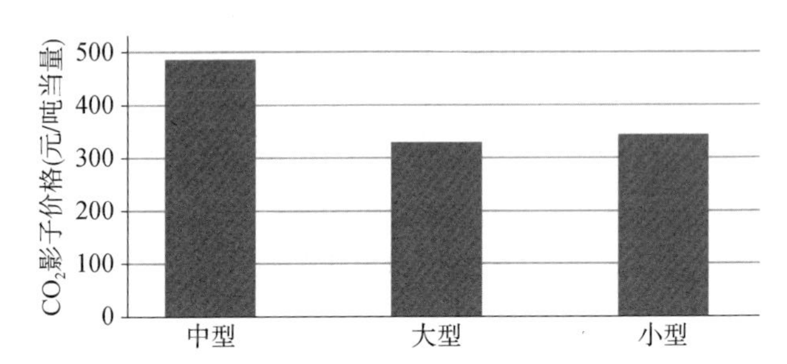

图 5-15　样本化工企业 CO_2 影子价格与企业规模

样本化工行业的主要企业性质描述性统计如下表 5-16 所示。

表 5-16　样本化工企业主要企业性质变量的描述统计

变量	平均值	标准差	最小值	中位数	最大值
规模	2.52	0.632	1	3	4
年龄	11.20	11.40	0	7	69
所有制形式	3.15	1.62	1	3	9
隶属关系	75.30	23.10	10	90	90
SO_2 排放强度(吨/万元产值)	0.023 7	0.134	0.000 015	0.005 28	3.6

注:在原始数据中,用序数来代表企业规模、所有制和隶属关系。企业规模 1、2、3、4 分别代表大型、中型、小型、超小型;所有制形式中从 1 到 9 代表国有到私营;隶属关系中从 10 到 90 代表中央到村级。

样本化工企业具有如下特点:企业规模偏向中小型;企业平均年龄达到了 11 年,意味着在行业内大多属于成熟型企业;企业的所有制形式更偏向国有;由于化工行业的行业特性,样本企业中属于国有企业的比例并不高,隶属于县级以下的企业占比较高。

为了进一步甄别企业性质对污染物影子价格的影响,这里把三种污染物的影子价格作为因变量。考虑到样本期间主要面临 SO_2 排放的约束，结合化工企业污染物 SO_2 影子价格的求解结果，笔者试图分析企业污染物排放强度与影子价格结果的相关性。回归模型如下：

$$SP_{it}=\beta_0+\beta_1 X'_{it}+u_i+\eta_t+\delta_{it} \tag{5.2}$$

其中，SP_{it} 代表企业 i 在年份 t 时三种污染物的影子价格，X 代表一系列的解释变量，u_i 控制了企业隶属关系、规模、所有制形式、年龄，是企业个体效应，η_t 是年固定效应。利用 Hausman 检验发现 p 值小于 0.05，故使用固定效应模型。OLS、固定效应（FE）的回归结果如下表 5-17 所示。

表 5-17　SO_2 影子价格与排放强度的回归结果

参数	(1)	(2)
	OLS	**FE**
排放强度	−32 227.2*** (760.399)	−10 082.0*** (365.479)
年固定效应	No	Yes
企业固定效应	No	No
N	1 708	1 708
$adj.\ R^2$	0.009 9	0.908 5

注：括号内为稳健标准误；*** 表示在 1%的水平上显著；** 表示在 5%的水平上显著；* 表示在 10%的水平上显著。

根据回归模型的结果，SO_2 的影子价格和污染物排放强度呈显著负相关，在控制了企业和年固定效应后依然成立。这代表着，企业排放强度越高，影子价格越低。这符合以往研究[①]和现实实践，这一结果代表，越“脏”的企业边际减排成本越低，提高清洁生产能力的潜力就越大。

① 魏楚. 中国城市 CO_2 边际减排成本及其影响因素[J]. 世界经济，2014，37(7)：115—141.

根据上述模型,控制企业和年固定效应后,进一步探究另外两种污染物,NO_x、CO_2 的影子价格与排放强度的相关性,结果如表 5-18 所示。

表 5-18　三种污染物影子价格与排放强度的回归结果

参数	(1) CO_2 影子价格	(2) NO_x 影子价格	(3) SO_2 影子价格
排放强度	−0.0774 (0.0483)	322.2 (838.5972)	−10082.0*** (3600.775)
年固定效应	Yes	Yes	Yes
企业固定效应	Yes	Yes	Yes
N	1708	1708	1708
$adj.\ R^2$	0.9482	1.0000	0.9085

注:括号内为稳健标准误;*** 表示在 1%的水平上显著;** 表示在 5%的水平上显著;* 表示在 10%的水平上显著。

从结果上看,三种污染物的影子价格与排放强度的关系并不统一。其中,SO_2 与影子价格呈现显著负相关,但 NO_x 和 SO_2 却没有类似的显著特征。考虑到样本研究期间为 2007 年到 2012 年,这一期间只有 SO_2 被列为减排指标,企业层面着重于 SO_2 的减排,对 NO_x、CO_2 仍疏于管理,导致排放强度与影子价格的相关性不显著。

5.4　各行业有效环境税税率的确定

基于对污染物影子价格的测算,笔者选取三大重污染行业——电力、化工、钢铁,分别绘制其 SO_2、NO_x、CO_2 的行业边际减排成本曲线。

绘制边际减排成本曲线目前有三种主流方法。一是基于工程方案的减排成本模型(也称为 Expert-based MACC),它是一种自下而上的分析方法,基于专家制定的假设,评估单一技术方案的减排潜力和减排成本,然后将所有减排技术方案根据成本由低到高进行排序来绘制边际减排成本曲线。二是基于可计算的一般均衡模型(CGE)。一般来说,这种方法首先构造一个局部均衡或一般均衡模型,然后改变模型的约束条件。例如,要减少排放量至某一水平,就可以获得不同减排水平下的边际减排成本信息。三是微观视角下的边际减排成本模型,也是本章的研究视角。在给定的生产技术和经济约束条件下,该模型通过定义了生产可能性集,来推导出污染物边际减排成本。一般来说,这种模型需要用多投入多产出生产模型来描述边际减排成本与减排的关系。由于理论假设较少且符合现实情况,该方法在不同层次污染物影子价格估算中得到了广泛的应用。[①]

采用第三种研究视角绘制行业边际减排成本曲线的基本流程如下。基于对污染物影子价格的测算,将每个行业所有企业根据影子价格从高到低排序,并逐一累加企业的污染物排放量。累加完所有企业的污染物排放量即可得到该行业污染物总排放量,所对应的影子价格即为行业内最低的影子价格。然后绘制横轴为行业污染物的总排放量,纵轴为污染物的影子价格的行业边际减排成本曲线。通过对边际减排成本曲线数值模拟可得到近似的函数形式。由此就可以计算不同污染物总量情况下对应的影子价格,也就是该行业实现该排放水平时的边际减排成本。这里的前提假设是,在当前的技术

---

① Färe R, Grosskopf S, Lovell C A K, et al. Derivation of shadow prices for undesirable outputs: a distance function approach[J]. The Review of Economics and Statistics, 1993, 75(2): 374-380; Färe R, Grosskopf S. Directional distance functions and slacks-based measures of efficiency [J]. European Journal of Operational Research, 2010, 200(1): 320-322;陈晓兰. 中国工业企业绩效与环境政策——基于工业企业微观数据的经验分析[D]. 北京:北京大学,2013;魏楚. 中国城市 CO_2 边际减排成本及其影响因素[J]. 世界经济,2014,37(7):115—141.

水平下,即各个企业减排技术没有发生巨大变化,通过淘汰影子价格最低的企业(即污染强度最高的企业,可视为该行业的落后产能)来实现全行业的污染物削减目标。

绘制完毕的行业边际减排成本曲线可以用于有效环境税税率的分析。如政策制定者希望将某种污染物的排放量控制在某一区间,则可以在横轴上找到对应的污染物总量,找到对应纵轴上的污染物影子价格,即该行业在既定排放量的约束下企业的边际减排成本,即为达到该排放量应当收取的环境税税率。

5.4.1 三大高污染行业

5.4.1.1 电力行业

电力行业一直是 SO_2 和 CO_2 的排放大户,许多针对污染物影子价格的研究都首先从电力行业开始。与其他工业行业相比,电力行业排放的主要空气污染物和 CO_2 都是最高的。电力行业的特殊性在于,少数“超级排污电厂”的排放量占比非常高。如果能淘汰占总产能 0.7%的燃煤电厂,可以使得总体细颗粒物排放总量下降 16%。如果能针对性给较少数量的“超级排放电厂”安装污染控制设备或淘汰该部分产能,可以大大减少污染物排放水平。①

利用样本 2012 年影子价格的求解结果,绘制样本中电力行业的 SO_2 边际减排成本曲线,如图 5-16 所示。在结构性减排的策略下,若维持当下的减排技术不变,影子价格低于有效税率的企业将退出该行业。根据上述方法,笔者继续绘制 NO_x、CO_2 的边际减排成本曲线,如图 5-17、图 5-18 所示。最终发现如果要满足“十三五”规划规划的减排目标,电力行业 SO_2、NO_x 的有效税率分别为 31.73 元/千

① Tong D, Zhang Q, Davis S J, et al. Targeted emission reductions from global super-polluting power plant units[J]. Nature Sustainability, 2018, 1(1): 59-68.

克、66.74 元/千克(表 5-19、表 5-20、表 5-21)。如果在 2012 年水平 CO_2 排放量也需减排 15%,则相应的有效碳税率为 218.92 元/吨。

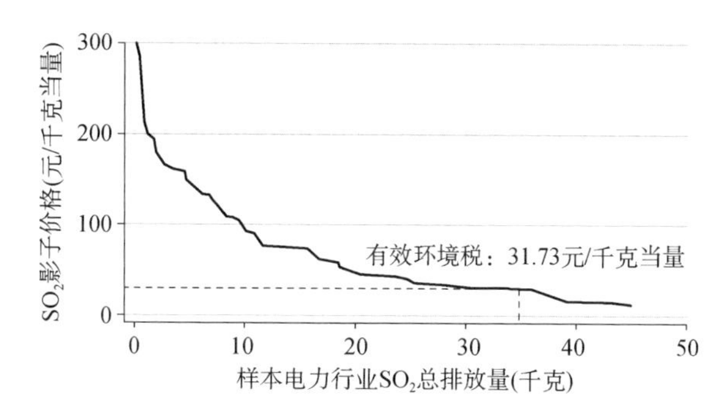

图 5-16　样本电力行业 SO_2 边际减排成本曲线

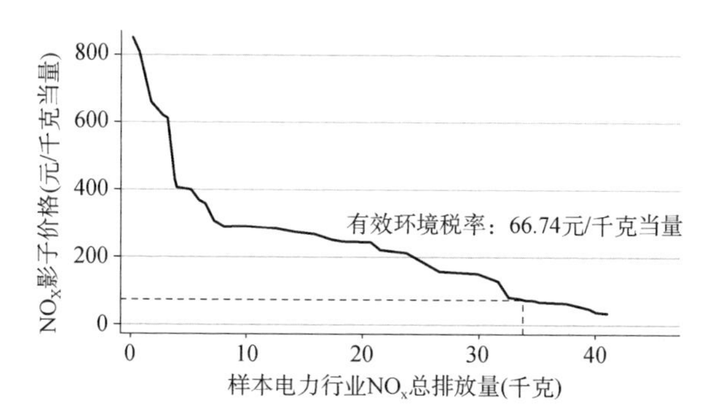

图 5-17　样本电力行业 NO_x 边际减排成本曲线

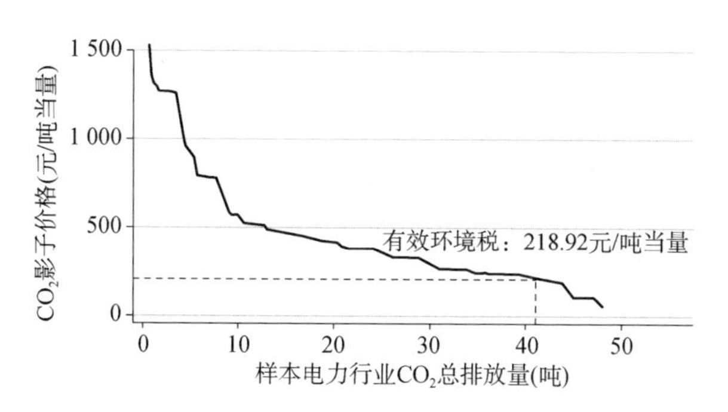

图 5-18　样本电力行业 CO_2 边际减排成本曲线

表 5-19　SO_2 减排目标和理论有效税率

减排目标	理论有效税率(元/千克当量)	北京目前税率
15%("十三五"规划目标)	31.73	12
10%	21.99	—
5%	19.35	—

表 5-20　NO_x 减排目标和理论有效税率

减排目标	理论有效税率(元/千克当量)	北京目前税率
15%("十三五"规划目标)	66.74	12
10%	60.62	—
5%	55.56	—

表 5-21　CO_2 减排目标和理论有效税率

减排目标	理论有效税率(元/吨当量)	北京碳交易市场均价
15%	218.92	75
10%	189.85	—
5%	106.68	—

这里可以看出,NO_x 的有效税率达到了 66.74 元/千克,几乎是 SO_2 有效税率的两倍,也远远高于目前实行的环境税率度。当前针对空气污染物的统一税率和真实的企业减排成本并不相适应,为了实现更好的减排效果,SO_2 和 NO_x 应当实行差别化征税。

与笔者核算的影子价格相比,要想实现 CO_2 的大幅度减排,必须征收较高的碳税。从中国碳排放交易市场的现实实践中发现,碳交易市场目前呈现越做越小的趋势。理论上,工业企业应当会积极参与到排放权交易中,以此来降低自身的减排成本。然而现实中发现,当前工业企业参与排放权交易市场的热情并不高。以碳交易市场为例,除了湖北和广东两个试点以外,天津、重庆、北京交易市场的活跃度都不是很高。这可能是碳交易市场规则的落实不够,以及排污控制总量的不合理所导致的。

5.4.1.2　化工行业

自改革开放以来,化工行业逐渐成为中国工业发展的重点行业和重点投资方向,在国民经济发展进程中占据重要地位,为中国经济腾飞作出了卓越贡献。化工行业主要经济指标在全国工业行业中占据举足轻重的位置。中国化工行业的各类化工产品的产量都居于世界前列。如化肥、合成氨、纯碱、硫酸、燃料产量居世界第一;农药、烧碱、轮胎等产量居世界第二。化工行业的进出口贸易也保持领先地位。

化工行业在带来 GDP 增长的同时,其粗犷的发展方式,也造成了严重的环境污染问题。由于化工行业门类繁多、产品多样,生产过程中排放的污染物种类多、数量大,毒性也往往较高,导致化工行业一直是传统意义上的排放大户。化工行业是各类污染物排放量位居前三的工业行业。化工产业与电力、钢铁行业的最大不同是,电力、钢铁行业产能较多集中在京津冀地区或煤炭资源丰富的省份,区域分布比较集中。而化工行业作为工业基础性行业,基本在各省都有分布。因此,对化工行业有效税率的测算结果,更能代表全国平均水平。

从边际减排成本曲线绘制的结果来看,如图 5-19、图 5-20、图 5-21 所示,要想实现“十三五”规划目标,SO_2、NO_x 的有效税率分别为 59.8 元/千克当量、388.13 元/千克当量,CO_2 的有效碳税税率为 164.11 元/吨当量。相比电力行业,化工行业 SO_2、NO_x 的有效税率都更高一些,但 CO_2 的有效税率则低于电力行业的结果。从政策制定的角度,对化工行业 SO_2、NO_x 的环境税征收额度可能需要比电力行业要高一些才能实现比较好的减排效果。

化工行业相较于电力行业,不是 SO_2 的排放大户。化工行业 SO_2 的排放强度远远低于电力行业的排放强度。因为影子价格与污染物排放强度呈负相关关系,化工行业偏高的 SO_2 有效税率也是比较合理的。同样,化工行业 NO_x 的排放强度也低于电力行业,考虑

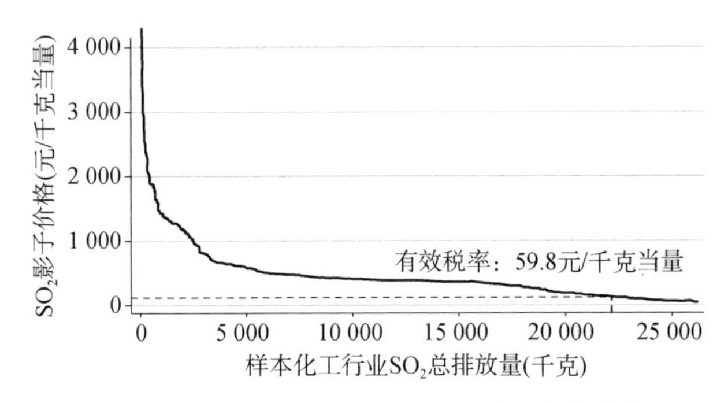

图 5-19　样本化工行业 SO_2 边际减排成本曲线

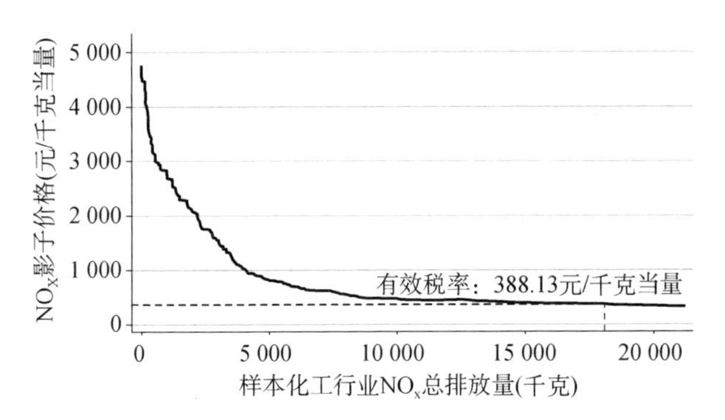

图 5-20　样本化工行业 NO_x 边际减排成本曲线

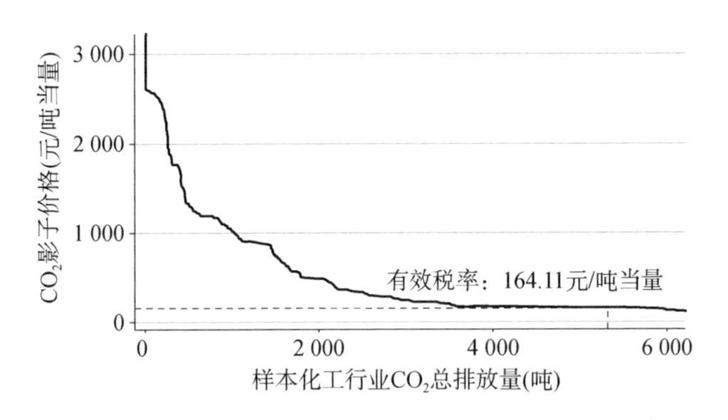

图 5-21　样本化工行业 CO_2 边际减排成本曲线

到化工行业与电力行业生产方式、污染物排放特性的不同。笔者的测算结果相对来说比较合理。

5.4.1.3　钢铁行业

运用同样的方法,绘制钢铁行业的边际减排成本曲线。钢铁行业这里泛指黑色金属冶炼和压延加工业。钢铁行业是中国典型的重污染行业。钢铁行业产生的主要污染物为颗粒物、SO_2 和 NO_x。从产业的区域分布情况来看,钢铁行业主要分布在京津冀地区。对于华北地区大气污染治理来说,针对钢铁行业的污染控制对于华北地区大气污染治理有非常重要的意义。

对此,笔者也绘制出钢铁行业三种污染物的边际减排成本曲线,如图 5-22、图 5-23、图 5-24 所示。SO_2、NO_x、CO_2 的有效税率分别为 61.17 元/千克当量、1 762.44 元/千克当量、51.62 元/吨当量。SO_2 测算结果与化工行业较为接近,但 NO_x 的有效税率则远远超过了电力、化工行业的测算结果。同时,CO_2 的有效税率是最低的。减排成本曲线也出现了不连续的情况,这可能是由于钢铁企业减排技术存在差异(可能是企业所有制形式导致的,如国企和私企的减排成本存在较大差异),从而出现了边际减排曲线的不连续。

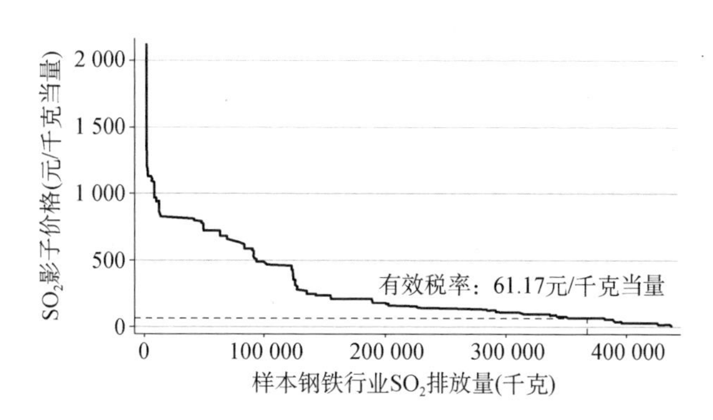

图 5-22　样本钢铁行业 SO_2 边际减排成本曲线

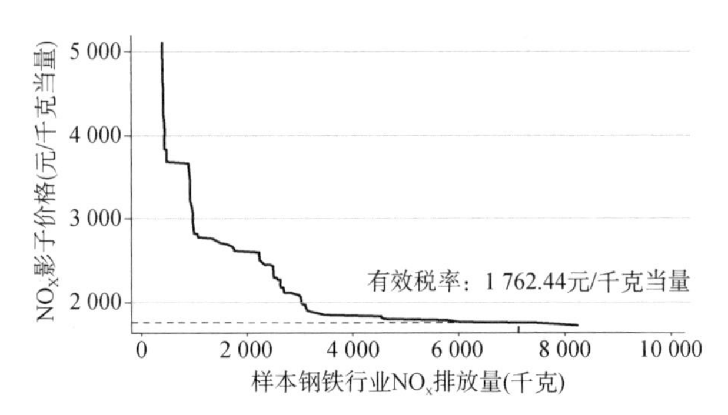

图 5-23 样本钢铁行业 NO_x 边际减排成本曲线

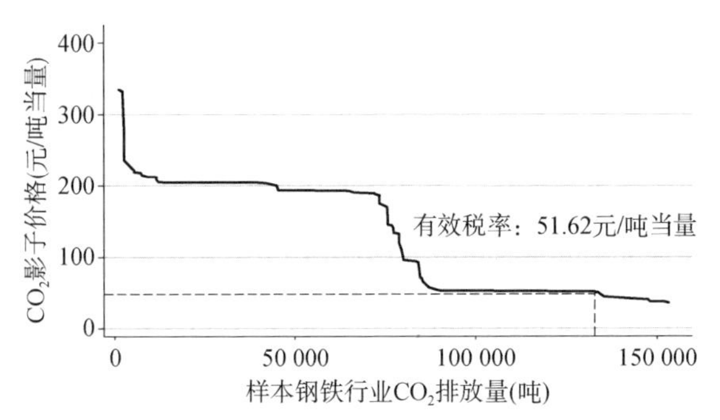

图 5-24 样本钢铁行业 CO_2 边际减排成本曲线

5.4.2 环境税预计规模

考虑到电力行业主要污染物排放强度都是所有行业最高的,因此以电力行业的有效税率作为基准,预测全国的税收规模如表 5-22 所示。

表 5-22 环境税理论最低征收规模(无碳税)

污染物	最低税率(元/千克当量)	理论税率(元/千克当量)	2015 总排放量(万吨)	最低环境税(亿元)	理论环境税(亿元)
SO_2	1.2	31.73	1 557	197	5 200
NO_x	1.2	66.70	1 181	149	8 292
合计	—	—	—	346	13 492

根据目前的环境税征收标准，结合 2015 年两种污染物的排放量，全国最低环境税总额为 346 亿元，约是排污费总额的 1.5 倍（2014 年排污费征收总额约为 200 亿）。而根据有效税率和污染物排放量可以计算出理论环境税总额，2015 年理论环境税总额为 13 492 亿元。这一数额远远大于目前的环境税总额。根据 2018 年最新数据，全国一年所有税收收入大约为 13.8 万亿元，则理论环境税在全国总税收收入中占比约为 9.78%。这也就意味着，如果适当提高环境税率度，环境税将成为一支重要税种。如果能保证环境税在地方政府层面的落实，将充分发挥环境经济手段的作用，税收的价格机制将引导企业多途径减排，最终将污染造成的社会成本内部化，从而实现设立环境税的初始目标。

基于已有影子价格的测算结果，笔者将结合各省目前实际环境税征收方案，分析各省级行政单位目前的环境税额度与理论有效税率的脱钩情况，进而分析各地目前环境税额度的有效性。从理论上来说，如果环境税标准远低于影子价格，那么更多的企业会选择消极缴纳环境税，继续排放污染物，导致治理污染的效果低下；如果环境税标准大于或等于影子价格，则可能会导致企业退出市场，从而产生额外的经济代价。

为了便于分析，笔者将各省所有企业三种污染物的影子价格，根据企业排放量计算其加权平均后的综合影子价格。由于计算所得的理论影子价格远远高于实际的环境税额度，为了方便比较，笔者采用相对比较法对环境税和综合影子价格进行了数值分类。将所有省份的环境税额度分为三个层次：高、中、低。首先将执行最低环境税标准的省份划分为最低级别（共 13 个）。其余省市按规模分为两级，其中高级和中级各也有 8 个。为了便于比较，理论综合影子价格的测算结果也分为高、中、低三组。具体情况如表 5-23 所示。

表 5-23 各省级行政单位环境税与综合影子价格脱钩情况

分级	地区	环境税(元/千克当量)	分级	地区	理论综合影子价格(元/千克当量)
高	北京	12.0	高	北京	349.9
	天津	10.0		安徽	125.7
	上海	7.1		吉林	72.4
	河北	6.8		浙江	62.2
	江苏	6.4		江苏	48.7
	山东	6.0		上海	46.4
	河南	4.8		广东	41.7
	四川	3.9		青海	40.4
中	重庆	2.4	中	福建	39.6
	湖北	2.4		陕西	37.6
	湖南	2.4		江西	37.0
	海南	2.4		湖北	36.3
	贵州	2.4		辽宁	34.9
	山西	1.8		山西	34.5
	广东	1.8		河北	31.0
	广西	1.8		重庆	29.9
低	云南	1.2	低	天津	29.7
	黑龙江	1.2		四川	29.3
	宁夏	1.2		内蒙古	29.2
	青海	1.2		贵州	28.2
	甘肃	1.2		山东	27.8
	陕西	1.2		广西	27.6
	江西	1.2		黑龙江	27.1
	福建	1.2		云南	26.0
	安徽	1.2		河南	24.9
	辽宁	1.2		宁夏	19.0
	新疆	1.2		甘肃	18.4
	内蒙古	1.2		新疆	16.5
	浙江	1.2		海南	4.5

注:表中环保税额标准为两种污染物(SO_2/NO_x)税额标准的平均值,对于没有进行污染物分类征收的省份,一律采用整体大气污染物的税额标准;综合影子价格为两种污染物(SO_2/NO_x)根据排放量加权平均计算所得。

为了更直观地对不同省份行政区的综合影子价格和环保税额情况进行比较,分别将高中低三个等级赋值为 3、2、1,从而画出目前环境税税额与综合影子价格分级情况的对比图。如图 5-25 所示,从各省级行政区的情况来看,影子价格分级和环境税税额分级相匹配的仅有北京、上海、内蒙古、宁夏、黑龙江、甘肃、湖北、新疆、江苏等。影子价格分级高于目前环境税税额分级的有安徽、广东、江西、福建、辽宁、陕西等。这些地方可能需要结合目前的企业边际减排成本,适度提高目前的环境税税额,从而可以持续有效地减少污染排放。影子价格分级低于目前环境税税额分级的有河南、河北、四川等。这些地方可能需要结合目前企业的减排压力,适度降低目前的环境税税额,避免造成额外的经济代价。

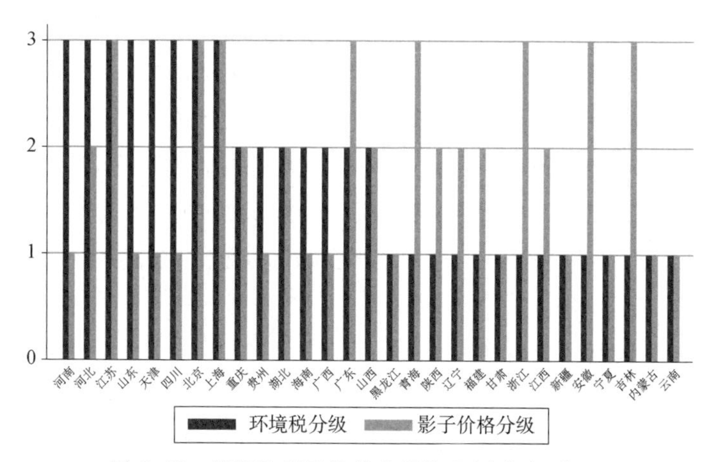

图 5-25　税额和影子价格分级情况(省级行政区)

5.5　小结

5.5.1　研究结果

环境税的正式颁布是中国利用环境经济手段解决环境污染问题

的重大举措。在经济下行的背景下，充分利用环境税的“双重红利”实现最小成本的减排依赖于环境税率的合理制定。当企业边际减排成本低于环境税税率时，企业会积极优化生产行为主动减排；当企业边际减排成本高于环境税税率时，企业或缴纳环境税（而放弃减排），或被迫停产退出市场。因此，当税率低于最优水平时，不能实现充分有效的减排。目前中国工业企业污染物的边际减排成本是多少？如何制定合理的环境税税率？针对这一问题，笔者利用了大样本企业投入产出数据，结合中国空气污染和气候变化的实际情况，估算了两种主要空气污染物（SO_2、NO_x）和 CO_2 的影子价格，来作为企业边际减排成本的衡量指标，揭示了中国分行业、分地区的平均污染物边际减排成本的情况。

（1）在2007—2012年，以电力、钢铁、化工代表的重污染行业，影子价格平均水平有所上升，意味着污染物减排初见成效。影子价格的集中度有所降低，意味着污染物减排的经济效率下降。经济效率下降意味着减排的总社会成本提高，减排的阻力增大，减排的效果可持续性不足。加大经济手段（如环境税）的实施力度是改善减排经济效率、降低污染控制社会成本、提高减排可持续性的要求。

（2）根据企业污染物减排的影子价格绘制行业污染物减排边际成本曲线，以此为依据，针对“十三五”减排目标，对有效的环境税率水平进行了测算。结果表明，要想实现减排目标，目前的环境税率水平过低，需要一定幅度提升。且 NO_x 的有效税率均高于 SO_2。因此需要对不同污染物实行差异化征税。如果提升到有效税率水平，则环境税收入在国家总税收中有不可忽视的比重，这对地方政府既可以产生一定的激励作用，又可以起到环境税“双重红利”的作用。

（3）三种污染物在企业层面均出现了替代效应。这表明在当前的环境规制环境下,无法依赖现有政策的协同减排效应实现多种污染物同时减排。环境规制,包括环境税的征收要包含所有的重要污染物以及 CO_2 这样的温室气体。

5.5.2 政策建议

首先,中国已经开始正式实施环境税,这在改善污染控制的经济效率方面迈出了重要的一步。但要想完成既定的污染减排目标,需要适当提高目前的环境税税率水平。

其次,对于不同污染物可实行差异化征税。考虑到中国目前的空气污染治理情况,SO_2 的减排已经取得了显著效果,但 NO_x 的减排目标仍未实现,特别是 NO_x 也是形成 O_3、细颗粒物的重要前体物。因此,有必要对不同污染物实行差别化征税,特别是针对 NO_x,未来需要采用较高的环境税率才能实现实质性的减排。

最后,区域内和区域之间的环境税应当统一提高。地区差异化的环境税率可能会导致重污染企业向不发达城市迁移,从而在区域内出现"污染避难所"现象。同时,不同省份之间环境税税率差异巨大,也会导致企业为了减少成本,搬迁到环境税税率更低的中西部地区,这些地区往往是生态环境较为脆弱的丘陵、高原地带,应当引起重视。在空气污染治理强调区域联防联控的政策背景下,保证区域内"真实"环境税税率的一致性至关重要。

不同污染物治理的"协同效应"缺乏科学证据。要想实现多种污染物的全面减排,以及温室气体的实质性减排,环境规制(包括环境税的征收)需要囊括所有的减排对象。

5.5.3 研究不足与展望

首先,影子价格模型考察的是合意产出与非合意产出的经济关系,体现的是企业为了减少额外1单位污染物所需要放弃的合意产出的市场价值。影子价格法缺乏对排放单元多种减排途径的刻画。因此,相比较基于工程的减排成本模型,影子价格模型对具体的减排途径和减排技术的采用没有明确的指导意义。

其次,影子价格模型从距离函数的具体形式、求解方法实现了一定程度的统一,但在方向向量的选择上,仍没有统一标准。方向向量对结果的影响较大。

再次,笔者选取的大样本企业数据,存在一定的样本自选择偏误(selection bias)。笔者通过匹配得到的6 000家企业多为总资产、总产值较大的大型工业企业,这些企业减排工作往往有规模效应,边际减排成本可能更低,导致笔者测算结果偏低。

最后,笔者所选用的数据库存在一定缺陷,导致研究所得结论存在一定局限性。一是环境统计数据库中的污染物排放数据,存在一定不准确性。在中国统计体系中,污染物排放数据是根据企业自报和地方环保部门核算,在污染监测点并未广泛布点的时候,自报的排放数据比较不可靠。随着2014年之后各大城市先后开始设立空气污染监测站点,相对来说这样的自动监测数据会更加真实准确。二是由于工业企业数据库在2008年后就没有工业增加值这一指标,为了保证研究的统一性,笔者采取工业总产值作为合意产出的指标。在原始数据中,企业的工业总产值往往比工业增加值高,最终可能会导致研究结果高估了实际污染物影子价格。

第 6 章
市场化手段:碳排放权交易

排放权交易是一种重要的市场化手段。在中国环境政策的实践中,排放权交易已成为应对气候变化的主要政策之一。碳交易试点的运行体现了中国对全球气候变化问题的承诺。特别是自2015年巴黎气候变化大会以来,中国逐步推动气候变化政策的实施。从碳交易市场建设、机制设计到减排效果的评估,中国已走过了十年的历程。本章重点介绍碳交易试点的具体政策实施过程和机制设计,并使用合成控制法评估碳交易试点的减排效果。

6.1　中国对碳交易和碳税的选择

6.1.1　中国应对气候变化的承诺

中国作为负责任的发展中大国,高度重视全球气候变化问题,尤其近十年来,进一步将积极应对气候变化作为国家重大战略,多次向国际社会提出减排目标与方案(见表6-1)。2015年巴黎联合国气候变化大会前夕,中国向联合国提交了中国国家自主贡献目标(Nationally Determined Contribution, NDC),确定了2030年的行动目标,提出CO_2排放在2030年左右达到峰值,并争取尽早达峰,其核心在于承诺中国的碳排放增速将在2030年前持续降低,直至负增长。这是中国对国际社会承诺减排的重要里程碑。

表 6-1 中国应对气候变化目标承诺变迁

内容	2020 目标	2030 目标	2030 目标 2060 愿景
提出时间	2009 年	2015 年	2020 年
国际背景	2009 年哥本哈根联合国气候变化大会	2015 年巴黎联合国气候变化大会	2021 年格拉斯哥联合国气候变化大会
性质	控制温室气体排放的行动目标	国家自主贡献(NDC)	国家自主贡献(NDC)
碳排放强度	到 2020 年,碳强度较 2005 年下降 40%—45%(已完成)	CO_2 排放 2030 年左右达到峰值并争取尽早达峰;到 2030 年,碳强度比 2005 年下降 60%—65%	CO_2 排放力争于 2030 年前达到峰值,努力争取 2060 年前实现碳中和;2030 年,中国碳强度将比 2005 年下降 65% 以上
非化石能源	到 2020 年,非化石能源占一次能源消费比重达到 15%左右(已完成)	到 2030 年,非化石能源占一次能源消费比重达到 20%左右	到 2030 年,非化石能源占一次能源消费比重将达到 25%左右
森林蓄积量	到 2020 年,森林蓄积量比 2005 年增加 13 亿立方米(已完成)	到 2030 年,森林蓄积量比 2005 年增加 45 亿立方米左右	到 2030 年,森林蓄积量将比 2005 年增加 60 亿立方米
风电、太阳能发电	—	—	风电、太阳能发电总装机容量将达到 12 亿千瓦以上。

注:“—”表示未在 NDC 文件中写明。

2020 年,习近平主席在第七十五届联合国大会一般性辩论上的讲话表示,中国将进一步提高 NDC 力度,在 2030 年前争取 CO_2 排放达到峰值,并承诺努力争取 2060 年前实现碳中和。相较前两次目标,新的“2030 目标、2060 愿景”(以下简称为“3060 双碳目标”)无疑更加雄心勃勃。中国不仅加大了对单位国内生产总值 CO_2 排放(以下简称为碳强度)下降幅度的要求,提升了非化石能源消费占比目标、森林蓄积量目标,而且还明确提出了对风电、太阳能发电总装机容量的整体目标。[①] 此外,碳中和目标意味着中国将在 2060 年前达成碳吸收量与碳排放量的抵消,实现温室气体的净零排放,这相比起碳达峰目标,对 CO_2 排放量下降的要求更严格,实现的难度也显著提高。此后,习近平主席相继在联合国生物多样性峰会、第三届巴黎和平论坛、金砖国家领导人第十二次会晤等多个国际场合,连续多次强调“3060 双碳目标”,进一步向国际社会彰显了中国为全球应对气候变化作出更大贡献的决心与信心。

“3060 双碳目标”的提出,建立在中国成功履行减排承诺目标的基础之上。2019 年,中国已提前超额完成 2009 年提出的 2020 年控制温室气体排放目标(以下简称“2020 目标”),并朝“2030 目标”有序前进。到 2019 年,中国碳排放强度为 51.9%,比 2005 年下降约 48.1%,已超额完成下降 40%—45% 的 2020 目标。此外,2019 年中国非化石能源占一次能源消费比重的 15.3%,森林蓄积量达 175.6 亿立方米,相较 2009 年增加 38.4 亿立方米,均已超额完成相关的“2020 目标”[②],彰显了中国对气候目标的执行力与行动力。

中国逐渐形成推进双碳目标的“1+N”政策体系。2021 年 10 月,中共中央、国务院出台了《关于完整准确全面贯彻新发展理念做好碳达峰碳中和工作的意见》(简称《碳达峰碳中和工作意见》),提

① UNFCCC,中国落实国家自主贡献成效和新目标新举措[EB/OL].[2024-05-23]. https://unfccc.int/sites/default/files/NDC/2022-06/中国落实国家自主贡献成效和新目标新举措.pdf.

② 以勒碳中和.2030 年全球接近 60 个国家将实现碳达峰 我国如何积极减排迈向碳中和[EB/OL].(2022-12-28)[2023-05-23]. https://www.sohu.com/a/622062172_121492573.

出了“2025 年—2030 年—2060 年”的三阶段具体目标。目标规定,到 2025 年,中国碳强度比 2020 年下降 18%,非化石能源消费比重达到 20%左右,旨在为 2030 年实现碳达峰、2060 年实现碳中和奠定良好基础。此外,《2030 年前碳达峰行动方案》(简称《2030 碳达峰方案》)则进一步细化了 2030 年前达成碳达峰的目标,提出了到 2030 年前的重点“碳达峰十大行动”。围绕《碳达峰碳中和工作意见》与《2030 碳达峰方案》所组成的主轴,中国还逐步推行了各重点行业和领域的双碳方案以及地方达峰方案,旨在形成支撑性的“N”政策体系(如图 6-1 所示)。

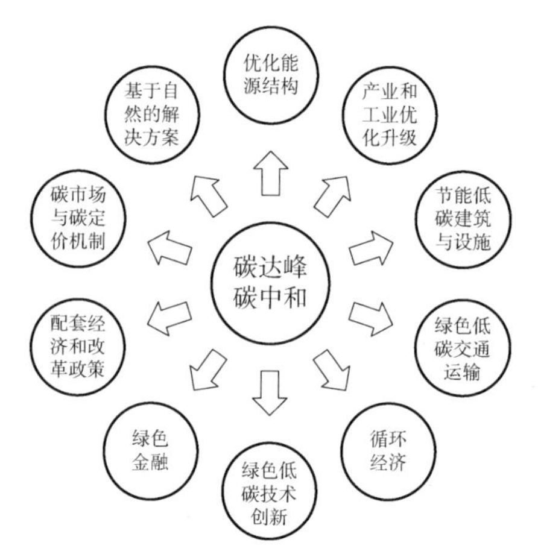

图 6-1　中国达成碳达峰、碳中和目标的重点任务

自“十一五”规划开始,中国已连续 20 年将应对气候变化纳入国民经济社会规划。尤其是“十三五”规划与“十四五”规划,更是设置了专门章节,对节能减排和控制温室气体排放的目标、任务、要求以及各部门分工,进行了详细的部署。

6.1.2　碳交易和碳税的国际比较

碳税和碳交易作为碳定价(carbon pricing)的两种工具,能够有效内部化碳排放造成的环境成本,减少碳排放量,日益成为全球应对气候变暖的重要政策,并在实践中展现出了不同的优势与劣势(见表 6-2)。其中,碳税能够将碳排放成本有效转化为排放主体的生产成本,从而通过价格机制减少碳排放量。由于碳税在确定后推行简便、操作简单,还在收入与使用上具有环境和社会福利的“双重效应”,因此受到许多政府的青睐,较碳交易机制更早被实际采纳。但是,由于碳税需要由政府决定具体额度(碳价格),实际制订过程中,很可能因为监管部门信息不充足,导致碳税过高或过低,从而加大税收对象的反对阻力,或对减排效果造成限制。

表 6-2　碳税与碳交易的对比

内容	碳税	碳交易
性质与目的	碳定价工具,旨在内部化碳排放造成的环境成本,减少碳排放量,应对气候变化	
理论来源	庇古税与污染者付费原则	科斯定理
机制原理	价格机制	数量机制
执行方式	政府决定税额与征收制度,提高碳排放主体的生产成本,以减少碳排放量,或促进提高减排技术	政府组织建立碳市场,设定碳排放总数量,允许市场主体交易碳排放量,形成市场均衡碳价格,调控减排行为
优势	一旦确定税额与征收制度后,推行简便、操作简单;具有环境和社会福利的“双重效应”	能够根据动态实际情况,形成市场均衡碳价格,有效降低减排的信息成本与管理成本
劣势	制定税额需要充足的信息,信息成本高,实际情况中难以达成最佳税收水平	制度设计成本高,合理总量设定难度大;激励市场主体积极性、监控碳排放量方面存在挑战
减排效果	有积极的减排效果;部分研究表明税额越高,减排效果越好;但实际效果取决于税额合理程度,需要考虑税收推行阻力等问题	有积极的减排效果;但实际效果还取决于总量设置合理程度、配额分配制度、价格波动等具体问题

(续表)

内容	碳税	碳交易
代表区域	芬兰、挪威、瑞典、丹麦、波兰、斯洛文尼亚、日本、智利、新加坡、加拿大等	欧盟、加拿大、中国、韩国、新西兰、美国部分州等

作为另一种碳定价工具,碳交易最早源于科斯定理,核心思想是“限额与交易”,即通过建立碳交易市场,在限制排放总量的基础上,允许企业等市场主体将碳排放量作为商品进行交易。碳交易机制有利于根据动态的实际情况,形成市场均衡的碳价格,更好地调控企业碳排放行为。相较于碳税,碳交易有效地减少了信息成本与管理成本,因此也在全球各地受到采纳。但碳交易机制的最大难点在于如何设定合理的总量限制,并设计科学的碳排放权分配机制。同时,碳交易机制在监控碳排放量、激励市场主体积极性等方面,也存在各种挑战。各地区需要根据具体情况,对碳税和碳交易政策有侧重性地进行选择与实施,以达到最佳的减排效果,共同抵御气候变化带来的危机与挑战。

碳税与碳交易已逐渐从理论落实为现实应用,并且凭借其各自优势,受到各国在不同程度的青睐(见表 6-3)。其中,碳税被认为具备“双重红利”的优势,即碳税不仅可以减少碳排放,有效应对气候变暖,还可以增加社会的总体税收从而降低其他税率,减轻民众负担。[①] 此外,碳税在执行上具有强制性、无偿性和固定性,有利于提高减排效果。从 20 世纪末开始,各国逐渐采用碳税来促进减排。

① Pearce D. The role of carbon taxes in adjusting to global warming[J]. The Economic Journal, 1991, 101(407): 938-948.

表 6-3　各地区气候政策选择

	碳税	碳交易
区域性或国家性	按照估算排放量征收碳税: 芬兰、挪威、瑞典、丹麦、瑞士、列支敦士登、冰岛、爱尔兰、英国、法国、葡萄牙、加拿大、墨西哥、西班牙、哥伦比亚、阿根廷、日本、卢森堡 按照实际排放量征收碳税: 波兰、斯洛文尼亚、爱沙尼亚、拉脱维亚、智利、南非、新加坡、荷兰	加拿大(OBPS)、中国(ETS)、欧盟(EU ETS)、德国(ETS)、哈萨克斯坦(ETS)、韩国(ETS)、墨西哥(试点 ETS)、新西兰(ETS)、瑞士(ETS)、英国(ETS)
地方性	加拿大:卑诗省、新不伦瑞克省、纽芬兰和拉布拉多省、西北领地省、爱德华王子岛省; 墨西哥:塔毛利帕斯州、萨卡特卡斯州,下加利福尼亚州	加拿大:卑诗省(GGIRCA),阿尔伯塔省(TIER),魁北克省(CaT)、新不伦瑞克省(ETS)、纽芬兰和拉布拉多省(PSS)、新斯科舍省(CaT)、萨斯喀彻温省(OBPS); 中国:北京试点(ETS)、重庆试点(ETS)、福建试点(ETS)、上海试点(ETS)、深圳试点(ETS)、天津试点(ETS)、广东试点(ETS)、湖北试点(ETS); 美国:马萨诸塞州(ETS)、RGGI、加州(CaT)、弗吉尼亚州(ETS); 日本:东京(CaT)、埼玉县(CaT)

数据来源:World Bank Carbon Pricing Dashboard. 2021. https://carbonpricingdashboard.worldbank.org/,(更新至 2021 年 4 月)。

各国目前实行的碳税政策可以根据计税依据的差异,大致分为两大类型:一是对化石能源征税,即将 CO_2 的排放量间接转化为化石能源的含碳量,进而对化石能源消耗量征税;二是对 CO_2 排放量征税,即直接将温室气体的排放量作为计税依据。[①] 在环境税发展初期,即 20 世纪 90 年代初,部分北欧国家均采用相对而言更容易操作与量化的第一种计税依据。如芬兰在 1990 年开始对燃料征收碳税,挪威、瑞典和丹麦也相继将碳税政策覆盖石油、天然气、汽油等化石

① 许文. 以排放为依据的碳税制度国际经验与借鉴[J]. 国际税收,2021(12):14—20.

燃料。随后，包括瑞士、英国在内的欧洲国家，包括加拿大、墨西哥在内的美洲国家，以及作为亚洲国家先行者的日本，都在21世纪相继出台了碳税政策。而采用第二种计税依据征收碳税的国家，则主要包括在20世纪90年代与21世纪初实施碳税的东欧国家，例如波兰、斯洛文尼亚等，以及近年来开征的智利、南非、新加坡、荷兰等国。[①]

除了计税依据之外，各国碳税政策还存在多方面的差异。第一，碳税价格在各地区差距较大。据世界银行统计，在征收碳税的国家中，瑞典的碳税税率目前可达每吨CO_2当量137.24美元，而波兰则仅为每吨CO_2当量0.08美元，各地碳税税率差距较大，全球碳价格目前不足每吨CO_2当量2美元。[②] 第二，各国征税对象有所不同。各国征税的对象从上游环节的化石燃料的生产商、供应商，中游环节的电力公司，到下游环节的使用者与消费者，各有侧重。[③] 第三，具体税收制度设计因地制宜。各国在核算温室气体排放量方式、碳税优惠政策、碳税具体去向与使用等方面，也存在相应区别。[④]

碳交易机制的成立略晚于碳税，但逐渐在全球气候治理中发挥愈发重要的作用。1997年，《京都议定书》提出允许签约方之间进行排放权交易。排放权交易机制在国际层面被公认为减缓气候变化的关键性方案。[⑤] 2005年，欧盟温室气体排放权交易体系（以下简称"EU-ETS"）作为世界上第一个跨国排放权交易系统，正式开始运行。

---

① World Bank. Carbon Pricing Dashboard[EB/OL]. [2024-05-06]. https://carbonpricingdashboard.worldbank.org/.

② Ibid.

③ Center for Climate and Energy Solutions. Carbon Tax Basics[EB/OL]. [2024-05-06]. https://www.c2es.org/content/carbon-tax-basics/.

④ 鲁书伶，白彦锋.碳税国际实践及其对我国2030年前实现"碳达峰"目标的启示[J].国际税收，2021(12)：21—28.

⑤ UNFCCC. Emissions Trading, Kyoto Protocol Reference Manual on Accounting of Emissions and Assigned Amount[EB/OL]. [2024-05-06]. https://unfccc.int/sites/default/files/08_unfccc_kp_ref_manual.pdf.

这也是目前世界上最大的跨国温室气体排放交易计划。EU-ETS 的建设经历了覆盖面不断扩大、制度设计不断完善的发展过程,目前已成功完成从 2005 年到 2021 年三大阶段的发展,覆盖行业在电力、石化、钢铁、建材、造纸等高排放产业的基础上,先后纳入了航空、化工与电解铝行业;CO_2 年排放量限额也从第一阶段设定的 22.99 亿吨,不断收紧至第三阶段的 18.46 亿吨。

EU-ETS 目前正处于第四个发展阶段(2021—2030 年),并将根据新修订的欧盟排放交易体系指令,按照每年下降 2.2%的速度设定排放配额总量,进一步加快减排步伐。[①] 除 EU-ETS 外,世界范围内正在运行的碳排放交易体系还包括美国区域温室气体减排倡议(RGGI)、韩国排放权交易计划(KETS)、加拿大碳交易市场(OBPS),以及中国碳排放权交易市场等(见表 6-4)。

表 6-4　国际现行主要碳市场的配额分配方式

碳市场名称	配额分配方式
欧盟碳交易体系(EU Emissions Trading System, EU-ETS)	第一阶段(2005—2007 年)采用免费分配配额方式;第二阶段(2008—2012 年)免费分配的份额下降至 90%,部分国家开始采用拍卖;第三阶段(2013—2020 年)拍卖占比进一步上升,工业企业则以免费分配为主
美国区域温室气体减排倡议(The Regional Greenhouse Gas Initiative, RGGI)	绝大部分配额采用拍卖方式
韩国排放权交易计划(Korean Emissions Trading System, K-ETS)	第一阶段(2015—2017 年)绝大部分行业采用免费分配配额的方式;第二阶段(2018—2020 年)仍以免费分配为主,开始引入拍卖(占比 3%)

① European Commission. EU Emissions Trading System (EU ETS)[EB/OL]. [2024-05-06]. https://ec.europa.eu/clima/eu-action/eu-emissions-trading-system-eu-ets_en.

(续表)

碳市场名称	配额分配方式
加拿大碳交易市场(Output-Based Pricing System, OBPS)	从免费分配(基准法)过渡到拍卖,逐步增加拍卖比例
中国全国碳排放交易市场(China's National Emissions Trading System)以及地方试点	全国碳交易市场采用免费发放方式;部分碳交易试点(广东、深圳和湖北)采用拍卖方式分配配额,其余试点(北京、重庆、上海和天津)采用免费发放方式

数据来源:笔者根据公开信息整理。

总结来说,基于环境经济学理论,碳税和碳交易是两种应对气候变化的政策工具。选择气候政策不仅需要与中国的实际相符,还需要仔细考察这两种政策在各国的实践经验。

6.1.3 碳交易政策的减排效果评估

无论是碳税还是碳交易政策,政策的执行效果无疑取决于实际的减排程度。国内外已有许多学者评估与总结了碳税的减排效应。其中,较多研究围绕部分国家与地区的碳税施行效果进行分析,预测其将有效减少 CO_2 排放。例如,若对希腊征收 50 欧元/吨的碳税,其 CO_2 的排放将会在 1998 年的水平上减少 17.6%。[①] 而征收 10 欧元/吨到 15 欧元/吨的碳税,则会使爱尔兰 CO_2 排放量在 1998 年的基础上减少 25.8%。[②] OECD 国家在 1990—1999 年平均 GDP 增长了 23%,但温室气体仅增长 4%,碳税在其中部分国家无疑起到了重

① Floros N, Vlachou A. Energy demand and energy-related CO_2 emissions in Greek manufacturing: Assessing the impact of a carbon tax[J]. Energy Economics, 2005, 27(3): 387-413.

② Wissema W, Dellink R. AGE analysis of the impact of a carbon energy tax on the Irish economy[J]. Ecological Economics, 2007, 61(4): 671-683.

要作用。[①]

也有许多研究针对 EU-ETS 的实际减排效果进行了实证分析。有学者基于面板数据模型发现,在 2005—2007 年,EU-ETS 使欧盟 25 国的 CO_2 排放量下降了 2.8%。[②] 也有学者使用设施层面的碳排放数据,测算出 EU-ETS 在 2005—2012 年实现了 10% 的减排份额。[③] 但也有少量研究结果显示,EU-ETS 的减排效果并不理想。例如,部分研究发现在 EU-ETS 运行的前两个阶段,即 2005—2012 年,欧盟 25 国的碳减排更大程度上来源于 2008 年的金融危机,而只有 11.5%—13.8%的减排与 EU-ETS 本身相关。[④]

除了具体的国别与地区分析外,也有学者通过建立经济局部均衡模型,证明碳税将在整体上对 CO_2 减排产生积极作用。[⑤] 部分研究则进一步显示,征收的税率越高,碳税的减排效果也会显著增强。[⑥] 此外,在同等征收碳税的条件下,由于对能源需求的弹性并不一致,不同的产业部门受到碳税的影响也有所不同,而各国不同的国情与产业结构,将进一步放大这种需求弹性的差异。[⑦] 由于使用数据和研究

---

① Bruvoll A, Larsen B M. Greenhouse gas emissions in Norway: do carbon taxes work?[M]//Environmental taxation in practice. Routledge, 2017: 545-557.

② Anderson B, Di Maria C. Abatement and allocation in the pilot phase of the EU ETS[J]. Environmental and Resource Economics, 2011, 48: 83-103.

③ Dechezleprêtre A, Nachtigall D, Venmans F. The joint impact of the European Union emissions trading system on carbon emissions and economic performance [R]. OECD Economics Department Working Papers, 2018.

④ Bel G, Joseph S. Emission abatement: untangling the impacts of the EU ETS and the economic crisis[J]. Energy Economics, 2015, 49: 531-539.

⑤ Gerlagh R, Lise W. Carbon taxes: a drop in the ocean, or a drop that erodes the stone? The effect of carbon taxes on technological change [J]. Ecological Economics, 2005, 54(2-3): 241-260.

⑥ Nordhaus W D. Optimal greenhouse-gas reductions and tax policy in the "DICE" model[J]. The American Economic Review, 1993, 83(2): 313-317.

⑦ Bruvoll A, Larsen B M. Greenhouse gas emissions in Norway: do carbon taxes work?[M]//Environmental taxation in practice. Routledge, 2017: 545-557.

方法的差异,对碳交易效果的评估结果不尽相同,但总体而言,大多数研究均肯定了碳交易对减排的积极效应。

6.2 碳交易在中国的现实实践

6.2.1 中国碳交易市场建设:从试点到全国

2009 年,在哥本哈根世界气候大会上,中国向世界承诺 2020 年单位 GDP 的碳排放强度比 2005 年下降 40%—45%。随后,"十二五"规划中首次引入了"碳强度"指标,并决定通过逐步建立碳排放权交易体系来控制温室气体的排放。从事后的角度看,中国已经兑现了国际承诺,实际 2020 年单位 GDP 碳排放强度比 2005 年下降 48.4%[①],超额完成目标。而碳交易体系的建设也采用了先地方试点再全国推广的模式,基本与过去 40 多年改革开放的总体逻辑保持一致。

2011 年 10 月,国家发改委发布《关于开展碳排放权交易试点工作的通知》,中国决定在北京、上海、重庆、广东、湖北和深圳七个省市开展碳排放权交易机制的试点。这七个试点地区拥有着全国 18%的人口,占到全国 GDP 总量的 30%。在两年的准备工作后,七个碳交易试点相继在 2013 年至 2014 年正式运行。随着中国提出"2030 目标",2017 年底中国提出要在试点的基础上建立全国碳交易市场。2021 年,全国碳交易市场正式上线。图 6-2 详细展示了中国在碳减排政策和目标方面的主要发展和里程碑事件。

---

① 中华人民共和国中央人民政府.我国提前完成 2020 年碳减排国际承诺[EB/OL].(2019-11-28)[2023-05-22]. https://www.gov.cn/xinwen/2019-11/28/content_5456537.htm.

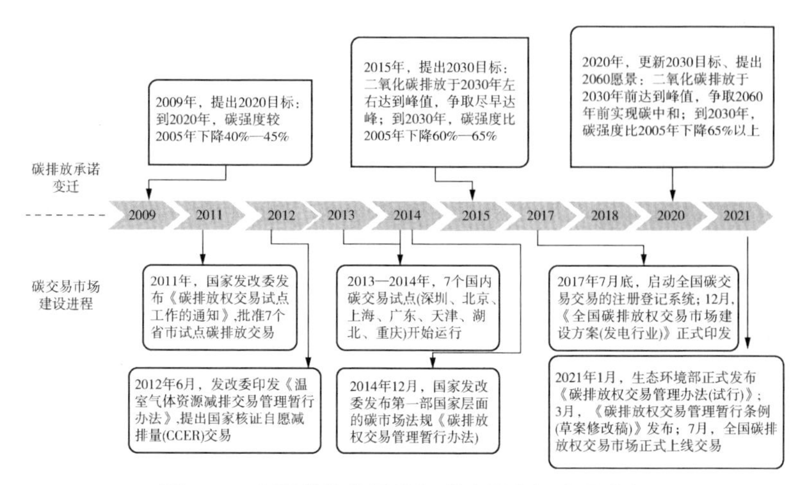

图 6-2　中国碳排放承诺与碳交易市场建设进程

七个碳交易试点的试验情况对建立全国碳交易市场有重要的启示。第一批碳交易试点在机制设计上有以下特点。首先，碳交易的具体事务，由地方发改委下设的气候变化处进行管理，财政局、统计局等部门提供支持。其次，所有试点均设置两个市场准入门槛：一是对已进入交易市场的企业设置的交易门槛，二是对尚未进入交易市场的企业设置的报告门槛，要求企业汇报排放量。再次，所有试点都认可国家发改委认定的“核证自愿减排量”（Chinese Certified Emission Reduction, CCER)（大部分为风能、太阳能、水力发电和甲烷气体相关项目)，用于抵消额外的温室气体排放，并均对抵消进行了 1%—10%不等的限制。最后，各地试点均设置了价格稳定机制，通过预留配额、建立风险管理制度、限制涨跌幅、建立价格预警机制来调节碳价格波动。

不同试点的制度设计与实际实施情况也有着较为明显的差异。在初始配额分配设计方面，广东、深圳和湖北引入了拍卖方式，而北京、重庆、上海和天津试点则采取免费发放的形式，免费发放的配额占据总量的90%以上。在覆盖行业方面，大部分试点主要覆盖电力、钢铁、水泥、化工等能源密集型产业，北京、上海和天津则在此基础上纳入建筑业与部分服务业。而在覆盖气体与排放源方面，大部分试点仅控制CO_2，重庆试点则控制包括CO_2和甲烷在内的六种温室气体，此外，各地控排对直接排放和间接排放的覆盖也各有不一。

尽管地方碳市场试点的交易活跃度、交易量、交易价格均存在不足，但是第一批试点的顺利运行，无疑为中国迈出探索碳交易的第一步开辟了道路，形成了良好的示范效应。

碳交易试点的运行也为全国碳市场的建设积累了重要经验。中国在2017年宣布将建立全国碳排放交易体系。2021年1月，生态环境部正式发布《碳排放权交易管理办法（试行）》（简称《管理办法》），宣布全国碳排放权交易市场（简称"全国ETS"）将正式投入运行。同年7月16日，全国碳市场在北京、上海、武汉三地同时上线交易，中国的碳排放交易从试点市场迈向全国市场。

交易机制方面，全国碳排放交易市场的主要交易产品为碳排放配额（Chinese emission allowance, CEA），由国家免费分配为主，适时引入有偿分配；企业可以将CCER作为抵消配额的补充，但是不能够超过配额的5%。交易主体方面，全国碳市场前期初步覆盖电力行业的2 162家企业，共计碳排放量超过45亿吨CO_2，约占全国总排放量的40%。[①]

截至2021年12月31日，绝大部分重点排放单位完成履约，履约完成率为99.5%。全国碳市场碳排放配额以每吨54.22元收盘，比开盘首日价格上涨13%，第一个履约周期的累计交易量为1.79亿

① 王科，李思阳.中国碳市场回顾与展望(2022)[J].北京理工大学学报(社会科学版)，2022，24(2)：33—42.

吨左右,总成交金额约为 76.84 亿元。[①] 尽管地方试点碳市场与全国碳市场并行,但是已经纳入全国碳市场的重点排放单位,将不再参与地方试点碳市场。整体而言,各试点市场的交易量、活跃度、碳价格仍有较大差异,广东、湖北表现较好。[②]

6.2.2　中国碳交易的机制设计

明确清晰的规则是保证碳交易试点正常运转的前提。因此,政府必须要明确初始配额的数量、对企业不合规行为进行通报与处罚,否则碳交易市场将很难达成既定的经济与环境效益。表 6-5 即为七个试点地区关于开展地区碳排放权交易的政策性文件。其中,北京、深圳等地均颁布了相应地方性法规作为具体政策制定的依据,而其他地区基本只制定了政府规章来规范碳交易市场运行。

表 6-5　七个碳交易试点的政策性文件

试点	政策性文件
北京	《北京市人民代表大会常务委员会关于北京市在严格控制碳排放总量前提下开展碳排放权交易试点工作的决定》(2013 年 12 月 27 日由北京市人大常委会表决通过) 《北京市碳排放权交易管理办法(试行)》(2014 年 5 月 28 日由北京市政府印发并生效)
上海	《上海市碳排放管理试行办法》(2013 年 11 月 18 日上海市政府令第 10 号)
广东	《广东省碳排放管理试行方法》(2014 年 1 月 15 日广东省政府令第 197 号)
深圳	《深圳经济特区碳排放管理若干规定》(2012 年 12 月 30 日由深圳市人大常委会审批通过) 《深圳市碳排放权交易管理暂行办法》(2014 年 3 月 19 日深圳市政府令第 262 号)

① 谭琭玥. 全国碳市场运行首年盘点[EB/OL]. (2022-02-18)[2024-05-06]. https://chinadialogue.net/zh/3/75074/.

② 王科,李思阳. 中国碳市场回顾与展望(2022)[J]. 北京理工大学学报(社会科学版),2022,24(2):33—42.

(续表)

试点	政策性文件
天津	《天津市人民政府办公厅关于印发天津市碳排放权交易管理暂行办法的通知》(2013 年 12 月印发并施行)
湖北	《湖北省碳排放权管理和交易暂行办法》(2014 年 4 月 23 日湖北省政府令第 371 号)
重庆	《重庆市碳排放权交易管理暂行办法》(2014 年 3 月 27 日重庆市政府第 41 次常务会议通过)

良好的机制设计是七个地区性碳交易试点取得成效的重要保证。由于地区间产业结构差异较大,选择先进行试点而不是直接在全国铺开,优点就在于能使地方政府根据当地实际情况,对碳排放权交易体系进行灵活设计与调整,即“摸着石头过河”,尽可能多地在“干中学”“看中学”。实际运行过程中,不同试点在机制设计上有着较为明显的差异,但从整体来看,各碳交易试点都在朝着逐步扩大覆盖行业范围、改善配额的初始分配方式和发展碳交易衍生金融产品的方向发展。

经过对相关政策文件的梳理,七个省市碳交易试点的机制特征可以总结为以下几点。

第一,执行主体:碳交易试点的具体事务主要由地方发改委(下设的气候变化处)和财政局负责管理。第二,初始配额分配:广东、深圳和湖北试点引入了拍卖的方式获取初始碳排放配额,而其余试点基本都采用免费发放形式,基于历史排放法和行业基准线法对配额进行分配①。第三,政府干预情况:政府会对试点地区的碳交易市场进行干预,以收集运行数据、对碳排放权进行分配,或是在定价机制失灵时干预交易价格。第四,覆盖行业:试点主要覆盖了电力、钢铁、水泥、化工等能源密集型行业。而北京、上海和天津的碳交易市场还

① 上海碳交易试点则采用了“免费分配+拍卖”的方式,详见下文“6.2.3.3 合规与处罚”部分。

纳入了建筑业和部分服务行业。截至 2020 年,总共有电力、钢铁、水泥等 20 多个行业的近 3 000 家控排企业被纳入碳交易试点。第五,覆盖气体与排放源:除重庆外的各试点都只对 CO_2 排放进行控制,而重庆试点则纳入了含 CO_2 和甲烷等在内的六种温室气体作为控排气体。湖北试点仅对直接排放进行管控,其余试点都覆盖了直接排放和间接排放,但各地对间接排放的定义不同,一些试点的间接排放仅限于购入用于生产的电力蕴涵的排放,而其余试点则包括购入电力和热力所产生的潜在排放。第六,自愿减排规定:所有试点都认可由国家发改委认定的 CCER 用于抵消超额的温室气体排放。第七,市场准入门槛:如图 6-3 所示,所有试点市场都设置了两个市场准入门槛。交易门槛(针对控排企业)与报告门槛(针对报告企业)。后一类的企业虽然没有进入交易市场,但必须向政府报告其排放量,以考虑在未来合适时间纳入。

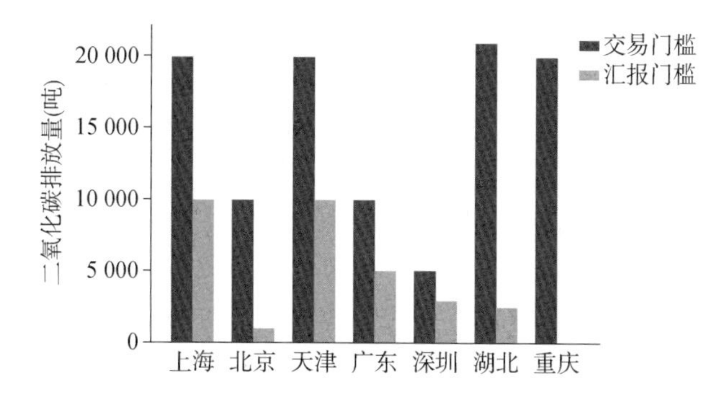

图 6-3　中国碳排放权交易试点的交易门槛和报告门槛

(资料来源:数据来自各试点地方发改委;重庆试点的报告门槛数据缺失)

6.2.3　碳交易试点实际运行情况

笔者主要从以下六个方面考察碳交易试点运行情况:排放权分配情况,监测、报告和核查体系(MRV 体系),合规与处罚,CCER,企业行为变化,交易价格。表 6-6 列举了用来衡量前五个方面表现的关键绩效指标及其实现情况。

表 6-6　中国碳排放权交易试点运行情况

运行情况:排放权分配情况	绩效指标	管理机构	数据来源	指标状况
相应时间段内分配给企业的配额数量	分配碳排放配额的总量	地方发改委	地方发改委官方网站	2013 年与 2014 年分别分配了 7.3 亿吨和 12.85 亿吨的碳排放配额
信息收集与披露情况	绩效指标	管理机构	数据来源	指标状况
收集并核查上报的排放数据	收集的排放报告数量	地方发改委	地方发改委官方网站;地方试点工作人员访谈	在 5 个试点地区,共收集了 1 736 个企业的排放量报告[1]
对核查报告进行随机抽检	随机抽检的数量	地方发改委	地方发改委官方网站;地方试点工作人员访谈	暂无数据
交易数量和价格的信息披露	交易数量和价格的公布情况	地方发改委或碳排放权交易所	地方发改委官方网站;碳排放权交易所; K-line网站	除了广东外的所有试点地区碳排放权交易所均公布了交易数量和价格信息,广东试点仅公开近期交易数据
合规信息披露	合规信息公布速率	地方发改委	地方发改委官方网站	所有试点都在合规周期结束后的三个月内公布了合规信息
合规与处罚	绩效指标	管理机构	数据来源	指标状况
对不合规行为的处罚	实施处罚的数量	地方发改委	地方发改委官方网站;新闻报道	2013 年末,北京和广东的 14 个企业由于不合规受到了处罚,处罚的性质未知

(续表)

运行情况: 排放权分配情况	绩效指标	管理机构	数据来源	指标状况
其他政策手段	绩效指标	管理机构	数据来源	指标状况
核证自愿减排量(CCER)	提交的核证自愿减排总量	国家发改委	中国自愿减排交易信息平台	截至 2015 年 1 月 14 日,共提交了 0.137 2 亿吨核证自愿减排量
企业行为变化	绩效指标	管理机构	数据来源	指标状况
企业行为变化与调整	碳排放权交易数量	地方碳排放权交易所	地方碳排放权交易所	截至 2017 年 6 月 30 日,碳排放权交易总量为 1.145 8 亿吨
企业合规行为	合规率	地方发改委	地方发改委官方网站	2013 年各试点的合规率:北京 97%,上海 100%,广东 98%,深圳 99%,天津 96%

资料来源:各试点地方发改委的官方网站。

注:1. 其中,北京试点收集到 415 个企业的报告,上海 191 个,广东 184 个,天津 114 个,深圳则收集了 635 个企业的报告和 197 个建筑物的报告。

6.2.3.1　排放权的分配

碳排放权的初始分配是碳交易市场运行的前提。政府一旦设定了排放总量,就必须及时向控排企业分配碳排放配额。各试点地区的政府(主要是地方发改委)都推出了专门的电子交易平台或网站,用于初始排放权的登记与分配,但这些交易平台或网站的建设还有很大的进步空间。比如,北京试点的网站未显示 2013 年和 2014 年的碳排放权分配数据。

6.2.3.2　MRV 体系

信息的透明度和准确性对于市场交易至关重要。就碳排放权交易而言,为了最大程度地减少企业“漂绿”行为,监管部门就必须围绕企业环境、社会责任和公司治理(ESG)指标,建立起一个强大的

MRV体系。在此,政府的职责主要是收集企业层级的信息,包括企业的碳排放数据、交易信息和合规情况等。目前,所有碳交易试点都要求控排企业向政府指定的第三方机构提交排放报告以备核查,政府也会对这些报告进行随机抽检,以确保碳排放信息的真实、准确。虽然各试点关于交易量和交易价格信息公开程度很高,但对于企业合规信息的披露不够完整,甚至无法获取排放报告的核查信息。

6.2.3.3 合规与处罚

一个强有力的监管体系,必须有强制措施作为保障,才能倒逼企业认真对待排放限额、积极参与碳排放权交易。虽然在试点期间,偶有对控排企业的处罚通报出现,但国内的碳交易试点大都未对合规标准和处罚内容进行清晰的界定。例如,在2013年末,北京和广东共对14家未能如期履约的企业实施了处罚,但关于处罚类型的信息却披露甚少。从合规和处罚角度来看,天津对未及时履约的处罚措施不够明晰,只规定了未履约企业不能享受优先融资等政策优惠;北京和广东的处罚力度较大,北京对未清缴的排放量处以市场均价3—5倍的罚款,广东则对未履约企业处以5万元罚款并在下一年扣除两倍于未清缴部分的配额。而上海试点在合规与处罚方面则有着自己的运作方式。2013年,当临近履约截止日期(6月30日)时,上海市政府又额外拍卖了58万吨碳排放配额,部分控排企业通过购买这些配额完成了年度履约。

6.2.3.4 CCER

七个碳排放权交易试点均认可国家发改委批准和发布的基于项目的核证自愿减排量(CCER),这些CCER项目的真实性以及抵消认证信息均可在中国自愿减排交易信息平台进行查询。从项目数量上看,2016年,湖北试点有122个CCER项目,北京有16个,重庆有15个,广东有47个,上海有18个,天津有6个,深圳有5个,共计

229个。其中，大部分都是风能、太阳能、水力发电和甲烷气体相关项目[①]。CCER可以算作合规排放的配额，但七个碳交易试点均对CCER的抵消使用比例进行了限制，从1%到10%不等[②]。

6.2.3.5　企业行为变化

碳排放权交易能否起到有效作用，关键在于企业面对碳交易政策会做出什么样的碳排放行为选择，因此企业的行为变化是衡量碳交易试点的重要视角。笔者主要着眼于交易量、交易额和活跃度（有交易量的天数与总交易天数之比）这三个关键指标来衡量碳市场中企业行为的变化，相关交易数据如表6-7和图6-4所示。

表6-7　碳交易试点相关交易指标

碳排放权交易试点	开市时间（2020年）	总交易天数	活跃度（%）	平均交易价格（元/吨）	平均交易量（吨）	平均交易额（元）	平均交易量占比
深圳	6月13日	1 885	89	38	14 349	546 882	12
北京	11月13日	1 765	64	60	8 169	488 521	6
上海	12月13日	1 750	62	31	10 183	315 377	8
广东	12月13日	1 750	86	24	43 495	1 023 164	32
天津	12月13日	1 744	38	18	5 827	105 497	4
湖北	4月14日	1 674	96	23	47 771	1 101 884	34
重庆	6月14日	1 623	35	17	5 392	92 240	4
平均	—	1 742	67	30	19 312	524 795	—

注：1. 数据统计的截止日期为2020年12月31日。
2. 数据来自 http://k.tanjiaoyi.com/。
3. 总交易天数不包括节假日。

① 2020年，这些类别占到总项目数量的80%以上。

② 具体而言，湖北、深圳和天津的CCER抵消限额为10%，重庆为8%，北京为5%，上海为1%。另外，大多碳交易试点都不接受水电项目的信用抵消。以广东为例，抵消量上限为150万吨，控排企业可以使用CCER或PHCER（碳普惠核证自愿减排量）作为清缴配额，但其中70%以上必须来自本省温室气体自愿减排项目。

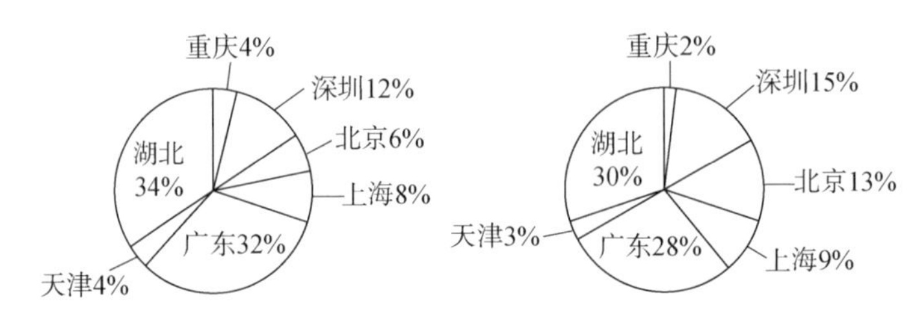

注:数据统计的截止日期为2020年12月31日;总交易天数不包括节假日。

图 6-4　各试点交易量/交易额所占的比重

(数据来源:http://k.tanjiaoyi.com/)

由于不同的机制设计和实施情况,各试点碳市场中的企业行为与交易价格有所不同。截至2020年底,相关交易量、交易额和活跃度(即有交易量的天数与总交易天数之间的比率)如表6-7和图6-4所示。

以上结果表明,湖北、广东和深圳碳交易试点的活跃度要显著高于上海、北京、重庆和天津这四个试点。在这些试点中,湖北碳市场在交易量和交易额方面的表现最为突出,天津和重庆试点则在交易量和交易额上处于垫底的位置。但和国际上其他碳交易市场相比,即便是中国目前最好的碳交易试点,也依然有很长的路要走。例如,仅2015年1月21日单日,美国加利福尼亚州碳市场的交易量就激增至1 000万吨①,约占中国七个试点当年总交易量的三分之二。

6.2.3.6　交易价格

价格是市场运作的核心,是企业做出行为选择的重要标准。由于各碳交易试点地区之间存在较大差异,不同试点市场的碳交易价格也差异悬殊。七个试点的成交价格最低为每吨28元,最高则是每

① California Carbon Dashboard. Carbon price[EB/OL]. [2024-05-06]. http://calcarbondash.org/.

吨 143 元。如表 6-7 所示，在七个试点中，北京试点的平均交易价格最高，约为 60 元/吨；其次是深圳试点，为 38 元/吨；广东、重庆、湖北和天津试点的交易价格比较接近，在 17—24 元/吨的范围内。七个试点平均成交价格约为 30 元/吨，属于相对较低的水平①，无法有效激励企业增加对新技术或是清洁能源的战略投资。例如，碳捕捉、利用和封存技术（CCUS 技术）的成本更为高昂。此外，不同试点的价格差异也表明在中国建立全国统一的碳市场面临着巨大的挑战。

6.3　碳交易试点的政策效果②

由于排放权交易在理论层面一直被视作减少碳排放的重要政策工具，碳排放权交易市场在实践中的减排效果也自然就成为了学者和政策制定者关注的重点。以 EU-ETS 为例，由于数据使用和研究方法的差异，对同一排放权交易政策的评估有着不尽相同的结果，但总的来说，大多数研究都验证了 EU-ETS 的排放权交易机制对减排有积极影响。尽管中外在经济结构、制度背景和排放权交易体系机制设计上存在较大差异，但这些研究仍然对笔者评估中国碳交易市场具有研究思路和方法论上的借鉴意义。

中国碳排放权交易试点自 2013 年起逐渐运行。起初，学者多采用可计算的一般均衡（CGE）模型，基于模拟数据评估碳交易试点产生的经济和环境效应。如有学者使用 CGE 模型预测了碳排放权交易在中国的减排效应，发现竞争性电价更有利于减少碳

---

① 从国际上看，2018 年之前欧盟温室气体排放权交易体系的平均碳价约为 100 元/吨，且有显著上涨的趋势，2019 年交易价格甚至达到 25 欧元/吨，换算为人民币约为 190 元/吨。

② 本节内容改写自笔者论文：陈醒，余晓非. 中国碳交易市场的减排效果：基于合成控制法的实证分析[J]. 复旦公共行政评论，2023(1)：207-240.

排放量；[①]另有学者利用多区域一般均衡模型（TermCO$_2$）模拟了碳交易试点对天津和湖北减排效果的影响，均发现试点会带来较为显著的 CO_2 减排效果，对经济发展的抑制作用较小。[②]

碳交易试点市场的减排效果无疑是各方的关注重点。有学者使用双重差分法，发现碳交易能够显著抑制试点地区规模工业的碳排放量和碳强度[③]，并显著降低了试点省份的碳排放总量与人均碳排放[④]。若比较不同试点地区，研究发现湖北试点减排效果最佳，广东和深圳表现较好，天津试点的表现较差，而北京和上海的碳交易影响则未得到有效测度，各地试点减排效果参差不齐；若以湖北为例，对比不同行业，发现碳交易试点显著降低了钢铁行业和有色金属行业的碳排放量，而对电力行业减排效果的影响一般，原因可能是煤电行业仍处于规模扩张阶段。此外，有研究者基于准自然试验方法，使用匹配的双重差分模型对比了制造业和电力行业内的两类企业，即属于碳交易试点范围的企业和不属于试点范围的企业，发现前者碳排放量显著小于后者，实现了碳排放总量与碳密度的下降，得出碳市场试点政策对激励企业节能减排具有积极作用的结论。[⑤] 可见，虽然碳

---

① Li J F, Wang X, Zhang Y X, et al. The economic impact of carbon pricing with regulated electricity prices in China—an application of a computable general equilibrium approach[J]. Energy Policy, 2014, 75: 46-56.

② 刘宇，温丹辉，王毅，等. 天津碳交易试点的经济环境影响评估研究——基于中国多区域一般均衡模型 TermCO$_2$[J]. 气候变化研究进展，2016，12(6)：561；谭秀杰，刘宇，王毅. 湖北碳交易试点的经济环境影响研究——基于中国多区域一般均衡模型 TermCO$_2$[J]. 武汉大学学报（哲学社会科学版），2016(2)：64—72.

③ 李广明，张维洁. 中国碳交易下的工业碳排放与减排机制研究[J]. 中国人口·资源与环境，2017，27(10)：141—148.

④ 宋德勇，夏天翔. 中国碳交易试点政策绩效评估[J]. 统计与决策，2019，35(11)：157—160.

⑤ Cui J, Wang C, Zhang J, et al. The effectiveness of China's regional carbon market pilots in reducing firm emissions[J]. Proceedings of the National Academy of Sciences, 2021, 118(52): e2109912118.

交易对于不同地区、行业的减排影响有所差异，但绝大多数的研究都证实了地方试点的碳交易市场对减少 CO_2 排放量具有显著作用。

随着碳交易试点的推进，越来越多基于试点地区实际碳排放数据的实证研究出现，其中较多学者使用了双重差分法对碳交易试点进行评估。有学者使用基于倾向得分匹配的双重差分法（PSM-DID）发现碳交易对试点地区规模工业的碳排放量和碳强度有显著抑制作用；[①]有学者通过双重差分法验证了碳排放权交易显著降低了试点省份的 CO_2 排放量和人均 CO_2 排放量；[②]还有学者使用三重差分法发现碳排放权交易加速了试点地区控排行业的低碳技术创新。[③] 也有的学者基于合成控制法（synthetic control method）衡量了各试点地区的减排效果，发现不同试点之间存在着减排效果上的差异。[④] 值得一提的是，多数学者的研究都表明中国碳交易试点对减排产生了积极影响。

尽管学界对中国碳交易试点的减排效果研究已经取得了较大进展，但仍有许多方面值得优化与进一步拓展。首先，大部分文献在研究碳交易试点的减排效果时，没有对影响减排效果的机制进行深入探讨，忽视了可能与试点减排表现相关的政策设计因素以及碳价格水平、交易活跃度等市场运行因素。其次，大部分学者采用了仿真模

---

① 李广明，张维洁. 中国碳交易下的工业碳排放与减排机制研究[J]. 中国人口·资源与环境，2017，27(10)：141—148.

② 宋德勇，夏天翔. 中国碳交易试点政策绩效评估[J]. 统计与决策，2019(11)：157—160.

③ Cui J, Zhang J, Zheng Y. Carbon pricing induces innovation: evidence from China's regional carbon market pilots [C]//AEA Papers and Proceedings. 2014 Broadway, Suite 305, Nashville, TN 37203: American Economic Association, 2018, 108: 453-457.

④ 姬新龙，杨钊. 基于 PSM-DID 和 SCM 的碳交易减排效应及地区差异分析[J]. 统计与决策，2021，37(17)：154—158；张彩江，李章雯，周雨. 碳排放权交易试点政策能否实现区域减排？[J]. 软科学，2021，35(10)：93—99.

型和准实验方法去测度碳交易试点的减排效果。这两种方法都有着明显的缺陷:前者的制度要素设置和情景预测较为主观,很难还原真实的制度安排,因此在测度碳交易的经济与环境影响时会存在较大误差;而后者在对照组的选取上具有较强主观性,且在评估试点地区减排效果时无法排除政策内生性的影响。最后,多数实证文献聚焦于七个试点的总体平均处理效应或是各个试点地区层面的政策效应,但鲜有研究探究碳交易试点给重点行业带来的减排效果,碳交易市场对不同行业减排效果的影响尚且缺乏实证研究的支撑。

在此基础上,笔者利用合成控制法评估七个试点地区和重点行业在碳排放权交易下的减排效果。

建立全国统一的碳交易市场不仅要实现跨地区统一交易,更重要的是设计合适的政策机制来促进减排目标的完成。从上文的论述中不难看出,各碳交易试点不论是在政策机制设计还是实际运行情况上都存在着显著的差异。什么样的政策机制能带来更优的减排效果?交易量和交易活跃度的差异是否会体现在减排效果上?为了解答这些问题,为完善中国碳交易体系提供借鉴,笔者将进一步使用合成控制法来评估碳交易试点对试点地区和重点行业 CO_2 减排的实际贡献。

6.3.1 实证方法

在实证研究中,研究人员常常使用准试验方法,如双重差分法、断点回归法(regression discontinuity design)和合成控制法等,通过比较受政策影响的实验组与未受影响的对照组之间的差异来得出政策干预效果。大多数学者使用的双重差分法在对照组选择和处理政策内生性问题上有着较大的缺陷,因而不利于得出碳交易试点真正的减排效果。

相比之下,当单一主体(比如一个企业或是一个省份)暴露于政策干预下时,合成控制法能够通过统计工具加权拟合出一个较为可靠的对照组，有助于评估政策效果。使用合成控制法完成的著名研究包括：评估控烟法案对加利福尼亚州烟草销量的影响[①]，以及 1990 年德国统一对西德的经济影响等[②]。在中国也有许多研究运用了合成控制法，如奥运会是否改善了北京的空气质量[③]，检验重庆房产税试点的经济影响[④]。

笔者按照合成控制法的逻辑建立模型，来评估碳排放权交易的影响。假设有 $M+1$ 个地区，其中第一个地区受到了政策干预（试点地区），其他 M 个没有受到影响的地区作为对照组。T_0 是干预前一阶段，满足 $1<T_0\leqslant T$。假设 Y_{it}^N 为反事实结果，表示试点地区 i 在时间 t 没有政策干预时的碳排放量。Y_{it}^I 表示在 T_0 时点后，地区 i 在时间 t 时观察到的受到政策干预的碳排放量。假设在政策实施前，政策干预不会对结果产生影响，因此对于地区 i 在 $t\in\{1, 2, \cdots, T_0\}$ 时段内，可以得到 $Y_{it}^N=Y_{it}^I$。对于地区 i 在时间 t 的政策干预效果，记为 $\alpha_{it}=Y_{it}^I-Y_{it}^N$。研究目标是估计真实情景和反事实情景下的碳排放量差异，即：

$$\alpha_{1t}=Y_{1t}^I-Y_{1t}^N$$

而由于 Y_{it}^I 可以观测，所以只需要估计反事实结果 Y_{it}^N。设 $(M\times 1)$ 维权重向量 $\boldsymbol{W}^*=(w_2^*, \cdots, w_{j+1}^*)$，满足当 $m=2, \cdots, M+1$ 时，$\boldsymbol{W}_m\geqslant$

① Abadie A, Diamond A, Hainmueller J. Synthetic control methods for comparative case studies: estimating the effect of California's tobacco control program[J]. Journal of the American statistical Association, 2010, 105(490): 493-505.

② Abadie A, Diamond A, Hainmueller J. Comparative politics and the synthetic control method[J]. American Journal of Political Science, 2015, 59(2): 495-510.

③ 王艳芳，张俊. 奥运会对北京空气质量的影响：基于合成控制法的研究[J]. 中国人口·资源与环境，2014，24(S2)：166—168.

④ 刘甲炎，范子英. 中国房产税试点的效果评估：基于合成控制法的研究[J]. 世界经济，2013，36(11)：117—135.

0，并且 $w_2+\cdots+w_{M+1}=1$。向量组 $\boldsymbol{W}^*$ 的每个值都代表一个潜在的合成控制，对应着一个特定的对照组地区的加权平均值。因此每个合成控制结果变量的值即为：

$$\sum_{m=2}^{M+1} w_m Y_{it} = \partial_t + \theta_t \sum_{m=2}^{M+1} w_m Z_m + \lambda_t \sum_{m=2}^{M+1} w_m \mu_m + \sum_{m=2}^{M+1} w_m \varepsilon_{it}$$

对于 $T_0 < t \leqslant T$，可以用 $\sum_{m=2}^{M+1} w_m^* Y_{mt}$ 作为 Y_{it}^N 的无偏估计来近似 Y_{it}^N。因此 $\alpha_{1t} = Y_{mt} - \sum_{m=2}^{M+1} w_m^* Y_{mt}$ 就可以作为 α_{1t} 的估计。[①]

此处，笔者以湖北为例进行说明。笔者将没有实施碳交易试点的地区作为对照组，使用合成控制法，利用对照组拟合出一个"合成湖北"，使之能够反映在没有实施碳交易试点情况下湖北的碳排放水平，并通过与"真实湖北"[②]受到政策干预后的碳排放量进行对比，得出碳交易试点的减排效果。为了得到最优的拟合效果，还需要选择合适的预测变量作为拟合优度的参照指标，使得政策干预前阶段（即试点前），真实湖北和合成湖北在预测变量和 CO_2 排放量上的差异最小，也就是实现均方误（root mean square prediction error, RMSPE）最小。根据之前学者的研究[③]，笔者在评估试点地区减排效果时，选择该地区 2003 年碳排放量、2005 年碳排放量、GDP、人均 GDP、人口数量和第二产业占 GDP 的比重作为预测变量。

之后，笔者将使用上述方法分别为湖北、广东（包含深圳）、天津、

---

① Abadie A, Diamond A, Hainmueller J. Synthetic control methods for comparative case studies: estimating the effect of California's tobacco control program[J]. Journal of the American Statistical Association, 2010, 105(490): 493-505.

② 为行文方便，下文中"真实地区"与"合成地区"的表述均不再加引号。

③ Mideksa T K, Weitzman M L. Prices versus quantities across jurisdictions[J]. Journal of the Association of Environmental and Resource Economists, 2019, 6(5): 883-891.

上海、北京和重庆构建一个合成试点地区，来评估每个试点的减排效果。再引入排序检验的方法，验证对碳排放权交易的估计效果是否显著大于对对照组中其他地区进行相同处理后得到的估计效果，从而得出试点减排效果的可信程度。

基于对文献的回顾，笔者也将使用合成控制法检验碳交易试点对于重点控排行业（主要是能源密集型行业）碳排放量的影响。笔者以湖北试点的电力行业、钢铁行业、有色金属行业和六大污染行业①为代表，使用上述方法，以非试点地区的对应行业作为对照组，为它们构建各自的合成行业，通过比较得出政策对于行业的减排效果。

6.3.2　数据来源

研究中的地区 GDP、人均 GDP、人口数量和第二产业占 GDP 比重等数据均来自《中国统计年鉴》。省级层面 CO_2 排放量数据，是以 1997—2017 年《中国能源年鉴》中各省能源消费数据为基础，基于中国碳核算数据库②提出的方法计算得出。行业层面碳排放数据，是以 2000—2017 年各省统计年鉴中行业能源消费数据为基础计算得出。由于深圳市的能源消费数据无法单独获取，因此笔者将其并入广东试点，利用广东省数据测度两个试点的总政策效果。最终，除去能源消费数据残缺的西藏、宁夏和港澳台地区，共获得 29 个省级行政单位（包括北京、上海、广东、天津、重庆、湖北六个试点地区在内）1997—2017 年的 CO_2 排放数据，因此对于每一个试点地区，都有 23 个非试点的省级行政单位作

---

① 六大污染行业包括电力行业、黑色金属冶炼和压延加工业（钢铁行业）、有色金属冶炼和压延加工业、化学原料和化学制品制造业、非金属矿物制品业、石油加工及炼焦业。

② 中国碳核算数据库（Carbon Emission Accounts & Datasets, CEADs），致力于中国的碳排放核算方法开发及应用，也提供最新的碳排放、社会经济和贸易等数据。详见 https://www.ceads.net.cn。

为其对照组。笔者将 2013 年作为试点政策开始的时间,因此对于试点地区和行业来说,政策干预前阶段分别有 16 年和 13 年。

6.3.3 实证结果

如上文所述,笔者先使用合成控制法,从对照组中拟合出每个试点的合成试点地区。表 6-8 展示了在政策干预前阶段,各个试点地区及其合成试点地区预测变量的对比。可以看出,在实施碳交易试点之前,合成湖北与真实湖北在碳排放相关的预测变量上十分接近。表 6-9 展示了合成试点的各省份权重。

由于中国不同地区的社会经济条件存在显著差异,各试点的合成控制结果也不尽相同。一般来说,试点地区越接近中国平均水平,合成效果就越好。比如,湖北、广东和天津的合成效果优于其他试点。

图 6-5 展示了真实湖北和合成湖北的碳排放趋势。从图中可以看出,2013 年以后真实湖北和合成湖北的碳排放量出现显著差异。

鉴于湖北在各项经济指标上比较接近于中国平均水平,笔者选择了几个湖北省控排的重点行业来对碳交易试点在行业层面的减排效果进行评估,实证结果见图 6-6。其中,碳交易试点使得钢铁行业和有色金属行业的 CO_2 排放量产生了显著下降。相较之下,电力行业的减排效果则并不明显,这可能是由于在试点期间,煤电行业依然处于规模扩张阶段①。总体而言,碳交易试点还是对六大污染行业的整体减排带来了积极影响。从这一角度来看,湖北试点在地区层面能取得显著的减排效应也就不难理解了。

---

① 根据中国电力年鉴数据,2013—2017 年,中国火力发电装机容量的年平均增长率达到 6.47%,使得电力行业贡献了巨大的碳排放增量;而年平均新增煤电装机容量也达到了 4 200 万千瓦时。

表 6-8　合成试点和真实试点预测变量比较

	湖北	合成湖北	北京	合成北京	上海	合成上海	天津	合成天津	重庆	合成重庆	广东	合成广东
2003 年碳排放量	165.2	165.3	82.0	59.4	137.0	137.0	66.2	78.4	68.4	68.1	261.7	257.5
2005 年碳排放量	189.3	189.4	92.1	80.9	158.9	158.9	89.0	91.1	81.6	81.1	341.8	341.9
GDP	8 556.9	8 559.1	7 862.8	4 955.8	9 993.2	6 559.5	4 805.5	3 731.4	4 380.5	4 354.9	25 627.6	10 645.7
人均 GDP	14 917.1	14 924.7	46 535.8	18 040.0	50 579.4	19 495.9	40 882.1	16 345.8	14 856.6	14 809.6	26 591.9	20 114.0
人口	5 738.7	5 740.3	1 585.1	1 933.7	1 900.9	3 046.5	1 103.3	1 816.0	2 848.1	2 833.8	9 238.9	5 252.7
二产占比	43.3	43.4	28.4	32.4	45.4	50.2	52.6	49.5	44.3	44.2	48.4	48.4

数据来源：2005—2015 年中国统计年鉴。

注："二产占比"指第二产业占 GDP 的比重。

表 6-9　合成试点的省份权重

省份	合成湖北	合成北京	合成上海	合成天津	合成重庆	合成广东
安徽	0.415	0.000	0.000	0.000	0.065	0.000
福建	0.008	0.000	0.000	0.000	0.158	0.000
甘肃	0.006	0.000	0.000	0.000	0.003	0.000
广西	0.008	0.000	0.000	0.000	0.000	0.000
贵州	0.007	0.000	0.000	0.000	0.001	0.000

(续表)

省份	合成湖北	合成北京	合成上海	合成天津	合成重庆	合成广东
海南	0.087	0.731	0.049	0.000	0.091	0.068
河北	0.008	0.000	0.000	0.000	0.001	0.368
黑龙江	0.008	0.000	0.000	0.000	0.002	0.000
河南	0.022	0.000	0.000	0.000	0.001	0.000
湖南	0.009	0.000	0.000	0.000	0.001	0.000
内蒙古	0.007	0.000	0.000	0.000	0.001	0.000
江苏	0.091	0.000	0.000	0.000	0.010	0.000
江西	0.007	0.000	0.000	0.000	0.000	0.000
吉林	0.008	0.000	0.758	0.378	0.003	0.000
辽宁	0.109	0.000	0.000	0.000	0.002	0.478
青海	0.005	0.000	0.000	0.518	0.471	0.000
陕西	0.006	0.000	0.000	0.000	0.002	0.000
山东	0.006	0.000	0.000	0.000	0.000	0.068
山西	0.008	0.000	0.000	0.000	0.001	0.000
四川	0.162	0.000	0.000	0.000	0.158	0.000
新疆	0.007	0.000	0.000	0.000	0.002	0.000
云南	0.007	0.000	0.000	0.000	0.001	0.000
浙江	0.000	0.269	0.193	0.104	0.023	0.000

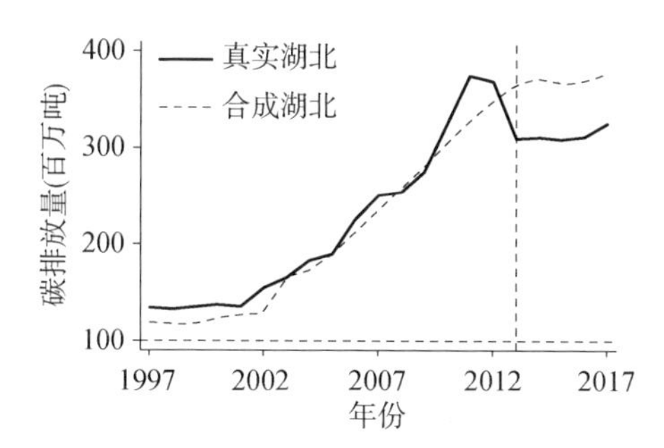

图 6-5　真实湖北与合成湖北的 CO_2 排放量

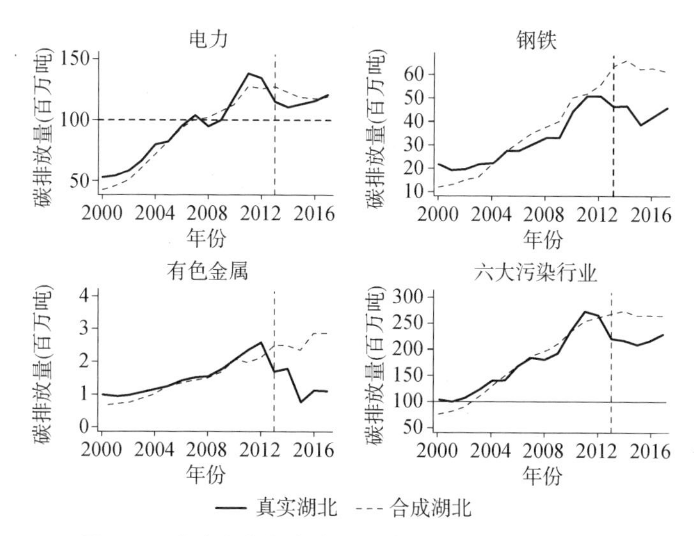

图 6-6　真实湖北与合成湖北的污染行业 CO_2 排放量

笔者接着对其他试点地区进行评估。如图 6-7，可以看到在 2013 年以前，合成广东和真实广东的碳排放路径几乎能够重合，但在 2013 年后出现了明显差异，说明广东碳交易试点也取得了比较显著的碳减排效果。上一节中探讨了，湖北和广东（包含深圳）试点在交易量、交易额和活跃度等方面的表现均优于其他碳交易试点。相应地，合成控制的实证结果也验证了这两个试点地区有着更好的

CO_2 减排效果。

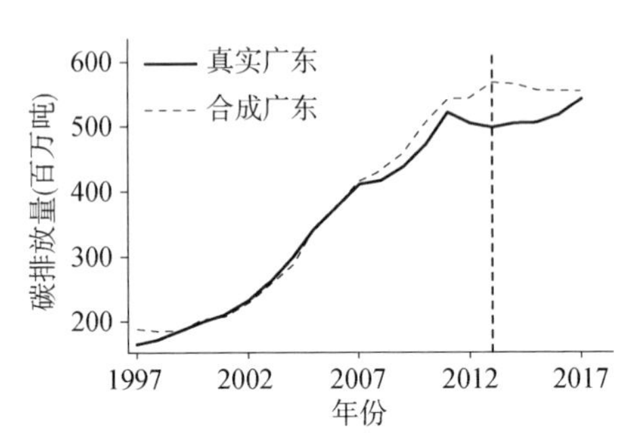

图 6-7　真实广东与合成广东的 CO_2 排放量

相比之下，对天津试点的实证研究显示出截然不同的结果。图 6-8 展示了真实天津和合成天津的碳排放趋势，自 2013 年以来，两者的 CO_2 排放量并没有十分显著的差异，甚至实际天津的碳排放量要高于合成天津。这一结果并不意外，正如上一节所讨论的，天津的碳交易试点在许多市场运行指标上的表现远低于七个试点的平均水平。

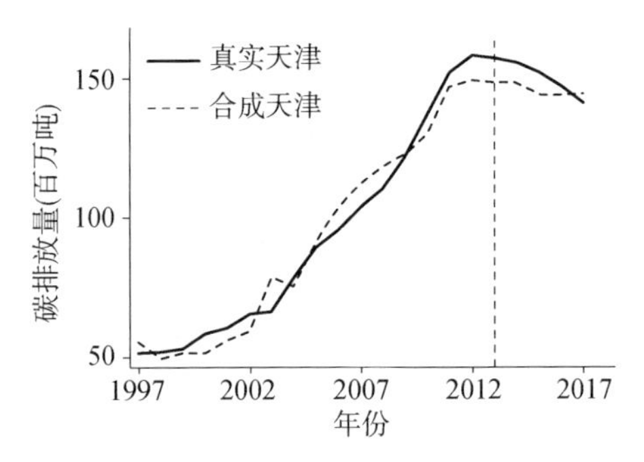

图 6-8　真实天津与合成天津的 CO_2 排放量

当笔者对北京、上海和重庆进行同样的操作时，政策干预前阶段的合成效果并不理想，表明此时评估这些碳交易试点的影响可能条件还不成熟，或者也可能有其他因素没有被笔者的研究考虑进来。以北京为例，2008 年前后，真实北京和合成北京之间的显著差异已经出现,表明除了碳交易试点的实施外,还有其他重要因素的影响(见图 6-9)。一种可能的解释是,2008 年北京奥运会的举办,促使大部分制造业迁出了北京。

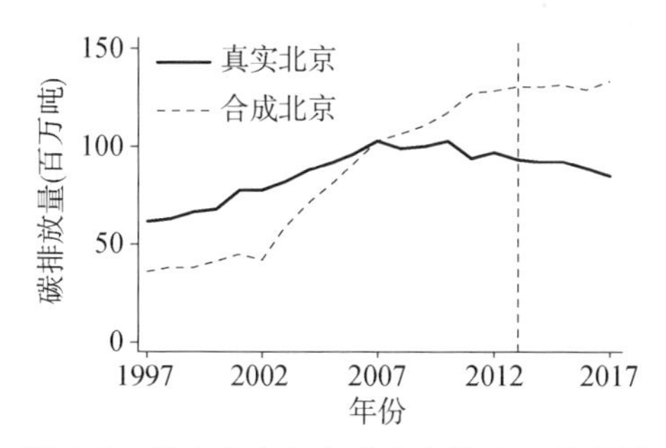

图 6-9　真实北京与合成北京的 CO_2 排放量

而真实上海和合成上海之间甚至在 2002 年就出现了显著差异(见图 6-10),这还需要进一步的研究来解释原因。尽管没能有效测度上海试点的减排效果,但上海的碳排放权交易体系在许多方面的表现都值得继续关注。比如,上海市对碳排放配额的分配采用了免费发放和拍卖并行的模式,并取得了很高的履约率,这些都表明上海碳交易体系对国家和市场的角色有着较为独到的认识,能充分利用行政手段和市场相结合的方式推动政策实施,这也为全国碳交易市场的机制设计提供了经验。

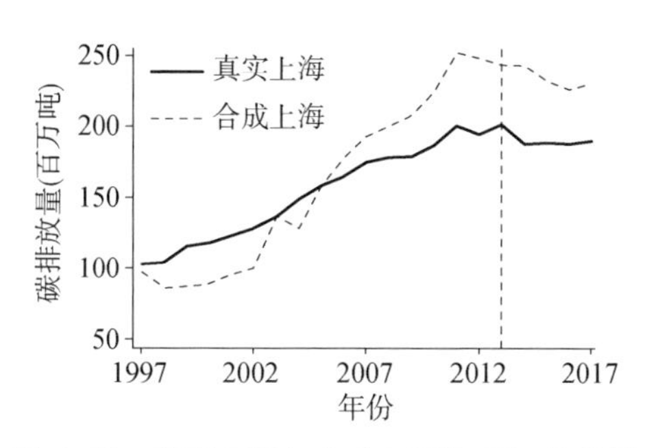

图 6-10　真实上海与合成上海的 CO_2 排放量

6.3.4 稳健性检验

为了提高研究结果的可信度,笔者使用排序检验方法对实证结果进行了稳健性检验。检验基本思路如下:对没有进行碳交易试点的省份也同样地采用合成控制法,构造出相应的合成省份,得到每组真实省份与合成省份之间的碳排放量差异。如果湖北和广东的真实情况与合成情况之间的碳排放量差异比这些省份更加明显,就说明碳交易试点的政策效应是显著的。

首先,通过合成控制法为对照组中23个省级行政单位构建合成省份。其次,剔除那些在碳交易开始之前的阶段拟合较差的省份,因为这些省份出现的显著碳排放量差异可能是由于拟合原因导致的。基于此,剔除了2013年之前RMSPE值较高的两个省份,分别是内蒙古(89.8)和山东(87.2),远高于湖北和广东的RMSPE水平(分别为17.8和17.1)。最后,对照组共留下21个省份,这些省份的RMSPE最高值也仅有30.3。分别计算这21个省份与其合成省份在碳排放量上的差异,并与湖北、广东进行比较。图6-11展示了稳健性检验(排序检验)的结果。

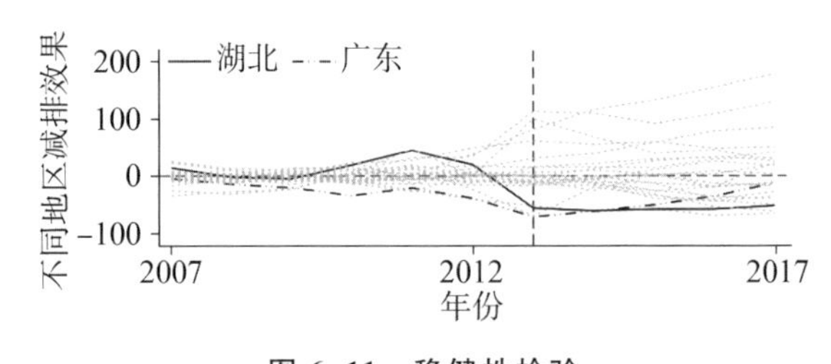

图6-11 稳健性检验

从检验结果可以看出,湖北在2013年之后的减排效果明显大于其中20个对照组省份,这意味着其他省份能够出现与合成湖北和实际湖北之间相似差距的概率为 1/20，也就是说仅有 5% 的统计显著性。因此，可以认为碳交易试点的确对湖北产生了明显的减排效果。广东省的减排效果在试点的前期阶段明显大于其他所有对照省份，意味着实证结果可信度较高，但随着试点进行，这一差距在逐渐缩小。在当前阶段，重庆和天津试点实证结果的置信度就没有湖北那么高。而如上文所述，北京和上海的情况比较复杂，需要进一步研究（例如实地调查）来确定其减排效果。

6.4　“碳税”的可能性？

虽然碳交易已经成为中国应对气候变化的主要政策，但是否意味着碳税已经退出历史舞台？本节试图探讨重新征收碳税的可能性。

中国现有的税收体系中，与应对气候变化较为相关的可以按照征收对象分为三类（详见表 6-10）：一是针对化石能源征收的税种，包括对原油、天然气和煤炭等征收的资源税，对成品油征收的消费税，以及相关增值税；二是针对高能耗、高排放产品征收的税种，包括车辆购置税，车船税，以及对摩托车、小汽车、游艇等产品征收的消费税；三是环境保护税，课税对象包括 SO_2、NO_x 等 44 种大气污染物。此外，中国还发展了旨在推动低碳发展的税收优惠政策，例如激励节能减排的企业所得税优惠、针对风力发电的增值税优惠等。[①]

① 张莉，马蔡琛. 碳达峰、碳中和目标下的绿色税制优化研究[J]. 税务研究，2021(8)：12—17.

表 6-10　中国与碳排放相关的税收

类别		税种	征收对象(税率)
税收制度	化石能源	资源税	原油(6%)、天然气(6%)、煤(2%—10%)
		消费税	成品油(1.20—1.52 元/升)
		增值税	小汽车、成品油等多数货物(17%)
	高能耗、高排放产品	车船税	分为乘用车、摩托车、商用车三档收税
		车辆购置税	普通车辆(10%),新能源汽车免税
		消费税	摩托车(3%与 10%两档)、小汽车(1%—40%不等)、游艇(10%)等
	大气污染物	环境保护税	SO_2、NO_x 等 44 种污染物
税收优惠	企业所得税	针对节能设备,按专用设备投资额的 10%抵免当年企业所得税应纳税额	
		对与节能、减排相关的项目减免税收	
	增值税	对于合同能源管理项目免征增值税	

其中,中国对化石能源征税的历史至今已有近 40 年。从 1984 年起,中国便规定对原油、天然气、煤炭等化石燃料开征资源税,并经历了 30 余年的发展,在 2020 年正式施行了《资源税法》,以法律形式确立了“从价计征为主、从量计征为辅”的税率形式。除资源税外,中国也逐渐形成了成品油消费税制度,从 1994 年开始对汽油、柴油等成品油征收消费税,并在 2009 年起取消公路养路费,正式形成包括汽油、柴油等 7 种税目在内的成品油消费税制。[①] 同时,中国还对小汽车、成品油等多数货物普遍征收 17%的增值税。[②]

此外,中国对高能耗、高排放的产品课征了较高的税款。中国从

① 李洁仪,高新伟.成品油消费税制度历史分析及改革展望[J].中国石油大学学报(社会科学版),2017,33(5):7—13.

② 马海涛,白彦锋.我国征收碳税的政策效应与税制设计[J].地方财政研究,2010(9):19—24.

2001 年起将车辆购置费改为车辆购置税,并在 2007 年开征了新的车船税,加大了对车辆、车船的税收调节力度。同时,中国也对汽车、游艇、摩托车等产品征收不同水平的消费税。

在针对环境保护税的讨论中,是否将 CO_2 列入应税污染物一度成为争议焦点。[①] 支持者认为,中国应对气候变化的形势日益严峻,而碳税既能够提高碳排放价格、促进减排,又能够增加一定的财政收入,有利于提高财政的可持续性,具有“双重福利”的属性,应当及时开征。而反对者则认为,CO_2 不能算作污染物,不应纳入环境保护税的范围,而且碳税的设立,很可能会对碳排放交易市场的建设造成干扰并带来一定的冲击。[②] 2013 年,由原环境保护部提交的《中华人民共和国环境保护税法(送审稿)》中曾一度将碳税纳入环境保护税的税目中。[③] 但最终,碳税并未出现在提交全国人大初审的环境保护税法草案中。总体而言,中国已建立起较为完善的“绿色税收”体系,为推进低碳发展发挥了一定的税收杠杆作用。但在碳达峰、碳中和的时代新目标下,现有税收体系对节能减排的推动作用仍有一定的局限性,应当考虑将是否征收碳税重新列入议题进程。

6.5　小结

无论是地方碳交易试点市场,或是全国碳交易市场,中国的碳交

① 李凤桃. 财政部专家:决策层对于碳税认识并未达成一致[EB/OL]. (2013-09-17)[2024-09-09]. http://finance.people.com.cn/n/2013/0917/c1004-22941042.html.

② 绿色创新发展研究院. 和雾霾无关的环保税[EB/OL]. (2018-01-09)[2023-05-22]. http://www.igdp.cn/和雾霾无关的环保税/.

③ 李凤桃. 财政部专家:决策层对于碳税认识并未达成一致[EB/OL]. (2013-09-17)[2024-09-09]. http://finance.people.com.cn/n/2013/0917/c1004-22941042.html.

易机制无疑仍处于持续发展的过程之中,需要进一步完善。第一批碳交易市场试点的成功运行,为中国建设碳市场奠定了重要的基础,但也暴露出了较多的问题。首先,市场活跃度不足。交易量较少、交易价格较低、企业主动参与碳交易积极性不足。在2015年6月的履约截止日期前后,中国碳交易试点的交易量出现了陡然的激增现象,很快又恢复平缓状态。这也从侧面反映出,许多企业可能将碳排放权交易视作行政任务,并没有认识到碳资产本身的投资价值。这也是碳交易试点的碳价格较低的重要原因之一。各大试点的碳交易平均成交价格与国际碳价相比,属于较低水平。低碳价水平将会大大降低企业采用减排新技术以及清洁能源投资的动力,减少碳交易对中国低碳经济长期转型的作用。

其次,碳市场本身的机制建设也存在较大的改进空间。一是试点市场企业的MRV体系不够完善,对于企业ESG指标等合规信息的披露不够完整,尚未达到市场交易所要求的信息透明度和准确性要求。二是各试点地区的政府对未能履约的企业处罚标准不一,大部分未能对合规标准和处罚内容进行清晰的界定,也未能及时执行处罚,并公开处罚结果。例如天津缺乏对未履约企业处罚的条款,北京和广东虽然对未履约企业实施了处罚,但却几乎没有披露处罚内容。①

全国碳交易市场在2021年顺利开盘,成为中国碳交易发展的重要里程碑,并在首个履约周期纳入了发电行业企业,覆盖约45亿吨的碳排放量,一举成为全球规模最大的碳市场。从全国碳市场运行情况来看,其暴露出了与地方试点类似的问题:市场活跃度不足、成

---

① Chen X, Xu J. Carbon trading scheme in the People's Republic of China: evaluating the performance of seven pilot projects [J]. Asian Development Review, 2018, 35(2): 131-152.

交量较少、碳价与国际水平相比较低;企业参与的主动性不足,交易量在履约截止日期前激增;未能履约企业的处罚力度不足;等等。整体而言,全国碳市场的活跃度仍十分有限,有较大的潜力空间。

进一步完善中国碳交易市场是中国应对气候变化、实现“2060 目标”的关键着力点。笔者为中国未来的碳交易市场建设提出以下几点政策建议。

首先,优化碳配额分配制度,逐步推广有偿配额分配方式。一方面,应继续加强对历史排放数据的分析,并结合实际经济形势,以及不同碳试点、行业的具体情况,科学分配碳交易配额。另一方面,应当逐渐加强市场对配额的调控作用,适时引入拍卖碳排放权的手段,以灵活调节配额的供需,避免配额过度发放。通过拍卖分配排放权的试点,例如广东、湖北,市场表现要好于采用免费发放的试点,例如重庆、天津。因此,未来各试点以及全国碳市场,应考虑逐步推广包括拍卖机制在内的、有偿的碳排放配额分配方式,并借鉴欧盟经验,先引入拍卖机制,再逐步提高通过拍卖分配的碳交易配额比重,逐渐从部分地区推向更广泛的地区,以平稳过渡并减少风险。

其次,完善 MRV 体系,提高碳排放信息的透明度。政府应通过颁布相关法律制度规范以及配套细则,例如完善企业温室气体核算与报告指南、第三方核查机构管理办法等,进一步指导完善 MRV 体系的建设。此外,应当激励企业增加对 ESG 指标的及时披露,并对于 ESG 数据造假、瞒报温室气体核查结果等违反市场秩序的行为,给予一定的处罚。此外,应该加强对 MRV 及 ESG 领域相关人才的培养,提升碳市场信息相关的队伍建设。碳排放数据的透明度与准确度,是提高碳市场运行效率的重要基石、科学设定与分配碳排放配额的重要依据,也是未来国内碳市场与国际碳市场接轨的必要基础。

最后,充分考虑地区与行业差异,分阶段纳入覆盖的行业。地方碳试点市场的表现差异,很大程度上反映了不同试点地区的所有权结构、产业结构的不同,因此在将不同行业纳入碳交易市场时,应当充分结合不同地区的经济与政策情况,分阶段进行覆盖。尤其是全国碳交易市场,更应该充分结合各地区的不同情况,逐步地提高行业覆盖面。对于暂不适于纳入全国碳市场的行业,可以保持在地方试点市场的交易,等待未来合适时,再并入全国市场。

第 7 章 展 望

从底层民意到高层承诺，从科学实验到政策法律，从唯GDP论英雄到绿水青山就是金山银山，十几年来的环境污染治理史是中国发展转型的一面镜子，中国政治、经济、科技、舆论、民智，皆在其中有所展现。持续了几十年的环境安全保卫战终将获得收获，未来的发展也必须坚持保护环境。处于21世纪的我们必须时时刻刻坚定环境保护的理念，将其内化于心、外化于行，持续推动国家环境保护事业的可持续性的、长远的发展。

中国长期以来以燃煤驱动的经济增长方式引发了多种环境问题。然而，通过之前章节对污染治理的讨论可以发现，通过政策文件的出台、相关机制的完善、社会环保意识的觉醒，中国的环境污染问题能够逐步得到控制与解决。行政命令、强制性和限制性政策是中国政府近年来在资源、制度和能力三重短缺的宏观背景下解决公共问题的主要政策形式。

2021年4月，习近平总书记在主持十九届中共中央政治局第二十九次集体学习时强调："生态环境保护和经济发展是辩证统一、相辅相成的，建设生态文明、推动绿色低碳循环发展，不仅可以满足人民日益增长的优美生态环境需要，而且可以推动实现更高质量、更有效率、更加公平、更可持续、更为安全的发展，走出一条生产发展、生活富裕、生态良好的文明发展道路。”[①]经济发展要走上一个可持续发展的道路,必须依靠经济增长方式转变和科技进步,而不是依靠单纯大量增加资源、能源、原材料的消耗来实现经济增长、人民生活水平提高。因此,学习相关理论知识与实践经验,以提高环境治理的专业性、提高环保政策的可行性、提高相关机制的合理性,具有重要的意义。

7.1 经济发展与环境治理的权衡

过去20年间,中国使用了多种手段来治理环境。本书主要从环境经济学的角度对已有环境政策进行了详尽介绍与分析,结合环境经济学前沿研究,汇总了中国环境治理的经验。可以看到,目前环境治理的趋势和潜在的发展路径有如下几点。第一,从环境污染类型上看,空气污染已经得到有效控制,但学界对水污染、土壤污染的研究远远不够,公众对水污染、土壤污染的感知也不如空气污染敏锐。第二,未来会持续面临经济发展与环境保护的权衡。这本质是一个发展问题。从过去到现在,经济发展和环境治理的内在冲突始终存在,只是在不同时期或大或小。第三,进一步考虑社会对环保的态度如何影响政策的制定和执行。公众响应或公众对环境的感知,在过去环境治理中逐渐成长为重要的力量。公众意识和参与的变化在环保中的作用有待进一步探究。

未来环境治理的最大挑战依然集中在如何权衡好经济发展和环境保护,尤其是对工业部门的环境规制。工业部门是中国改革开放40年来经济增长奇迹的主要成分,也是环境污染的主要来源。过去20多年来,中国政府对工业企业污染治理问题日益重视,除了逐渐

① 习近平.习近平著作选读(第二卷)[M].北京:人民出版社,2023:461-462.

加大对污染治理的投资，同时也运用了多重政策工具来减少工业企业的污染排放。典型的政策措施包括限期整改、关停并转、对新项目实行环境影响评价、“三同时”制度等。特别是在2013年前后，中国开展了“大气污染防治攻坚战”，经过多年整治，空气污染得到了一定程度的治理，但仍然存在局部地区不稳固、污染时常反复等现象。综合过去近20年的污染治理政策，污染防治攻坚战中主流做法依然是强有力的行政手段。中国环境治理仍需继续努力。在中美爆发“贸易战”、宏观经济持续下行的背景下，经济社会发展的不确定因素明显增多。工业企业承担着愈发沉重的经济增长压力，生态环保工作和经济发展的矛盾尤为突出。

中国政府逐步意识到依靠行政指令型的环境规制的缺陷，这种不计成本的末端治理政策不能维持长期的减排效果。特别是随着中央对环境规制的力度不断加大，工业治理投资额度也不断增高，末端治理的减排成本难以为继。当“污染攻坚战”已经取得阶段性胜利后，继续向更高目标推进时，往往会遇到瓶颈。同时考虑到在经济下行的宏观趋势下，能源结构的调整和产业结构调整难以一蹴而就，转变为高质量发展模式。环境保护持续面临经济发展的压力，使环境的可持续改善具有很大的不确定性。

基于行政命令式环境规制手段带来的巨大成本，中国政府对环境经济手段开始有所重视，希望能充分发挥市场机制，来实现治理效果和治理成本的平衡。从环境经济学的理论角度，基于庇古税和科斯定理两大理论而在现实中衍生出来的排污费（税）、排放权交易政策，逐渐成为各国环境治理的重要政策工具。在2019年中国生态环境保护工作会议上，积极推动经济高质量发展排在生态环境部12项重点工作的首位，包括加强绿色税收、绿色金融等研究。可见中央政府希望能通过财税手段的环境规制手段来充分调动企业和地方政府治理污染的积极性和主动性，避免传统行政命令式环境规制的高昂成本。自2013年陆续开展的碳排放权交易试点，2018年1月1日正式开征的环境税，以及2021年正式推行基于电力行业的全国碳排放权交易市场，都是中国政府积极采取环境经济政策来解决环境问题的尝试。

环境税是中国环境治理的重大制度创新。在未来环境治理中，环境税将担任愈发重要的角色。实施环境税也是一项复杂的工程，需要和中国现阶段的经济发展、社会发展情况相结合，同时要考虑目前所应对的环境问题的特点，逐步优化和调整来建立长效的环境治理体系。和实施多年环境税的欧美发达国家相比，中国目前仍然是发展中国家，仍然处于经济、社会、生态环境发生巨大变化的转型中。因此，欧美发达国家实施环境税可供中国参考的经验并不多。研究中国环境税的优化、改革，是中国环境治理领域的重要问题。

环境税有利于实现低成本的可持续治理机制。从环境税政策实行的角度来看，环境税的顺利征收已经迈出了第一步，但今后如果想要充分发挥环境税"双重红利"的效应仍依赖政策后续的优化。对于环境税政策的未来发展，中国开征环境税还存在以下几大难点。

一是要保证排放数据的真实可靠，这是环境税征收工作的基础。加强排放数据的真实性，强化对排放数据的审核，才能保证税收公平、有效的征收，从而完善环境税体系建设。环保部门和税务部门应当实现排放数据共享，这对环境监测总体提出了更高要求。保证排放数据的真实、准确，避免错报、漏报，是未来环境税制度建设的基础。

二是和其他税制相互协调的问题。如何配合资源税、增值税等其他税种的税制改革？如何配合矿产开发费等涉及自然资源开发、能源开发相关的收费？可以说，环境税的征收涉及财税体制的方方面面。

三是如何协调环境税和碳排放权交易试点的政策协同作用。中国的碳交易市场也已经在电力行业进行试点工作。环境税和排放权交易两大环境经济政策在中国都获得了现实的应用。未来如何妥善安排两大政策的协调性,避免政策重叠导致污染物的替代效应,可能是下一阶段需要重点研究的问题。在以前征收排污费的时候,一般规定有偿取得排放权的单位,会免除其依法缴纳排污费等相关税费的义务。如果企业负担较重,那么对二者进行协调就非常有必要了。

7.2 碳税与碳交易协同的可行性

《碳达峰碳中和工作意见》提出,一方面要落实环境保护、节能节水、新能源和清洁能源车船税收优惠,另一方面开始研究碳减排相关税收政策。《2030碳达峰方案》也同样提出需要建立健全有利于绿色低碳发展的税收政策体系。可见,进一步完善与碳排放相关的税收体系,已成为达成双碳目标必不可少的政策抓手。

而近年来不断加快的欧盟碳边境调节机制(carbon border adjustment mechanism, CBAM)立法进程,则进一步对中国设立碳税形成了国际压力。CBAM一旦正式全面施行,欧盟将针对高排放行业的进口产品,根据测算后的产品碳含量征收额外关税。① 作为欧盟最大的贸易伙伴国,中国无疑会受到一定的贸易冲击。尤其是未被列入全国碳交易市场的部分行业,例如钢铁、水泥等,极有可能被征收较高的碳关税,以弥补不平衡的碳成本。此外,美国也提出了类似的CBAM法案,若未来得以通过,则会对中国的石油加工业、非金属

① Council of the EU. European Council agrees on the Carbon Border Adjustment Mechanism (CBAM) [EB/OL]. [2023-05-25]. https://www.consilium.europa.eu/en/press/press-releases/2022/03/15/carbon-border-adjustment-mechanism-cbam-council-agrees-its-negotiating-mandate/.

矿物制品制造业等多个行业造成负面影响。[①] 要快速响应潜在的CBAM政策,碳税无疑是中国未来几年内需要考虑的重要选项,因为其相较于碳交易更易于测算和执行[②],更能够快速帮助中国形成更为完善的碳定价体系。

目前而言,中国设立碳税主要有两种路径。第一种路径是将现有的针对化石能源的绿色税收改造为碳税,包括提高煤炭的资源税税率,提高成品油消费税的税额等。这一路径在已有税制基础上进行改革,有利于降低立法难度,提高计征简便性。[③] 但是化石能源的碳含量不直接等同于碳排放,将化石能源税等同于碳税有利于减少特定资源的使用量,而在激励低碳排放技术、碳回收利用等方面作用有限。[④] 第二种路径则是直接对 CO_2 排放征税,包括开征碳税这一独立新税种,或是将 CO_2 纳入环境保护税的税目中。其中,开征独立税种有利于突出 CO_2 减排导向,向各方传递更直接的减碳信号,但是在立法上可能遇到更大的阻力,也可能会导致税种重复问题。[⑤] 而将碳税纳入环境保护税则有利于降低立法难度和征管成本。[⑥]

为实现中国2030年前碳达峰、2060年前碳中和的气候承诺,应当在进一步完善碳交易试点与全国碳交易市场的同时,考虑将碳税

---

① 陈美安,谭秀杰.碳边境调节机制:进展与前瞻[R].绿色创新发展中心,2021.

② 徐晋涛.碳中和目标下中国经济增长模式转型思考[EB/OL].(2021-08-30)[2023-05-22].http://www.china-cer.com.cn/shuangtan/2021083014402_2.html.

③ 中国财政科学研究院课题组,傅志华,程瑜,等.在积极推进碳交易的同时择机开征碳税[J].财政研究,2018(4):2—19.

④ 李建军,刘紫桐.中国碳税制度设计:征收依据、国外借鉴与总体构想[J].地方财政研究,2021(7):29—34.

⑤ 同上。

⑥ 刘磊,张永强,周千惠.政策协同视角下对我国征收碳税的政策建议[J].税务研究,2022(3):121—126.

引入环境保护税，作为碳交易市场的补充机制。碳税和碳交易协同的可行性主要体现在以下两大方面。

第一，碳税与碳交易在覆盖范围上互相补充。一般认为，碳交易更适用于规模较大的排放主体，例如大工业部门和电力部门，而碳税则可以覆盖未被碳交易市场纳入的其他部门，例如汽车燃料、居民部门和小工业部门。例如，法国的发电行业、工业企业加入了 EU-ETS 并不需要缴纳碳税，而没有被纳入 EU-ETS 的化石燃料则需要缴纳碳税。此外，瑞典、丹麦等国家也在 EU-ETS 实施后修改了税法，免除了 EU-ETS 覆盖主体的碳税义务。①

而对于中国而言，目前地方试点所纳入的主要是高能耗工业企业，以及部分地区纳入了服务业企业和大型公共建筑。而全国碳市场则仅纳入了电力行业。而对于尚未达到进入碳市场门槛的中小企业、非高耗能行业的企业，或排放源比较分散的行业，可以征收碳税作为碳交易机制的补充。已有基于动态 CGE 模型的研究表明，碳税与碳交易结合相比起单一碳税和单一碳交易，能够达到减排效果与经济影响的均衡，形成较优政策。② 亦有基于动态边际减排成本的模拟研究发现，碳交易更适用于现阶段，而随着减排力度加大，应考虑引入碳税。③ 而在征收碳税时，应当特别注意规范征收范围，避免与碳交易体系重复，尽可能地减少企业的税负负担。

第二，碳税可以作为碳交易市场失灵时的补充价格机制。由于碳交易市场的本质是基于总量的调控，是在控制总量的基础上，通过

---

① 刘磊，张永强. 基于碳排放权交易市场的碳税制度研究[J]. 税务研究，2019(2)：46—52.

② 石敏俊，袁永娜，周晟吕，等. 碳减排政策：碳税、碳交易还是两者兼之？[J]. 管理科学学报，2013，16(9)：9—19.

③ 吴力波，钱浩祺，汤维祺. 基于动态边际减排成本模拟的碳排放权交易与碳税选择机制[J]. 经济研究，2014，49(9)：48—61，148.

市场交易机制形成浮动的碳价。但在实际中,碳市场可能会因为市场透明度、活跃度、流动性不足,企业无法履约,或是外部突发冲击等因素,出现市场失灵现象,形成不合理的碳价。长期低迷的碳价无疑对碳减排的引导作用有限,此时可以考虑引入碳税,对碳价水平进行进一步调控。例如,英国曾采取最低碳价机制(carbon price floor),在 EU-ETS 形成的配额价格长期偏低时,加征了气候变化税碳价支持机制(carbon price support)税率,以达成政府规定的最低碳价,以此确保温室气体价格处于合理范围内。

随着应对气候变化的承诺不断升级,中国面临的相应减排挑战也在逐渐增加。为履行应对气候变化的承诺,落实 3060"双碳"目标,中国已将应对气候变化纳入经济社会发展规划中,并逐渐形成支撑碳达峰、碳中和的"1＋N"政策体系。其中,碳交易市场试点在 2013—2014 年已逐步开启与完善,全国碳交易市场也在 2021 年正式上线。中国暂未设立针对 CO_2 排放的税种,但环境税、资源税等"绿色税制"将会逐渐完善。

主要参考文献

[1] 陈强，孙丰凯，徐艳娴. 冬季供暖导致雾霾？来自华北城市面板的证据[J]. 南开经济研究，2017(4)：25—40.

[2] 陈诗一. 工业二氧化碳的影子价格：参数化和非参数化方法[J]. 世界经济，2010(8)：93—111.

[3] 陈晓兰. 中国工业企业绩效与环境政策——基于工业企业微观数据的经验分析[D]. 北京：北京大学，2013.

[4] 涂正革. 工业二氧化硫排放的影子价格：一个新的分析框架[J]. 经济学(季刊)，2009(4)：259—282.

[5] 王兵，朱晓磊，杜敏哲. 造纸企业污染物排放影子价格的估计[J]. 环境经济研究，2017，2(3)：79—100.

[6] 魏楚. 中国城市 CO_2 边际减排成本及其影响因素[J]. 世界经济，2014(7)：115—141.

[7] Bonilla J, Coria J, Sterner T. Technical synergies and trade-offs between abatement of global and local air pollution [J]. Environmental and Resource Economics, 2018, 70(1): 191-221.

[8] Chen S, Chen X, Xu J. Impacts of climate change on agriculture: evidence from China [J]. Journal of Environmental Economics and Management, 2016, 76: 105-124.

[9] Chen Y, Ebenstein A, Greenstone M, et al. Evidence on the impact of sustained exposure to air pollution on life expectancy from China's Huai River policy [J]. Proceedings of the National Academy of Sciences,

2013, 110(32): 12936-12941.

[10] Du L, Hanley A, Wei C. Estimating the marginal abatement cost curve of CO_2 emissions in China: provincial panel data analysis[J]. Energy Economics, 2015, 48: 217-229.

[11] Ebenstein A, Fan M, Greenstone M, et al. New evidence on the impact of sustained exposure to air pollution on life expectancy from China's Huai River Policy[J]. Proceedings of the National Academy of Sciences, 2017, 114(39): 10384-10389.

[12] Färe R, Grosskopf S, Noh D W, et al. Characteristics of a polluting technology: theory and practice[J]. Journal of Econometrics, 2005, 126(2): 469-492.

[13] Färe R, Grosskopf S, Weber W L. Shadow prices and pollution costs in US agriculture[J]. Ecological Economics, 2006, 56(1): 89-103.

[14] Greenstone M, Hanna R. Environmental regulations, air and water pollution, and infant mortality in India [J]. American Economic Review, 2014, 104(10): 3038-3072.

[15] Huang D, Andersson H, Zhang S. Willingness to pay to reduce health risks related to air quality: evidence from a choice experiment survey in Beijing [J]. Journal of Environmental Planning and Management, 2018, 61(12): 2207-2229.

[16] Ito K, Zhang S. Willingness to pay for clean air: Evidence from air purifier markets in China [J]. Journal of Political Economy, 2020, 128(5): 1627-1672.

[17] Nordhaus W D. After Kyoto: Alternative mechanisms to control global warming[J]. American Economic Review, 2006, 96(2): 31-34.

[18] Pittman R W. Issue in pollution control: Interplant cost differences and economies of scale[J]. Land Economics, 1981, 57(1): 1-17.

[19] Pizer W A. Combining price and quantity controls to mitigate global

climate change [J]. Journal of Public Economics, 2002, 85 (3): 409-434.

[20] Weitzman M L. GHG targets as insurance against catastrophic climate damages [J]. Journal of Public Economic Theory, 2012, 14 (2): 221-244.

[21] Xu J, Hyde W F, Ji Y. Effective pollution control policy for China[J]. Journal of Productivity Analysis, 2010, 33: 47-66.

[22] Xu P, Chen Y, Ye X. Haze, air pollution, and health in China[J]. The Lancet, 2013, 382(9910): 2067.

[23] Zhang J, Mu Q. Air pollution and defensive expenditures: evidence from particulate-filtering facemasks [J]. Journal of Environmental Economics and Management, 2018, 92: 517-536.

[24] Zhang P, Zhang J, Chen M. Economic impacts of climate change on agriculture: the importance of additional climatic variables other than temperature and precipitation[J]. Journal of Environmental Economics and Management, 2017, 83: 8-31.

[25] Zhang P, Deschenes O, Meng K, et al. Temperature effects on productivity and factor reallocation: evidence from a half million Chinese manufacturing plants[J]. Journal of Environmental Economics and Management, 2018, 88: 1-17.

图书在版编目(CIP)数据

中国环境治理:理论与实践/陈醒著.--上海:复旦大学出版社,2024.9. --(复旦公共管理研究丛书/李瑞昌主编).-- ISBN 978-7-309-17544-8

Ⅰ. X322

中国国家版本馆 CIP 数据核字第 20249679QC 号

中国环境治理:理论与实践

ZHONGGUO HUANJING ZHILI: LILUN YU SHIJIAN

陈　醒　著

责任编辑/张　鑫

复旦大学出版社有限公司出版发行

上海市国权路 579 号　邮编:200433

网址:fupnet@fudanpress.com　http://www.fudanpress.com

门市零售:86-21-65102580　团体订购:86-21-65104505

出版部电话:86-21-65642845

常熟市华顺印刷有限公司

开本 890 毫米×1240 毫米　1/32　印张 9.375　字数 235 千字

2024 年 9 月第 1 版

2024 年 9 月第 1 版第 1 次印刷

ISBN 978-7-309-17544-8/X · 55

定价:52.00 元
